經營顧問叢書 ③331

U0070576

經銷商管理實務

黃憲仁 吳清南 林建強 編著

憲業企管顧問有限公司　發行

《經銷商管理實務》

序　言

這是一個行銷掛帥的年代，企業都在努力提升行銷水準。誰擁有銷售通路，誰就擁有市場；要打開市場，銷售通路上的經銷商，更是決定企業的成敗關鍵。

銷售通路是產品（或服務）順利地經由市場交換過程，轉達至消費者的一整套流程。

銷售通路上的經銷商，所扮演角色，對供貨廠商而言，相當重要，是銷售通路所不可或缺的重要資源，更關乎企業生死存亡！

具實務經驗的主管都知道：缺乏銷售通路，等同於事先就判定商品死亡，將產品推進火坑，而銷售通路上的終端店（即商店、賣場、經銷店），則決定產品的銷售機會。

很多公司擁有優秀的產品，但如果對銷售通路不給予充分重視，市場佔有率仍然會下降。

在傳統的行銷運作上，常有一些誤解，例如：重視行銷理論，輕視行銷實務；重視「坐在辦公桌前的高談闊論」，輕視「第一線市場的業務行為」；重視「遠端促銷」，輕視「終端促銷」；重視廣告宣傳的亮麗行為，輕視銷售團隊的市場推力作法……

本書總結近年來各企業針對經銷商管理的實務經驗，有系統的介紹「針對經銷商管理的技巧方法」，能幫助企業針對經銷商進行管理的有效辦法。

　　本書是專為營業部門、行銷企劃部門而編輯設計，是「企業如何經營輔導經銷商」而編寫的實用工具書。本書是供貨廠商銷售通路的經銷商管理技巧，針對經銷商的一系列管理工作，包括選擇經銷商、信用管理、商品管理、收回貨款、銷售管理、客戶管理、激勵士氣、促銷工作、價格穩定控制、衝突管理、輔導方式、壓貨技巧、整改銷售通路……等。

　　本書是作者在企管顧問公司長期的輔導成果，也是擔任行銷講師的授課講義內容，書中內容都是實戰演練，案例豐富，通俗易懂，深受企業界喜愛，精彩的管理分析，實用的寶貴經驗，有生動的案例資料，具有很強的操作性。

　　作者在大學授課，並擔任經營顧問師期間，先後出版《銷售通路管理手冊》《促銷管理實務》《營業部轄區管理規範工具書》等書。鑑於學校開課之需求，2018 年 9 月出版《經銷商管理實務》，方便學校《經銷商課程》的授課用途。

　　本書《經銷商管理實務》可適用於企業經營者、行銷主管、各級營業幹部；也可適用相關的大學教授、講師和大學生，瞭解經銷商管理知識方面的參考書。

　　只要你是透過批發商、經銷商、零售店販賣你的產品（或服務），這本書就是必看的經典工具書。

　　　　　　　　　　　　　　　　　黃憲仁　　寫於 2018.09

《經銷商管理實務》

推薦文

行業競爭激烈、產品同質化的今天，想要靠產品贏得優勢是十分困難的；未來的競爭，不只是產品的競爭，更是銷售通路的競爭，今後擁有穩定、高績效的銷售通路，才是廠商的核心競爭力。

沒有打開銷售通路的環節，就是「銷售受阻」產品邁不出工廠大門口，英雄無用武之地，令人心急；商店賣場是銷售通路的最終端環節，一旦阻塞，管道阻礙，滯銷局面隨之而到。

銷售力提升，之所以受到廣大企業的關注，不僅僅它是實現利潤的關鍵因素，更重要的是它關乎企業的生存狀態。

銷售力提升，關乎企業是否盈利，更關乎企業生存。在品牌產品、品牌店遍及大街小巷、各大賣場的市場環境下，企業如何加強自身修煉，顯得至關重要。

在企業的行銷運作上，企業常有「通路為王」的說法，理由在於產品銷售受阻或通路狹窄時，發出心中的感嘆話！究竟應該如何打開銷售通路呢？

對於供貨的生產廠商而言，管理經銷商並不是上對下的管理和控制，而是基於對經銷商的瞭解和溝通，（建立廠商）業務人員在經銷

商心目中的正面形象，先解決人與人之間的相處問題，再來針對廠家與經銷商在合作過程中的各類事務和問題，實施管理。

更有些企業，花大筆廣告費用，商店卻鋪貨不全；甚至取到賣場黃金貨架，卻見貨架陳列競爭者商品，而促銷導購人員也不能在其位。商品功能特性強，而店員不懂，也不想懂，更懶得向顧客介紹。

面對殘酷的市場競爭，許多企業都在思考「如何經營轄區市場」，為了產品鋪貨銷售順暢，為了銷售更多點，為了一點點的陳列貨架優勢，各企業間展開激烈的肉搏戰………第一線業務主管都知道這個的重要性與困難度，因為一切的行銷努力，都要透過這個銷售管道，也更要透過第一線業務員的努力，銷售才能得以實現。或者，更精確的說法是「要藉助公司業務員，來確保轄區市場經銷商銷售額的達成」。

《經銷商管理實務》是專門介紹廠商如何處理銷售通路的實務工具書，針對通路經銷商商店、賣場，廠商如何妥善對策以提昇通路銷售績效。

提升銷售力迫在眉睫要解決的問題是如何提升銷售體系中，品牌總部、經銷商、終端店（品牌店）及對客服務的規範化管理與專業化服務水準上。

經銷商，在整個銷售鏈條中，是一個重要的環節，關係市場開發的深度和廣度。而經銷商的競爭優勢來自於自身的規範化管理與專業化服務水準上，這些需要通過公司化運營來實現。

經銷商自身的素質，也關係到終端店的贏利水準。經銷商提高自身公司化適營水準刻不容緩，這是提升銷售力的必要一環讀者。

廠商對經銷商的管理、輔導、激勵、改善，可說是「如臨深淵、如履薄冰」，經銷商有如一匹狂奔的駿馬，廠商駕馭得了就能讓人成仙成道，駕馭不了則能讓人成鬼成妖，令供貨廠商感覺是「愛恨交加」。因此，企業要有一整套有效的管理戰術。

因為工作關係，熟識憲業企管顧問公司黃憲仁達 18 年，憲業企管顧問公司成立 23 年，為企業界提供診斷、輔導、培訓工作，黃憲仁擔任行銷顧問師十餘年，常到東南亞地區對企業實施駐廠輔導、行銷輔導、開課培訓。

　　從這本書《經銷商管理實務》的章節中，可看出供貨廠商對經銷商的工作量既多又雜，影響又是如此的重要。

　　書中技巧非常實務、實用，是行銷實戰的智慧心得，希望讀者看完本書後，能夠提升貴公司營業部門行動力！

華聯食品董事長　王向榮

《經銷商管理實務》

目　錄

第1章　為何要善用經銷商 / 15

經銷商作為銷售管道，為大多數企業所採用，企業在實際運作中，對經銷商管理要有全面認識，瞭解市場基本規律和經銷商對現實利益的需求。

第2章　如何選擇經銷商 / 43

要建立良好的經銷體系，首先根據企業自身的狀況和經銷的產品特點，制定經銷商選擇標準，通過溝通，對經銷商進行考察評估，擇優選擇，確定經銷商，簽訂經銷協議，明確相互的權利與義務。

第 3 章　經銷合約的簽訂 / 65

經銷合約的簽訂是整個企業經營的組成，同企業的其他部門有著千絲萬縷的聯繫。彼此間應當協調統一，相互促進、彼此銜接，保證合約的合法、公平、合理，便於執行，並切實維護雙方的利益。

第 4 章　經銷商管理的基礎工作 / 79

確立經銷商後，企業建立經銷商檔案，對經銷商進行分類，便於銷售員確定重點工作對象，提高對經銷商的拜訪效率，進行資源投入。制定詳細的工作計劃，隨時瞭解市場情況，監控市場動態。

第5章　經銷商的信用管理 / 96

　　經銷商既是企業最大的財富來源，也是風險的最大來源。在交易過程中產生的風險，主要是由於銷售業務管理上缺少規範和控制造成的，必須首先做好客戶的資信管理工作，尤其是在交易前對客戶信用資訊的調查和評估，非常重要。

第6章　確保經銷商貨款收回來 / 118

　　在實際經營上，並非銷貨就能收到錢，有銷售還要順利收回貨款，企業才能產生實質利潤。貨款的回收應由專人處理，實施有效的內部控制方法，避免賬款混亂的不良現象。

第 7 章　管理經銷商的商品貨源 / 132

廠商對銷售區域劃分，使經銷商所覆蓋的區域相匹配，保持區域內的經銷商商品貨源，防止竄貨。對經銷商供貨，要合理的限制。在鋪貨管理時，一定要建立規範，制定流程。

第 8 章　經銷商的銷售管理 / 164

經銷商在銷售過程中，會出現銷量任務完不成，旺季大量囤貨，淡季又大量退貨的現象，這種現象會給廠商帶來巨大的風險。廠商不能迴避或是敷衍了事的態度，廠商應積極主動，深入分析問題，以誠懇的態度打動經銷商，拿出解決方案。

第 9 章　管理區域市場的商品價格 / 193

銷售通路結構與產品價格存在密切關係，產品價格既可能推動管道成員緊密合作，也可能毀掉管道關係。市場價格管理的好壞，

直接關係到產品穩定，也關係到經銷商利益的得失。最佳的經銷商價格策略，是鞏固銷售管道關係，使企業利益獲得最大化之間尋求平衡點。

第 10 章　針對經銷商的客戶管理工作 ／ 211

企業應對不同的客戶採取不同的管理方式，將企業的各項管理與支出，都花在最有價值的客戶身上，才能獲得最佳效益。企業大部份的銷售量來自一小部份客戶，而這部份客戶就是大客戶，企業要妥善因應。

第 11 章　針對經銷商的竄貨工作 ／ 230

竄貨是銷售實務中一個頭痛問題，企業要在市場上站穩腳跟，就必須制止跨區銷售行為，從管道體系、價格體系、銷售管道管理制度等方面入手，爭取從根源上來杜絕惡性竄貨產生的可能性，創造一個良性的流通管道，建立起一整套的協調機制。

第 12 章　針對經銷商的獎勵工作 / 260

　　獎勵對經銷商來說，則是廠商對經銷商的努力給予肯定，獎勵
對廠商來說，是希望刺激經銷商銷售自己產品的積極性，以期在利
潤方面取得更高的回報。企業應利用獎勵這種方式，明確獎勵的側
重點、具體目標、獎勵兌現形式，建立一個獎勵系統。

第 13 章　針對經銷商的促銷工作 / 296

　　經銷商為了促進銷售，提高自己的銷售額，增強競爭力，經銷
商必須適應區域市場特殊情況，開展促銷活動。企業協助經銷商編
定促銷方案，開展各式促銷活動，規範終端商的管理。

第 14 章　針對經銷商的培訓工作 / 323

　　要想提升業績，必須針對經銷商，有計劃地加以培訓，培訓項目包括經營管理、銷售管理。尤其是經銷商的店員、業務員，加強培訓販賣技巧。

第 15 章　針對經銷商的輔導工作 / 333

　　企業為提升銷售業績，不只要針對經銷商加以促銷，更要設法輔導與協助。企業要把握好對經銷商支援的時機，找出他們的需要，協助克服困境，對經銷商提供各種支援。廠商對經銷商的輔導支援項目，五花八門，由專人或專職部門執行，主要項目仍集中在「經營輔導」與「產品促銷」兩個層面。

第 16 章　針對經銷商的衝突管理工作 / 370

從衝突的影響來看，可分為橫向衝突、縱向衝突，良性衝突、惡性衝突。衝突究竟產生什麼影響，關鍵要看它是否影響了銷售管道的效率，企業應該面對經銷商的抱怨，積極處理。

第 17 章　針對經銷商的評估與更換 / 380

對於企業的經銷商，如果不對其評估，管理再良好的企業，也不會長期運作成功。制定一套經銷商績效評估標準，根據這些標準評估經銷商，當經銷商達不到企業要求時，就必須改善，或採用有計劃的步驟，更換經銷商。

好書要與好朋友分享

本書值得你長期擁有，
若你覺得不錯，
請你轉介紹給你的好朋友！

第 **1** 章

為何要善用經銷商

案 例

娃哈哈編織蛛網搶終端店

娃哈哈作為中國飲料業的龍頭，2000 年娃哈哈系列產品的總產量就已超過可口可樂、百事可樂在中國的總產量。2001 年以來，娃哈哈繼續保持著高速增長的勢頭。娃哈哈之所以能在激烈的市場競爭中不斷取得成功，最為關鍵的一個方面是，抓住了市場「生命線」，立足行銷網路建設。

當今的市場競爭日益激烈，同類產品差異越來越小。如何使產品迅速進入並佔領市場，主要取決於企業是否能擁有一個強大的行銷網路。從誕生之日起，娃哈哈就積極投身於市場大潮中，培養了自身適應市場、把握市場、創造市場的能力，使得自己能根據市場

變化不斷調整行銷策略和網路結構，提高企業競爭力。14 年來，娃哈哈兩次對其行銷網路進行了重大調整，使行銷網路更完善、更富有戰鬥力，也促使其生產銷售不斷邁上新台階。

第一次改革：從國營批發管道到獨具特色的聯合銷售體系。

20 世紀 80 年代末期，娃哈哈通過在糖酒、副食、醫藥三個系統中的一級站、二級站等各級國營批發體系中的批發單位經銷產品，組成了擁有幾千家合作單位的銷售網路。

當時國營批發管道網路強大、層次分明，而娃哈哈產品的口味好、品質可靠，在出色有力的廣告宣傳配合下，娃哈哈產品迅速走進千家萬戶，深受消費者青睞，企業從小到大地迅速發展起來。

進入 90 年代，國營批發管道的作用日漸削弱，一大批新興的商業企業迅速崛起。娃哈哈及時做出調整，對經銷商重新選點佈局，形成了國營批發管道與新興批發企業共存並且相互補充的行銷網路，嘗試創建具有先進理念的廠商聯合銷售體系，與上千家商業批發單位組成同盟軍，在市場上與對手競爭為上千家企業合力與對手競爭。通過八年的不懈努力，廠商之間的信任與合作關係不斷提升，並在市場中形成了強大的銷售網路。這樣，娃哈哈產品能在下線後迅速被各地批發商消化，並送到銷售終端，極大提高了市場競爭力，實現了銷售額的快速增長，企業進一步得到發展壯大。

廠商聯合銷售體系是娃哈哈的一種首創，是一種能真正將生產商與銷售商整合為一體的行銷模式。為組建這一體系，娃哈哈制定了保證金制度，通過收取經銷商一定數目的預付款並付給其高於銀行存款利率的利息將客戶牢牢抓在手中，讓他一心一意地銷售娃哈哈的產品，廠商雙方利益也達到了高度統一。由此，一批忠誠度高、積極性強、誓與娃哈哈同生死的經銷商湧現出來，娃哈哈的市場蛋

糕越做越大。這同時也有效杜絕了壞賬、呆賬的產生，使企業的資產結構更加合理、流動性更強。

第二次改革：實行銷售區域責任制，延伸、完善行銷網路，鞏固、提高產品市場佔有率。

隨著市場經濟體制的逐漸建立和完善，商品銷售市場的變化日新月異，超市、連鎖店等新型商業形式產生之後便迅速發展，在商業銷售中的作用越來越突出，而作為以前銷售市場主力的批發市場開始萎縮。這對娃哈哈的產品銷售形成了較大衝擊，以前主要依賴各地批發商粗放式的銷售模式已不利於企業進一步健康成長。因此，娃哈哈必須抓住時機，及時對行銷網路進行調整。

首先，實行銷售區域責任制。持續高速的發展對經銷商不斷提出新要求，但有些經銷商已明顯跟不上娃哈哈的經營思路和發展步伐。經銷商隊伍是行銷網路的基石，是網路建設的重中之重。本著與經銷商精誠合作、互惠互利的原則，娃哈哈對原有的經銷商隊伍進行重新考核、篩選，對符合生產經營的經銷商予以保留，對仍存在農貿批發意識的經銷商堅決予以淘汰；並積極吸收具有先進經營理念的新客戶，對所有經銷商進行合理佈局，劃分責任銷售區域，消滅銷售盲區。

娃哈哈一直保證經銷商享有在所劃區域內獨家銷售自己產品的權利，以避免因銷售區域交叉而產生無謂的內耗式競爭。在劃分銷售區域時，主要根據經銷商原有的銷售管道、覆蓋面、運輸方便性、商品自然流向、市場容量等因素進行綜合考慮，合理劃分，制定明確的「遊戲」規則與獎懲條例。企業在向客戶承諾的同時，也要求它能履行一定的責任與義務，負責娃哈哈產品在市場上的開拓與維護，提高娃哈哈產品的市場佔有率，提升娃哈哈的品牌形象。

　　其次，建立特約二批商行銷網路。要做深、做透市場，把銷售觸角延伸到任何角落，單靠一級經銷商網路還遠遠不夠。雖然以往也設有大量二批商，但娃哈哈並沒有一個規範的體系來實施管理，整個市場也沒有做深、做透。如果建立起特約二批網路，不但可以把娃哈哈的觸角延伸到零售終端，還可以搭建起以經銷商為「綱」、特約二批商為「目」的封閉式蜘蛛網行銷體系，提高產品的滲透力和企業對市場的控制力。

　　特約二批網路主要具有以下特點：一是佈局合理，即能夠承擔經銷商不能達到或無力精耕細作的區域的銷售，成為經銷商網路的延伸和深化；二是具有向下送貨意識，即自身擁有一定數量的零售網點，並有相應的運力和服務意識；三是要以經銷娃哈哈產品為主，或對娃哈哈有濃厚興趣和強烈的合作意識，且能跟上企業的經營思路和步伐；四是要實行價差銷售，即在特約二批商與其他二批商之間形成價差，提高特約二批商的積極性，推動特約二批商的網路建設，直至其能全力承擔責任區域的銷售。

　　第三，推行客戶經理制。為更好地落實區域銷售責任制，對每一塊市場進行精耕細作，娃哈哈取消了以前的地區經理制，實行更為細緻的客戶經理制。通過對客戶經理工作進行重新定位，讓每位客戶經理均可以全力管理、協助一個經銷商，在行銷網路中進一步形成廠商緊密協作，合力開拓市場、經營市場的局面。客戶經理作為行銷網路終端的執行者與維護者，責任重大：一要督導並協助經銷商貫徹企業的各項市場政策；二要搜集、回饋市場信息，提出市場開發管理的合理化建議；三要向經銷商提供諮詢、幫助和服務；四要幫助經銷商建設、管理和維護銷售管道，尤其要建設好特約二批商網路，管理好分銷、零售管道；四要回饋客戶經營、庫存及資

金信用等的變化情況。

　　經過兩次重大調整，娃哈哈的行銷網路得到了廣泛延伸，網路平台更加穩健和完善。目前，忠誠的娃哈哈客戶已遍佈 31 個省、市、自治區，以他們為主體建立起來的銷售網路更是滲透到城鄉的每個角落，確保了每個新產品在出廠後一週內就可迅速鋪遍全國 60 萬家零售店，與廣大消費者見面。非常可樂用兩年多時間就達到了百事可樂經過十幾年形成的市場規模。連可口可樂公司的總裁也發出這樣的感歎：「其他均可與娃哈哈比，但進入市場的速度無法都與娃哈哈比。」娃哈哈完善、高效的行銷網路的建成，確保了其產品銷售不斷邁上新的台階。

工作重點

一、善用銷售管道來開拓市場

　　企業生產出來的產品，唯有透過市場銷售管道，才能在適當的時間、地點，以適當的價格和適當的方式，滿足市場消費者需要，實現企業的市場行銷目標。

1. 什麼是銷售管道

　　行銷管道是指某種產品和服務在從生產者向消費者轉移過程中，取得這種產品和服務的所有權或幫助所有權轉移的所有企業和個人，行銷管道包括批發商、零售商（取得產品和服務的所有權）和代理商（幫助企業轉移產品和服務的所有權），以及處於行銷管道起點和終點的生產者和最終消費者。

　　銷售管道是載負廠商的流水，透過它，廠商的產品才能「流」到用戶。水可載舟，亦可覆舟，管道結構合理，流動暢通時，它會根據市場需求抓住用戶，給廠家帶來巨大的價值；當管道阻塞時，出現的逆流將使廠商迅速陷入崩潰之中，失去市場和用戶。對某些行業來講，經歷一個管道崩潰的過程往往只在一夜之間。可以說，管道是各個廠商手中的一把雙刃劍，用得好，可以在市場上縱橫馳騁；用不好，頃刻間便會一敗塗地。

2.銷售管道設計的兩種模式

　　一般而言，管道設計通常有兩種方式：一種是對已有的管道結構進行改進再設計，一種是重新打造一個管道。

　　廣義的行銷管道設計包括在公司創立時設計全新的管道，以及改變或再設計已存在的管道。後者也稱為行銷管道再造，相比之下，從一開始就設計全新的行銷管道的情形少得多。一般來說，公司會週期性地檢查與評估管道設計以發現管道中的問題，再有針對地修改現有管道或設計一個新的管道。

(1)對現有管道結構進行改進再設計

　　需要對現有管道結構進行改進再設計的情形大體有兩種。第一種情形是由於公司內部的因素需要調整，這可能有以下幾種原因：

　　①開發新的產品或產品生產線時，如果現有的管道對新產品不適合，那麼就需要設計新的管道或調整現有的管道結構。

　　②將已有產品投放到新定位的目標市場時，例如對手已在工業市場銷售的產品，公司擬投放到消費品市場。

　　③對行銷組合中的其他內容進行大幅度的改動時，如因公司強調低價格戰略，需要把產品轉移到低價銷售商店，像折扣較大的大賣場。

　　要建立管道競爭優勢，企業就必須對其現有行銷管道進行改進。

企業應以培育和創建出高效率、高效益和良好客戶關係的管道優勢為目的，從本企業特點、產品特性、客戶需求、競爭狀況等方面出發，對其現有行銷管道體系進行全面評估，並設計和建設新的行銷管道體系。進行管道改進時要考慮的因素主要有市場格局、競爭特性、顧客特性、產品特性、中間商特性、公司特性等。

(2)全新的管道結構設計

一般來說，需要從零開始設計管道結構的情況有以下幾種：

①在剛剛建立一個新公司時，需要根據產品結構、產品定位進行行銷管道設計。

②透過合併或併購產生一個新公司時。

③公司進軍一個全新的地域時，例如 TCL 公司開闢海外市場進軍歐洲時，必須考慮那個區域的管道結構選擇問題。

④有時候，由於公司外部環境發生變化，例如經濟、社會文化、競爭格局、技術進步或法律條文等方面發生變化，為了適應變化了的環境，公司必須對管道結構進行調整、再設計。

例如，隨著城市當中大賣場的蓬勃發展，百貨零售業態的相對萎縮，使得公司對於某些商品，像食品、日用消費品等的銷售，必須考慮調整管道結構。商業經營業態的發展迫使公司考慮選擇更有效的分銷商類型。

又如，在某些情況下，管道矛盾衝突可能很激烈，以至於不改變管道模式就不可能解決；若生產商失去了分銷商的支援，就需要設計一個全新的管道，而且角色變換與溝通困難可能使市場行銷者考慮重新設計管道。管道方面的衝突或面臨管道中其他問題的挑戰迫使生產商對管道進行再設計。

如果分銷商已經開始強調自己的品牌，那麼製造商就可以尋找其

他更能積極推介本公司產品的新的分銷商。在這種情形下,應注意區分管道結構再設計和管道成員的再選擇的不同:如調整只涉及某些同類性質的管道成員的更換,這僅僅是管道成員的再選擇;而一旦涉及管道等級、管道成員類型的改變,就屬於管道設計問題了。

事實上,大多數情況下的管道設計是改變原有管道,而不是設計一個新管道。

二、銷售管道的長度、寬度、廣度

1.管道長度

管道的長度又稱層級結構,主要由管道所包含的管道中間商的層級數量來定義,通常可以劃分為零級管道、一級管道、二級管道、三級管道和多級管道等。

零級管道是一種沒有任何管道中間商參與的管道模式,是一種特殊情況。在零級管道中,產品或服務直接由生產者提供給終端消費者,一些企業和特殊產品會採用零級管道,Internet 時代,為零級管道的發展提供了更大的空間。

一級管道中,產品或服務直接由生產者提供給其直屬的或是建立合作關係的產品銷售終端,如超市、商場、藥店、醫院等,由這些終端直接銷售給消費者。管道中間不包含任何經銷商和代理商,此種結構的銷售方式,也被稱為終端直銷模式。

二級管道中,產品或服務由生產者提供給經銷商,再由經銷商批發至銷售終端。如果產品或服務透過經銷商批發給另外的經銷商,再由這些經銷商將產品和服務輸送到銷售終端,則稱之為三級管道,其中一級經銷商多為代理商,二級經銷商多為分銷商。如果一個產品或

服務需要從三層或以上的經銷商再到銷售終端，如從省級經銷商到市級經銷商，再到地縣級經銷商，或者經過更多層級的經銷商到終端，我們通常稱為多級管道。

零級管道：從生產者直接到消費者，不經過任何銷售商和代理商。

一級管道：從生產者到終端，再由終端連接到消費者，不經過任何經銷商和代理商。

二級管道：從生產者經過一層經銷商再到終端，再由終端連接到消費者。

三級管道：從生產者經過二層經銷商再到終端，再由終端連接到消費者。

多級管道：從生產者經過三層或三層以上經銷商再到終端，最後再到消費者。

2.管道寬度

管道的寬度由同級別的經銷商數量的多少決定，數量越多，管道寬度就越寬。產品特性、市場特徵、經營方式、終端特徵、管道政策、分銷戰略等因素都會影響管道的寬度選擇。

通常，管道的寬度結構可以大致分為三種類型：集中型管道、選擇型管道、密集型管道。

在集中型管道中，一個層級中只選用唯一一家經銷商，表現為區域性的總代理或總經銷，多在管道進入期時使用。集中型管道易於評估和控制，企業也更容易同經銷商展開深入交流、深度合作，同時還避免了經銷商之間的對立衝突。但是，由於缺乏競爭，經銷商一家獨大，也很容易出現經銷商銷售動力不足，甚至反而制約企業的情況。

在選擇型管道中，同一個層級中會選擇少量不同的經銷商共同進行管道分銷，多在管道成長期時使用。選擇型管道是一種較為均衡的

管道,能夠同時兼顧市場的覆蓋面和企業對經銷商的控制力。但在選擇型管道中,也會有一些銷售區域重疊的現象出現,企業要對經銷商間可能產生的矛盾多加關注。

在密集型管道中,同一個層級中會盡可能選擇較多的經銷商進行分銷,多在管道成熟期時使用。密集型管道將市場覆蓋面和經銷商之間的競爭進行了最大化,密集程度越高,整個管道的銷售潛力也就越大。但同時,隨著密集程度的增加,企業對管道的控制難度也越高,經銷商間更易出現過度競爭、惡性競爭的情況。

3.管道廣度

管道的廣度由同一層級經銷商類型種類的不同所決定,類型越多,寬度越廣。管道的廣度劃分只與經銷商的類型有關,和經銷商的數量無關。

從廣度上可以將管道分為單元化管道和多元化管道兩種。

單元化管道即生產企業只選用一種類型的經銷商及分銷管道。單元化管道便於統一管理、統一調整,但是需要考慮到產品和市場特性,通常會有較大的局限性。

多元化管道即生產企業選用不同類型且相互有競爭性的經銷商及分銷管道。多元化管道有兩種形式:第一種是生產企業銷售同一品種的產品,採用不同類型的經銷商及分銷管道;第二種是生產企業銷售不同品種的產品,分別採用不同類型的經銷商及分銷管道。多元化管道增加了企業的統籌難度,但是借助不同類型的經銷商更易實現全面的市場滲透。

企業在選用不同類型經銷商時,應進行市場細分,盡量實現互補性,最大程度避免惡性競爭的出現。

三、廠商為何需要經銷商來開拓市場

既然廠商之間有很多利益對立，經銷商又常常給廠家帶來若干負面問題，廠家為什麼還要用經銷商來開拓市場呢？原因如下：

1.市場不熟悉

對新市場的基礎資料、客戶網路、市場環境的不熟悉，增加了廠家對直營的恐懼和直營難度。

2.人手不夠

廠家不可能迅速招到並管理好大量的行銷人才，組建成熟的銷售隊伍。市場上人有的是，但真正的高手很少，而且即使招得到，也未必管得住，盲目擴張，一旦管理失控，幾百個聰明人挖你的牆角，後果會不堪設想。

3.成本太高

廠家直營會面臨市場前期開拓巨大的市場預賠成本、稅務成本、賬款風險，而經銷商則是「坐地虎」，他們有非常廉價的勞力資源，在當地有成熟的客戶網路，跟當地政府相關部門有千絲萬縷的關係，他們開發市場的成本比廠家低得多。

4.部份市場廠家無法直營

企業剛剛進入陌生市場，直營成本太高，所以利用經銷商的力量低成本進入市場，實現銷量。

隨著企業實力和對當地市場熟悉程度的提高，多數企業不會受控於大經銷商，而是會逐漸加大廠方人員投入，劃小經銷權實行密集分銷，繼而成立辦事處、分公司，直營市場，增加市場主控權。

四、經銷商的定義

與經銷商建立良好關係的第一步，是瞭解他們的世界，瞭解他們當前的經營壓力、他們對製造廠商的看法，以彼此業務之間的主要差別。

有一個清晰而全面的瞭解，會有助於製造商對經銷商績效有更加切合實際的預期，同時也能開展更為有效的銷售支持項目。

「經銷商」一詞對不同的人有不同的含義，有兩種不同類型的經銷商。在經銷商類別序列的一端是綜合經銷商，主要針對某個特定地理區域提供大量的、不同種類的產品；另一端則是專門經銷商，只是針對他們所代理的少數幾種選定的產品，提供技術和應用信息。

經銷商購買產品，是為了把產品再賣給消費者。他們的主要業務功能是銷售。因此，製造商不應該企圖把產品的品質賣給經銷商；製造商出售的產品應該有助於容易再銷售，並且具有很高的利潤，能強化對客戶關係的提高。

經銷商中不同的人會有不同的再銷售動機。經銷商最感興趣的是產品的盈利和執行產品線的財務需求。中層管理者對一項產品線感興趣的是，產品對僱員情緒、客戶保持和作業系統的能力方面的效果。櫃台人員、銷售員和採購以及技術支援人員對於產品品質、銷售的容易度、策略執行的難易、技術支持項目和承諾方面最感興趣。

關於經銷商的定義有多種描述，即產品從廠商手中通過中間商傳至消費者手中，經銷商是中間商的其中一種。

經銷商有其基本特徵，表現在與廠商的關係，以及經銷商的權益、責任、條件等方面。我們要熟悉經銷商的類型、各類型的主要優缺點

和採用的重要策略，掌握經銷商的主要功能，即資訊溝通與產品分銷功能等，此外，還要認識到經銷商管理的重要性。

經銷商作為營銷管道中的一種，為大多數企業所採用，通過經銷商的市場特定功能與分銷作用，使企業的產品、品牌、技術與服務走向市場與消費者，從而實現企業價值轉化的可能性。

經銷商可能轉銷到一般零售店，或可能自行在其擁有的零售店加以販賣。

經銷商與廠商的關係是一種長期的買賣關係。通常是廠商指定某特定的公司為其產品交易的中間商，由廠商持續供應給該中間商一定的產品在限定區域裏進行銷售，雙方並約定各自權益與責任的合約關係，我們一般稱該中間商為「經銷商」。

五、經銷商的特性

經銷商作為營銷管道成員中間商的一種，與其他中間商相比(如代理商、零售商、批發商等)，有著不同的特徵，主要有以下幾方面：

1.經銷商的資格

經銷商具有獨立的法人資格，行使獨立的經營自主權。

2.經銷商與廠商的關係

經銷商與廠商的關係是平等的合作關係，是一種持續買賣的契約關係，各自有獨立平等的經營資格，雙方互不從屬。經銷商從廠商處持續地購入產品，長期替廠商進行產品的銷售，它們之間是一種特殊的買賣關係，即通常所說的購銷關係。

3.經銷商的權益

經銷商與廠商訂立的契約，即經銷合約，經銷商可以享有某些權

利,如獨家經銷權與市場區域保護、市場支援等,同時經銷商與廠商是一種長期的合作關係,因此根據經銷合約與經銷商地區實際市場情況,廠商應給予一定的經營輔導與相應的經營支援。

4.經銷商的責任

經銷商與廠商的合作過程中,應承擔相應的責任義務,如一定時期的經銷額或數量、網點數量與服務要求等。經銷商的貨物來源於廠商,因此廠商也通過經銷合約對經銷商在產品數量、價格、服務、分銷與推廣等方面加以控制。經銷商在廠商允許的有限範圍內行使相應的自主權。

5.經銷商的條件

經銷商一般必須具備一定的資金與規模實力和從事相關行業所必需的專業經營經驗與技能,以及擁有相應的分銷機構與網路,並具備相應的服務設備與相應的銷售和服務人員隊伍。

6.經銷商與代理商的區別

主要區別在於經銷商從事銷售活動過程只能以自身的名義進行;而代理商則以廠商的名義替廠商銷售,是一種法律上的代理關係,經銷商贏取的利益是產品買賣的差價,而代理商贏取的利益是廠商的佣金或回扣。

六、經銷商的形式

(一)獨家經銷

在一定時期、一定區域,經銷商對廠商特定的產品具有獨家購買權和銷售權。這種經銷方式適合於流通性較強,或品牌知名度較高,或銷售量較大,或價值較低的產品。

獨家經銷分為三種類型,即專銷、專營和獨家經營。

⑴專銷商:是指專門銷售某廠商的系列產品,不再經營其他任何廠商的產品。採用專銷形式的經銷商稱為專銷商。

⑵專營:是指專門銷售某廠商的系列產品,不再經營其他任何同類型廠商的競爭性產品。採用專營形式的經銷商稱為專營商。

⑶獨家經營:也就是獨家經銷。在一定的時期、一定區域,經銷商對廠商特定的產品具有獨家購買權和銷售權。但同時可以經營任何廠商的產品,包括競爭性產品。

1. 獨家經銷的優點

⑴可以更好地維護經銷商的利益,確保他們的未來收益,贏得他們的「忠心」。企業採用獨家經銷制,使得一個區域市場內只有唯一的、佔有壟斷性地位的經銷商。這個經銷商可以通過價格杠杆獲得較高的利潤,從而更緊密地維繫廠商雙方之間的合作夥伴關係。

⑵採用獨家經銷制,管道策略調整幅度不大,有利於維護管道穩定,安撫「軍心」。經銷商追求利益,同時也希望盡可能地降低自身經營風險。而經銷商的經營風險絕大多數來源於企業行銷策略的隨意變動。企業行銷策略不變,或者變動較小,經銷商經營風險會隨之大大降低,這有利於增強經銷商信心,刺激經銷商繼續加大市場投入力度,企業也會獲得相應的回報。

⑶在市場規模擴大後,繼續選擇獨家經銷,可以給自己的經銷商和其他經銷商樹立一個「楷模」。經銷商的口碑傳遞非常迅速,而且極其重要。經銷商特別看重那些講信譽的企業。企業持續選擇一個經銷商,可以增強經銷商的信心。畢竟,前期的付出終究是有現在的豐厚回報的,這也向業內同行塑造了一個「誠信行銷」的良好形象。企業可以借此迅速鋪開其他市場。

⑷可以避免後期由於經銷商眾多而造成的利益糾紛，以及由此而導致的市場下滑局面。

⑸經銷商經營積極性強，能夠主動有效地推廣產品。

⑹有利於配合廠商開展地區市場工作。

⑺地區宣傳廣告容易獲得經銷商的合作。

⑻地區市場政策相對容易控制。

⑼經銷商的售後服務更為週到，從而有利於維護和提高產品和廠商的聲譽。

⑽市場價格相對容易控制。

2.獨家經銷的缺點

⑴企業選擇的經銷商難於覆蓋整個市場，也滿足不了日益增長的市場容量，這制約了企業向縱深方向發展的步伐。

⑵由於缺少競爭對手，市場壓力不是很大，企業選擇的經銷商可能會懈怠下來，直至放鬆對市場的控制和拓展工作，造成市場滑坡。

⑶獨家經銷通過價格壟斷，獲得高額利潤，不思進取。而週邊市場不一定能做得同樣出色。其他區域的企業行銷人員、經銷商為了完成銷售任務或返利，必然會千方百計竄貨進該區域，擾亂區域市場價格秩序。

⑷市場競爭度低，經銷商可能過分依賴廠商的支援。如在銷售網路建設的過程中，經銷商依賴廠商提供鋪貨車輛、鋪貨人員、鋪貨費用的支持。

⑸市場相對被經銷商控制，經銷商容易左右廠商的政策。獨家經銷商可能會誤認為企業不能離開自己，因此對企業提出各種無理的要求，希望挑戰企業的市場控制權，來掌握最終的話語權。這是經銷商的天性。

(6)經銷商與廠商的矛盾衝突一旦解決不好，廠商在該市場就容易陷入被動。

(7)在合約上也可註明「如違反以上協定的內容，經銷商協定將自動終止」字樣。

(二)非獨家經銷

是指廠商的特定產品在一定時期、一定區域，由幾家經銷商共同經銷。這種經銷方式適合於流通性較差，或品牌知名度較低，或銷售量不大，或價值較高的產品。

1.非獨家經銷的優點

(1)地區銷售不宜被某個經銷商所控制。採用非獨家經銷，引進競爭機制，提高經銷商的競爭意識，增強他們的市場活力，為企業贏得未來更大的市場奠定堅實的基礎。

(2)廠商對地區市場控制的主動性較強，政策制定與實施比較主動。採用非獨家經銷，便於企業總體控制，畢竟企業可以選擇的餘地會大大增加。

(3)地區經銷商數量較多，多方集合的銷售力量相對比較強大。採用非獨家經銷可以更快更好地覆蓋整個市場。在市場中，許多產品、企業的崛起往往就在短短一兩年內完成，因此，能否儘快地覆蓋整個市場，完成整個市場網路建設是企業能否贏得最終成功的一個重要因素。選擇兩個經銷商可以彌補一個經銷商的不足，迅速將企業勢力拓展到每個角落。

(4)地區市場覆蓋密度相對較高，易於滿足快速成長的市場需求。消費者的消費需求往往集中在一瞬間，而如此龐大的市場容量是很難讓一個經銷商單獨完成的。

2. 非獨家經銷的缺點

⑴市場價格管理難度大。選擇兩個經銷商，原有的價格壟斷優勢就會蕩然無存，經銷商之間會相互殺價，甚至接近乃至低於進貨價。經銷商都無利可圖了，當然也就沒有任何經銷企業產品的信心和意圖了。最終企業銷量不升反降，市場大幅滑坡。

⑵經銷商對於客戶服務水準的差異化較大。

⑶經銷商的積極性不宜提高。由於企業選擇多個經銷商，而平均利潤又大幅度降低，經銷商的積極性隨之下降，並對整個企業失去信心，轉而去經營其他競爭品牌。

⑷經銷商對下游客戶競爭激烈，容易造成管道衝突。

⑸新加入的經銷商不一定是真心當企業的經銷商的。一些經銷商看到競爭對手經銷的品牌極為暢銷，往往會挖空心思，先加盟該品牌，然後以經銷該品牌產品為幌子，重點銷售其他競爭性品牌產品。企業是「賠了夫人又折兵」。

⑹隨意變更自己的管道策略，讓原有的經銷商心寒，讓後來的經銷商膽戰，後期的市場拓展將極為艱難。

七、經銷商六大病根

(一)廠家與經銷商的關係

1. 相互依賴的關係

經銷商與廠家各自有獨立的經營資格，雙方互不從屬，是一種持續買賣的契約關係。對廠家而言，經銷商的網路、人力、資金，可以使廠商的產品低成本進入市場，創造銷量和利潤。這時候，廠家會把經銷商看作是自己的子系統，試圖建立一個夥伴關係，相互配合，密

切協作，共同運作市場，把市場做大，並把從中所得的利益與經銷商合理分配，共同獲利。而經銷商透過銷售廠家提供的商品，從中獲取利潤。這樣就會形成一種「雙贏」的局面。所以說，他們之間是一種相互平等的合作關係。廠家的生存離不開經銷商的支持，經銷商的發展也離不開廠家的支持。

2.相互矛盾的關係

①經銷商與廠家的利益存在矛盾

②經銷商與廠家的不當行為導致對對方的傷害

③經銷商的不當行為，會對廠家的傷害：

拿著專銷權，卻不「經銷獨家」。

違規經營：沖貨、砸價、抬價、截留各種費用。

只做暢銷產品，不做新品推廣，更不協助廠家處理滯銷產品。

投入不足，物力、人力、資金不足，制約廠家市場發展。

不給 KA 賣場供貨，怕壓資金。不給小店進貨，怕運費划不來。

依靠市場優勢不斷向廠家提出無理要求。

④廠家的違規操作對經銷商的傷害：

廠家業務人員給經銷商壓貨壓多，產品又無法退貨。

暢銷產品斷貨，導致利潤損失。

廠價下降造成經銷商庫存產品貶值。

廠家市場控制不力，導致竄貨、砸價、假貨氾濫。

返利/運補/經銷商墊付的促銷費用，廠商不能及時兌現。廠家慫恿經銷商大量賒銷鋪貨，造成貨款無法及時收回。廠家頻繁更換經銷商。表 1-1 表述了經銷商與廠家間存在的利益矛盾。

表 1-1　經銷商與廠家的利益矛盾

經銷商希望廠家	廠家希望經銷商
先賒貨，後付款	先付款，後提貨
低供價，高返利	統一供價，根據合約條款返利
多次少量及時送貨	最好整車進貨，減少廠商的配送成本
隨時可以退換貨	不希望出現退換貨
更大區域的「獨家經銷」	合適區域的「經銷獨家」
廠家更多的人力投入	擁有充足的人力、物力，廠家不必有太多的投入
協助開發銷售網路	最好有成熟的網路
更多的推廣費、廣告、促銷支持	認真執行廠家的促銷方案
產品品質穩定	滿足產品所需的庫存和運輸條件
客戶投訴出現後廠家及時出面處理	客戶投訴出現後經銷商及時圓滿處理
給經銷商更多的培訓輔導	能進行自我提高
產品暢銷品牌力強	能大力推廣新產品和滯銷產品
……	……

(二)經銷商的狀況

在實際的經營現況裏，產品經銷商有下列狀況：

1. 廠商缺少具備輔導經銷商能力的專家

生產、供貨廠商擁有眾多的經營管理人才，唯獨缺少「具備輔導經銷商的輔導人才」，因為這方面的人才必須具備以下的特質：積極的性格、良好的人群關係、對市場動態有深入的瞭解、瞭解經銷商本身的經營運作、明確地瞭解公司的政策、具有企劃與銷售能力等等，此類人才難求，但並非不能培養。最好的人選是相當學歷程度(如大專畢業)而又有五年的業務推銷經驗，並擔任市場行銷企劃工作，瞭解整體

運作方式的人。

2.經銷商缺乏管理人才

雙方配合，才能共創贏面，即使生產廠商有「輔導人才」，若經銷商缺乏相對之管理人才，也是難以推動。

一般的經銷商，其負責人可能就是唯一的管理者，所有的財務調度、總務、人事、監督，都一手包辦；人少事雜的狀況下，經銷商老闆就無法以科學化的管理方式，配合廠商的要求。

3.生產廠商沒有長久規劃的眼光

廠商要有永續經營的理念，並且具備和經銷商長久配合的意願。因此，廠商會設法規劃如何去輔導經銷商，改善經銷商的經營績效，以營造互贏局面。

缺乏正確心態的廠商，只會考慮自己的利潤，著重利潤，欠缺長久規劃的眼光。經營者和幹部的工作不同，幹部是著重在「戰術」的執行，而經營者強調「戰略考慮層面」。

4.經銷商心態狹窄、眼光短淺

經銷商只著重於推銷，認為確立市場秩序與建立經營管理是一種耗費精力的工作；他們認為只要將貨品分派給經銷店，產品促銷是生產廠商的義務工作，銷路不好是廠商的事，經銷商可能會缺乏與廠商共同開發市場的心願。

此外，經銷商常有保守心態，不願讓廠商深入瞭解自己所負責地區的市場形態，以保護他們在該地區的權威，使廠商必須依賴其勢力以拓展市場。這種心理是造成雙方日後不滿的主要原因。廠商最好能以行動保證，只要經銷商履行義務，就能享有約定的權利。

經銷商是企業能夠方便快捷地實現全面分銷和銷售滲透的重要合作夥伴。企業不但要延長和拓寬產品線，生產多種產品以滿足不同需

求的消費者，而且還必須擁有強大的分銷網路，確保能夠讓自己的目
標消費群體在任何可能的地方都能買到企業的產品，而要達到這樣的
程度，僅僅依靠企業自己的力量是很難的。正如有需求就會有解決之
道的市場規律一樣，銷售管道經銷商就應運而生了。

(三)經銷商六大病根

一個完善的銷售管道是企業賴以長期健康發展的最關鍵的外部資
源，也是企業實現最優化銷售，實現最大化盈利的重要資源。但遺憾
的是，這些銷售管道成員卻存在著先天的不足。

1.經營短視

一些經銷商消極的惟利是圖，不但不認同企業的中長期發展戰
略，而且甚至不認同同業中的行業發展趨向。他們認為，只要現在能
夠即時獲利的生意我才做，您別讓我做那些只有所謂的未來收益的生
意。在這種思想的驅使下，這些經銷商往往「始亂終棄」，今天誰的產
品賺錢就多做誰的，那怕你的產品有再好的前景和潛力，我統統不管；
你說你好，好，等你好了再說罷。這種經銷商常常不守合約、承諾，
給製造商造成許多麻煩。

2.堅守自閉

有的經銷商由於自身的市場開拓能力有限，拿到經銷權後，仍然
僅僅利用以前的一些固有銷售管道進行銷售，甚至很長時間裏，製造
商在當地的銷售還是得不到質的提升。當製造商認為應該加大分銷力
度和嘗試準備派遣助銷人員協助其深度滲透時，他們又怕這是製造商
準備架空他的先兆，於是便百般阻撓，使製造商的一些策略得不到有
效的執行。

3.同室操戈

一些製造商為了激活市場，培養競爭氣氛，在一個區域裏先後發展幾家經銷商參與競爭，這本來是件好事，有利於產生良性競爭，結果往往由於銷售管道經銷商間為了取得獨家經銷權明爭暗鬥，互不相讓，好的壞的一齊上，最後是大家都沒得做，倒楣的還是廠商。

4.不聽從指揮

一些大批發商對企業為市場小零售商提供的產品服務、銷售管道服務、價格服務、宣傳、促銷服務等策略執行力度很小，甚至不予理會，一味地按照自己以前的方法去做；製造商提供的優惠條件、宣傳品、促銷品多半都被經銷商自己佔有，結果造成下游經銷商、零售商等對企業的不滿，嚴重影響企業的銷售管道業績。

5.貪心不足

有的經銷商本來的市場開拓和分銷能力不行，但卻常常大包大攬，拍胸脯打保票，然後不斷地向企業索要各種優惠條件、廣告費獎勵，將促銷費、促銷品等統統據為已有。企業花了不少錢，可是銷售管道終端和消費者卻沒能得到多少好處。

6.居心不良

一些經銷商和賣場開始表現得非常配合，市場也做得不錯，企業當然大力支持，從進貨數量、進貨獎勵、回款賬期、促銷支持等方面都給予不遺餘力地支持。於是經銷商就借此機會大批進貨，然後長期地拖欠貨款。起初企業看在業績和關係上也就不以為然，時間一長，經銷商手裏拖欠了企業的大批貨款，經銷商就拿這個和企業大談條件，作為談判的籌碼，要脅企業就範，以獲取更大的實惠。

八、企業對經銷商管理的錯誤心態

有些企業在實際經銷商運作中,因為對經銷商管理缺乏全面認識,過分重視自身利益的獲得,而忽視經銷商市場基本規律和經銷商對現實利益的需求,因而導致經銷商管理失敗或運作不良。在經銷商管理的實際工作中,經常出現一些錯誤觀念:

1.經銷商數量越多越好,或越少越好

很多廠商片面認為:經銷商數目多,分銷力量就相對壯大,或者認為經銷商數量少,相對給經銷商的經營區域擴大了,有利提高經銷商的經營積極性與主動性,其實這兩種觀點是不正確的。經銷商數量的多與寡,要根據該地區市場的容量、經銷商對廠商目標市場覆蓋能力和經銷商控制市場區域的範圍、能力而定。此外,還要全面考慮廠商自身的資源與經銷商管理和策略,不能簡單得出結論。

如果經銷商區域市場容量不夠大,經銷商數量多,各個經銷商的利益得不到保證,「僧多粥少」,容易導致「同室操戈」,或者會使相當多的經銷商失去經營積極性,或者乾脆放棄經營競爭對手的產品。同時,經銷商數量太多,廠商對經銷商的統一性、規範性管理難以實現或到位。

如果經銷商區域太大,或者市場容量大,密度高,競爭強,經銷商數量太少就可能導致經銷商對市場爭奪的實力與力度都不夠,導致市場分銷或目標市場真空的存在,競爭優勢的失去。經銷商數量太少,廠商容易受到經銷商討價還價的壓力而失去市場的主動控制權。因此,經銷商數量太少,對廠商也不是十分有利的事。

2.經銷商通路越長越好，或越短越好

經銷通路的長短，要依廠商的實力與資源，特別是市場的管理力度而定。同時，通路長與短是相對的，從現代經銷商發展的情況下看，廠商在資源與管理等方面有保證的條件下，通常選擇短通路比較有力，有利於市場日後的發展。

通路短，廠商銷售範圍鋪得太大，有限資源分佈太廣，很難形成競爭優勢。如果一有風吹草動，就很難在短期內形成主力出擊，影響主要市場的競爭實力，廠商市場風險也相對較大。同時，廠商的人員開支、行政費用、廣告費用、市場推廣費用等成本開支較大，雖然利益空間相對較好，但市場效益是不是最好，就很難與投入成正比。雖然說以上問題不一定是普遍現象，但有一點可以肯定：如果廠商資源不足、管理不嚴或不到位，那麼這些現象一定會出現。長通路有長通路的好處，如日用消費品，其消費對象居住區域高度分散，產品購買頻率又比較高，銷售環節較多，因此長通路比較適合。但這並不意味著通路越長越好，原因在於：通路過長，增大了管理難度，延長了交至最終用戶的時間，同時環節過多，加大了產品損耗，廠商難以有效掌握終端市場的供求關係，廠商利潤被分流。

因此，經銷商通路的長短要根據產品的行業特徵、地區特性，以及廠商資源、目標市場策略等而定，不要片面認為經銷商通路越長越好或越短越好。

3.經銷商銷售覆蓋面越廣越好

對廠商來說，在低市場佔有率情況下，相對擴大經銷商銷售覆蓋面，可以帶來銷售業績的增高；在高市場佔有率的情況下，相對擴大經銷商的銷售覆蓋面，帶來的銷售業績增長是有限的，可能與投入不成正比。同時要考慮到，銷售覆蓋面的擴大，需要廠商資源與管理的

配套，否則會造成廠商資源分散，失去競爭優勢，管理不到位，從而造成市場混亂，因此，經銷商銷售覆蓋面是不是越廣越好，也是有一定條件的。

4.經銷商實力越強越好

經銷實力越強，其分銷資源與能力也越強，如果經銷商重視合作，廠商產品是經銷商經營的主流產品或利益產品，因此選擇實力強大的經銷商是正確的，但是通常經銷商實力強大，可以選擇廠商的範疇也多，經營的項目也分散，對廠商的討價還價能力也強，廠商對其也難以管理。

實力強大的經銷商可能會同時經銷廠商競爭對手的同類產品，以此作為討價還價的籌碼。實力強大的經銷商不會花很大精力去銷售一個名不見經傳的品牌，還可能對其有影響的新產品或競爭產品進行封殺或阻隔，廠商有可能會失去對產品銷售的控制權。因此，選擇實力強大的經銷商，也不是絕對的好事。

5.只要選對經銷商就可高枕無憂

很多廠商認為，只要經銷商選擇對了，供應好適銷對路的產品，其他事情就看經銷商的本事，廠商再不用操心銷售等其他問題，坐等收錢就是了。

這是一種非常的錯誤想法，選好經銷商只是通路建設的第一步，成功的經銷商管理不僅要選好經銷商，而且需要花很大的精力在緊接其後的對經銷商的輔導與支援、管理與控制，以及經銷商的激勵、評估與調整等工作上。這種觀點的錯誤在於不瞭解經銷商管理的內容。

6.供貨價格越低越好，其他不用考慮

經銷商最關心自身利益，這是經銷商能夠與廠商合作的出發點和基本點。

　　當然，能夠在同等情況下，讓經銷商有更多的利益自然更好，但是，經銷商的利益，不僅僅表現在價格或回扣上，經銷商還關心產品好、銷量大，要總體利益高才行。同時，經銷商關係利益的發展，對廠商的廣告、品牌、服務等，特別是地區市場經銷商的支援，可以減低經銷商的風險程度與經營成本，使經營效益相對提高。

　　由於價格降低，造成廠商利益的減低，於是對經銷商品牌、廣告、支持力度就可能減低，從而影響地區市場的競爭優勢，減低經銷商利益。同時，僅僅靠價格與回扣作為競爭手段，是比較脆弱的，其他競爭廠商也容易再降低一點價格來誘惑經銷商，而且也會造成經銷商在價格上討價還價，所以這種做法實在不可取。

　　正確的做法不是價越高越好，而是向經銷商提供極具競爭力的價格。同時注重地區市場競爭者優勢，對經銷商實施合理的支持。

7.銷售通路建成後，至少幾年不用去調整

　　經銷商管理是動態的管理，面對的不確定因素太多，如果以經銷商通路適應廠商目標市場的經營通路需要，自然不用調整；如果市場因素起變化，就要調整通路以適應市場、用戶和企業的發展需要，忽視了那一個因素或市場起變化而繼續沿用老辦法，都將給企業帶來無法估量的損失。因此，經銷商通路建成之後，需要根據市場的變化不斷加以調整。

8.通路衝突百害而無一利，應該根除

　　正確的說法應是，通路衝突有惡性與良性之分，不可一概而論；衝突永遠根除不了，只能轉化或化解。

　　通路衝突可分為惡性衝突與良性衝突。

　　⑴惡性衝突，如竄貨、低價傾銷、挾貨款以要脅，假冒偽劣等，對通路的破壞自不待言；

⑵良性衝突可以成為改善通路運作效率的催化劑；

例如兩家經銷商共同經銷同一廠商產品，由於經銷能力的差異，出現了一冷一熱的情況所形成的就屬於良性衝突，它可以促使落後一方採取積極措施迎頭趕上。

⑶舊的矛盾解決了，還會有新的矛盾產生，永無止境；

⑷企業應採取積極的態度去轉化或化解衝突，例如發現某區域市場通路寬度過大，經銷商數目過多，形成惡性競爭，廠商可考慮適當減少經銷商的人數。

經銷商的衝突，永遠根治不了，只能採取積極的態度去化解它。

心得欄 _____

- -

- -

- -

- -

- -

第 2 章

如何選擇經銷商

案 例

化學藥品公司的銷售管道選擇

　　某化學藥品公司開發了一種新的游泳池殺菌劑。該公司考慮可以利用下列五種不同類型分銷管道。

　　為了評估這五種分銷管道,該公司列出一組自認為最重要的衡量因素,每一因素確定一個重要性權數,每個權數從 0 到 1 不等,所有權數之和為 1.0。然後根據表中五個因素對每一個可供選擇的管道進行評分,分數從 0 到 1,高低分數表示該管道在這方面效率高低(見圖表 2-1)。

圖 2-1　五種不同類型分銷管道

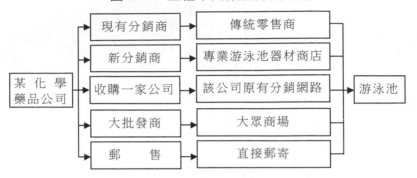

表 2-1　因素加權評估法

衡量指標	權數	現有分銷商		新分銷商		收購公司		大批發商		郵　售	
		未加權	加權後	未加權	加權後	未加權	加權後	來加權	加權後	未加權	加權後
接觸游泳池業主的可能性	0.15	0.1	0.015	0.3	0.045	0.8	0.12	0.8	0.12	0.8	0.12
可能獲取利潤	0.25	0.5	0.125	0.5	0.125	0.9	0.225	0.2	0.05	0.9	0.225
獲取經驗	0.10	0.1	0.01	0.2	0.02	0.8	0.08	0.1	0.01	0.9	0.09
投資大小	0.30	0.8	0.24	0.8	0.24	0.1	0.03	0.8	0.24	0.3	0.09
制止損失的能力	0.20	0.7	0.14	0.7	0.14	0.1	0.02	0.7	0.14	0.3	0.06
合　計	1.00	0.530		0.570		0.475		0.560		0.585	

　　圖表 2-1 顯示了五個可供選擇的管道結構中每一個的得分，根據因素加權法，對每一種管道分別按五個因素進行評分，然後乘以權數，最後將五個加權分的分數加在一起就得到一個管道的綜合分。得分最高的就是公司所要選擇的最佳管道。在本例中，該化學藥品公司選中的最佳管道就是直接郵售。

工作重點

一、選擇經銷商的標準

　　要建立一個良好的經銷商體系，必須首先根據企業自身的狀況和經銷的產品特點制定經銷商選擇標準。

　　經銷商的選擇標準因不同行業、不同區域而變，大體上有行銷思路、合作意願、態度、聲譽、信用及財務狀況、銷售實力、銷售狀況、規模、管理能力、管理權延續、產品線、市場佔有率等方面。

1. 合作意願

(1)認同產品，重視產品

　　對產品的功能及市場潛力的認同，是當好經銷商的前提。很難想像一個經銷商會認真地去銷售一個他認為沒有市場潛力的產品。對產品的重視，是成為該區域經銷商的必要條件。因為重視才能產生責任心，而責任心又是驅使經銷商努力工作的直接動力。銷售人員可以通過直接詢問來瞭解經銷商是否對產品有認同感。如：你對產品的市場潛力如何看待？你預估該產品能為您帶來多少銷量？

(2)願望和抱負

　　經銷商銷售產品，不單對廠商、消費者有利，對經銷商也有利。銷售管道作為一個整體，每個成員的利益來自成員之間的彼此合作。只有所有成員具有共同願望、共同抱負，具有合作精神，才能真正建立一個有效運轉的高效率的銷售管道。銷售人員可以通過直接詢問的方式來瞭解經銷商是否與廠商有共同的願望和抱負。如：您對將來的

發展有何打算？您打算建立什麼樣的產品結構？您希望您的利潤來源主要來自於那些產品？

(3)熱情

該客戶對你是否熱情接待？並不是想吃他請的一頓飯，而是因為如果他真的很想和你合作，自然會熱情相待。

2.行銷思路

銷售人員應非常關心經銷商是否有清晰的經營思路，應選擇與企業經營思路相近的經銷商。行銷思路決定著一個經銷商的命運。今天不同的行銷思路決定未來不同的出路——是坐在家裏等電話，只供大戶，小訂單懶得送，還是走出去週期性拜訪客戶，強化服務優勢，鑄造誠信經商的口碑，編織銷售網路。廠商要瞭解經銷商的行銷思路，應從以下幾個方面著手：

(1)經營狀況

銷售人員通過直接詢問，可以瞭解經銷商對自己的經營狀況是否熟悉。不少經銷商現在仍然是一種原始的經營狀況，憑感覺進貨、賣貨，月底甚至年底盤賬，看輸贏。問他各品項每天（甚至每個月）賣多少？各品項的利潤率如何？應收賬款比例是多少？這半個月贏利了沒有？一概不知，這種夫妻店、雜貨鋪類經營模式的客戶不能被賦予經銷商的重任。

(2)市場狀況

通過直接詢問，可以瞭解經銷商對當地市場的熟悉程度。不妨以謙虛的態度向客戶請教：「某老闆，我不是本地人，剛來這裏，想瞭解一下市場情況，請您指教。」有些客戶就會給你講：「我們這兒是個窮地方，便宜的東西最好賣，其他的沒什麼特點。」也有些客戶可以告訴你，這個市場包含多少市、多少縣，總人口多少，經常出現竄貨假

貨,但吞吐量很大,等等。經銷商是否對當地的市場規模、行政區劃、基礎資料、市場特點有較好的理性認識,標誌著他是否有比較清晰的行銷理念。

(3)服務態度

通過直接詢問、現場觀察、詢問店內其他員工和下線客戶等方式,可以瞭解經銷商對送貨、鋪貨的態度,對下線客戶的服務程度。銷售人員可以在客戶的店裏逗留一兩個小時,觀察一下他對下線客戶的服務狀態:是坐在店裏等大戶上門提貨,小商店打來電話不但不送還態度蠻橫,還是電話接單派人送貨;其銷售代表是放鴿子一樣放出去賣貨拿業績提成,還是每人劃出具體線路,週期性固定拜訪;對下線客戶是僅僅送貨,還是訂貨、送貨、陳列、理庫存、佈置廣宣品、處理客訴一條龍服務;當你和他談起設經銷商時,他對你提出的要求是「你要給我賒銷」還是「你要來人來車幫我鋪貨」。

對鋪貨的重視程度、對編織網路的重視程度、對售點的週期性拜訪和客戶服務程度是一個經銷商行銷思路的直接反映。如果一個批發商對自己經營的各品項業績、贏利狀況清楚,對當地市場的基本特點熟悉,並且積極拜訪售點,增強客戶服務,強化自己的銷售網路,那麼行銷思路檢測這一關就算順利通過。

3.銷售實力

在選擇經銷商時,銷售實力是很重要的標準。判斷其實力的方法很多,就批發商而言,可以從資金實力、庫房面積、配送能力、市場覆蓋範圍、知名度、其員工的數量和素質等加以判斷。

(1)資金實力

資金實力是選擇經銷商的首要條件。廠商應選擇資金雄厚、財務狀況良好的經銷商,因為這樣的經銷商能保證及時回款,還可以在財

務上向生產廠商提供一些幫助，如分擔一些銷售費用，提供部份應付
款，向下線客戶提供賒銷，等等，從而有助於擴大產品銷路。要瞭解
經銷商的資金實力，可與店主閒聊，瞭解他的流動資金和應收賬款情
況，也可向同行其他商戶詢問，向其他廠方業務代表瞭解。

(2)庫房面積

倉庫面積與銷售額成正比。銷售人員應主動要求看看經銷商的倉
庫，既可以瞭解其面積大小，還可以瞭解其經營品種，以及競爭對手
的產品庫存情況。同時，還可以根據倉庫產品的擺放以及清潔狀況來
判斷經銷商的倉庫管理能力。此外，根據他現有的產品庫存，可以推
算他大概的庫存資金和流動資金。

(3)配送能力

經銷商的配送能力是經銷商實力的重要體現。未來能夠生存的經
銷商只可能是「配送中心」式的經銷商。在美國，除生鮮類產品存在
批發市場外，其他類型的產品的批發市場已經消失殆盡，但「配送中
心」式的經銷商仍然生存得很好。考察經銷商的配送能力，必須注意
以下四點：

①經銷商須具備配送意識，認識到只有具備配送功能才能生存。

②必須組建配送機構、配送人員、配送工具。

③必須實現低成本配送。很多經銷商不敢或不願意開展配送的原
因是無法承擔高額的配送費。

④在配送區域過大的情況下，建立配送中心。

(4)市場覆蓋範圍

通過瞭解車輛的噸位可判斷其覆蓋的範圍和覆蓋的終端類型。貨
車主要供應短距離、市內的終端；2噸以下的送貨車主要供應中等距離
的零售商或批發商；2噸以上的送貨車主要供應長距離的批發市場。要

瞭解經銷商的運輸能力與市場覆蓋範圍，可以詢問這位經銷商有幾輛車，車的型號如何，幾個司機，平時車銷的區域等。

(5)知名度

要瞭解經銷商的知名度，可以通過走訪幾十家零售店，並向店主打聽：「某某經銷商你們知道吧？你們平時從那里拿貨？」再走訪超市、餐飲等其他管道瞭解同樣的問題。如果該客戶在各管道的售點知名度高，而且大多數售點都由他供貨，就可以證實他的銷售網路比較全面、有效。

(6)員工的數量和素質

隨著產品技術含量和競爭性的增加，銷售人員的專業技術水準和專業推銷能力也越來越重要。

4.態度

這個標準主要看中間商是否有闖勁、激情和進取心。這些素質是獲得長久成功的重要條件。

有些經銷商賺錢以後就迷失了生活的方向；有的已經不再親自打點生意，把生意交給親戚打點；有些已經對微利經營喪失了興趣；有些沉湎於聲色犬馬，生活不能自拔。應該把這些經銷商統統打入「問題經銷商」之列。

經銷商的投入、毅力和對事業的投入程度，通常與市場的培育程度成正比。對於具有良好態度和企業家精神的經銷商來說，應該具備以下觀念：

(1)事業觀

把商業當事業來做，而不只是當作生意來做。可以通過問經銷商以下問題來瞭解其事業觀：

①您的企業的目標是什麼？

②五年以後您的企業會是怎樣？

③您未來有何計劃？

(2)利潤觀

今天的利潤是明天擴大再經營的成本，而不是未來消費的資本。

有進取心的經銷商不斷充實自己，主動參加各種培訓，對未來充滿信心。可以通過問經銷商以下問題來瞭解其利潤觀：

①您平時看什麼書？

②有沒有參加培訓？

③平時上不上網？

④在網上經常看什麼內容？

5.聲譽

多數廠商都會迴避與沒有良好聲譽的經銷商建立關係。相對信譽而言，經銷商的經驗和能力並非首要的考慮因素。

(1)同行口碑

該市場的其他客戶對該客戶如何評價，是否有惡意竄貨、砸價、經營假冒偽劣產品、賴賬等劣跡。通過其他經銷商瞭解他的經營能力、經營狀況，他與代理企業的關係狀況，他如何處理與客戶之間關係，等等。

(2)同業口碑

其他廠商業務員、其上游經銷商業務員對他如何評價？

(3)合夥人口碑

該店的合營者、經營參與人(如他的妻子)是否「好打交道」，有無品行方面的劣跡。

6.信用及財務狀況

調查經銷商的信用及財務狀況是一個必須環節。這項標準在經銷

商的選擇中，使用頻率極高，最終是否將其作為經銷商往往取決於此。需要收集的信用與財務資訊及調查事項如表 2-2 所示。

表 2-2　調查經銷商的信用及財務狀況需查明的事項

考察內容	實際情況
· 註冊資金、實際投入資金是否寬餘 · 必備的經營設施（倉儲、運輸、營業場地等） 　能否承受目前業務 · 給廠商付款的方式如何 · 資金週轉率，利潤率如何 · 銀行貸款能力如何 · 稅務是否守法 · 欠賬的程度如何 · 放賬的程度如何	

7.銷售狀況

　　銷售人員通過直接詢問、走訪售點取證等方式，可以大致瞭解經銷商的銷售狀況。具體瞭解從以下幾個方面：

　　(1)銷售網

　　該客戶對終端售點有無直接掌控力？是否其產品的銷售要經過一批、二批、三批幾個環節中轉才能到零售店？最理想的銷售網路是首先在批發市場有固定客戶網路幫自己擴大產品覆蓋面，同時又有超市、零售店等各零售管道的隊伍直控終端。

　　(2)穩定的服務能力所能覆蓋的區域

　　該經銷商的固定下線客戶有多少？銷售網路有多大？他的業務人員、車輛和管理能力能保證給多少客戶提供穩定的服務？

　　(3)現經營品牌的市場表現

　　如同去瞭解新員工在以前的企業裏的業績一樣，瞭解一下這個經

銷商現在經營的品牌的市場表現：鋪貨率怎麼樣？陳列及生動化效果怎麼樣？價格體系是否合理？客戶服務是否到位？物流覆蓋是否全面（市內及週邊的產品滲透力）？

(4)因何與原合作的廠商分手

如果他曾經與那個廠商或上游供應商合作又分手，那麼分手原因何在，是誰的錯？是否因為合作方對他的市場能力不滿，還是他有什麼不良行為(惡意砸價、竄貨、侵吞促銷品、賴賬等)？

8.規模

有時中間商的規模是判斷的唯一標準。一般認為，機構規模越大，廠商的產品銷售量會越大。除此之外還有另一原因，即大家都相信大中間商，認為他們能更成功，利潤會更高，銷售的產品品質更可靠。並且，大多中間商有較多銷售人員，這就意味著廠商的產品有更多的機會面對顧客。

9.管理能力

對於管理能力對於管理落後的中間商根本就不用去考慮，因此在選擇經銷商時管理是一個關鍵因素。但是，管理水準受諸多因素的影響，因而很難下定論。到底管理水準如何，其中關鍵的一點就是看其組織、培訓和穩定銷售隊伍的能力。

廠商銷售人員通過直接詢問、現場觀察等方式，可以大致瞭解經銷商的管理能力。具體應瞭解以下幾個方面：

(1)物流管理水準

有無庫管，有無庫房管理制度，有無出庫入庫手續，有無庫存週報表、報損表、即期破損斷貨警示表等？斷貨、即期、破損、丟貨現象是否嚴重？

(2)資金管理

有無財務制度，有無會計、出納，有無現金賬、有無銷售報表？是否執行收支兩條線，是否有「自己的直系親戚，用錢從抽屜裏拿」的現象？

(3)人員管理

如果一個經銷商把自己的小店都管得一塌糊塗：庫存無管理——經常斷貨；現金無管理——連記流水賬和收支兩條線也做不到；人員全是親戚——說是業務員，其實就是送貨員，還整天偷懶。這樣的管理能力怎樣擔起市場開發維護的重任呢？

要瞭解中間商的人員管理情況，主要瞭解以下幾個方面：

①是否有業務人員？

②業務人員中親屬所佔比例？

③有無人員管理制度？

④業務人員是否服從管理？

⑤有無清晰的崗位職責分配？

⑥業務人員工作狀態是自己去找地方賣貨，拿銷量提成，還是按線路週期性拜訪客戶，通過綜合指標(鋪貨率、生動化等)綜合考評發獎金？

10.管理權延續

中間商多由其所有人或發起人掌管。其中有許多，尤其是批發商，都是獨立經營的小公司。因此一旦老一輩故去，管理就難以接替。廠商希望中間商的子女在他們的父母退休後能接替他們的事業，繼續保持合作。

從以下四個方面考慮經銷商經銷的系列商品：

①競爭對手的產品；

②相容性產品；

③互補性產品；

④產品品質。

銷售人員應盡可能避免選取直接經營競爭對手產品的經銷商。應尋找經營相容性產品的經銷商，因其從根本上不對自身產品構成威脅。經營互補性產品的經銷商也是目標經銷商，因為通過這類產品，可為顧客提供更好、更全面的服務。在產品品質方面，廠商應選擇經營產品品質比自己好，至少不低於自己的經銷商，絕不要把自己的產品同「劣質」、「沒名氣」的產品放在一塊。

11.市場佔有率

經銷商是否擁有廠商所期望的那部份市場或稱聲場佔有率。需要特別考慮的是該經銷商的市場範圍是否太大，以致有可能與其他經銷商重疊。概而言之，廠商應堅持「最大佔有，最小重合」的原則。

以上談到的標準並非適用於所有公司的所有情況，但它們指明了選取經銷商時需要考慮的主要方面，因而仍然具有參考價值。每個公司都應該根據自己的目的、方針制定一系列相應的具體標準。

二、篩選並確定候選經銷商名單

對擬選擇作為合作夥伴的經銷商，就其從事商品分銷的能力和條件，按經銷商選擇的十二個標準，結合企業的自身狀況和此次要推廣的產品特點，設計《經銷商評估表》（如表 2-3 所示）。通過與訪問對象的溝通，對經銷商進行考察評估，並填寫《經銷商評估表》，並從得分較高者當中擇優選擇 3～5 個候選經銷商。

表 2-3　快速消費品經銷商評估選擇表

	得分項目權數	說明	評分
營銷思路	經營市場的基本思路 終端客戶銷量佔總銷量的比重 是否與廠商的營銷思路一致 營銷思路綜合評價		
經濟實力	去年總營業額 去年_____(某類)產品總營業額 總資本 佔用廠商資金 被下線客戶佔用資金 經濟實力綜合評價		
配送能力	配送人員總數 送貨車量 配送人員收入分配方式、平均月收入 配送能力綜合評價		
商業能力	商業能力輻射並控制的區域 主要分銷管道 在目標市場同類經銷商中的影響力 是否能在目標市場獨家分銷 主導產品是否與本公司產品的管道相同 合夥人合作意願 商業能力綜合評價		
商業信用	與生產廠商的結算方式 盈利狀況 廠商對經銷商的信用評價 在下線(終端)客戶中的信用 有無不良記錄 商業信用綜合評價		

續表

得分項目權數		說明	評分
對本產品 重視程度	經銷產品種類 經銷產品品牌 盈利最大的前三種產品 銷售額最大的前三種產品 所經銷本公司的競爭品牌 擬對本公司產品的投入 與本公司的合作意願 對本公司產品重視程度綜合評價		
管控能力	對下線客戶的控制方式和控制能力 下線客戶對其忠誠度 企業化管理還是個體戶式管理 對下線客戶管理與控制能力綜合評價		

使用者注意：

(1)銷售人員在經銷商篩選的過程中不應作任何許諾，以免引起將來落選者的憤恨。

(2)談及「如果合作成功，貨款如何結算」時要明確表示——現款現貨。

(3)上表有些欄的資訊採集有一定難度，用意是指明思維方向，銷售人員不要強求填寫。

(4)此表內容不可標準化。不同產品、不同市場、甚至同一市場不同階段經銷商選擇的標準不同，具體內容當由廠商銷售部經理和銷售經理一起商定，針對不同市場做出具體調整。

訪問對象及其溝通要點有：

(1)通過經銷商瞭解：經營思路、成功經驗。

(2)通過下線客戶瞭解：配送情況、售後服務情況、信用等。

(3)通過經銷商的員工瞭解：管理情況。

(4)通過其他廠商的銷售人員瞭解：信用情況、網路情況、經營策略等。

三、企業選擇經銷商的方法

　　通過對表 2-4 中 20 個問題的分析，以確定工業企業的經銷商。這一方法對生產消費品的公司也適用。

表 2-4　工業企業經銷商選擇表

編號	問　　題
1	經銷商是真的對我們的產品感興趣還是僅作為權宜之計
2	他的實力如何
3	他在其顧客群體中的聲譽如何
4	他在其供應商中信譽如何
5	他是否有闖勁
6	他同時經銷那些其他產品
7	他的財務狀況如何
8	那些人群對他的商品從不問津
9	他有能力進行降價銷售嗎
10	他主張貨品清單應該準確清晰嗎
11	他的機構規模如何
12	他的商品的消費群體有那些
13	他認為價格需保持不變嗎
14	他是否提供了過去五年的銷售業績數據
15	他的業務員銷售區域有多大
16	他的業務員經過培訓嗎
17	他的內勤人員有多少
18	他的外勤人員有多少
19	他認為高昂的團隊精神、銷售培訓及促銷活動重要嗎
20	組織以上這些活動它能提供什麼有利條件

四、確定經銷商

(一)選擇經銷商的錯誤心態
1.選擇下線客戶分佈廣的經銷商

有的經銷商由於經營時間長，下線客戶多且分佈廣。但這些客戶太分散，集中程度不高，無法對市場精耕細作。在目前管道下沉、區域細化的大環境下，這樣的客戶往往屬於竄貨大王。因此，這樣的經銷商對於以做市場為主要目標的廠商來說，有百害而無一利。但是，對於沒有實力的廠商或者初入市場急於擴大銷量的廠商來說，選擇這樣的客戶可以迅速分銷產品。

2.選擇規模大的經銷商

衡量經銷商是否優秀不在於規模而在於營銷模式，只有營銷模式先進的經銷商才能給企業帶來源源不斷的利潤。如果營銷模式落後，這樣的經銷商早晚要倒閉的。

3.選擇經驗豐富的經銷商

選擇經銷商時不要選擇那些自詡經驗和經歷豐富的人。因為，有時經歷和經驗不僅起不到好的作用，反而成為包袱。任何經驗都是在特定的營銷環境下形成的，當營銷環境發生變化時，這些經驗還有價值嗎？其實經銷商有沒有經驗沒關係，只要接受企業的營銷理念、願意接受企業的培訓就行。那些資歷深、經驗足的經銷商往往抱著過去的經驗不放，拒絕接受新的營銷做法，不僅對企業沒有幫助，反而增加了管理的難度。

4.選擇實力強的經銷商

有實力不一定有信用，有實力不一定重視本產品，有實力不一定

會做市場。有些經銷商就是借實力強大向廠商要求特殊政策，或者不接受管理，不按照廠商的營銷思路做市場。因此，過分強調經銷商的資金實力反而可能成為廠商前進的障礙。

比爾公司尋找經銷商

比爾是休斯可皮鞋公司——20 世紀 40 年代美國最大的皮鞋製造商之一的總裁。1934 年，21 歲的比爾創立了自己的公司——休斯可皮鞋公司。

公司建立後，比爾在銷售方面採用的是經銷商制度。這種做法本身並不新穎，但他的做法卻與眾不同。

在尋找經銷商時，他不找有經驗的經銷商，而是找對各種皮鞋有管理知識的人。比爾認為，熱忱勝於經驗。有經驗的經銷商不會把他放在眼裏，不會賣力幫助推銷，相反，那些新人既有知識又有熱情，有助於產品推銷。

其次，不找規模大的經銷商。他們重數量、重佣金。由於經銷產品品種太多，對新產品往往不會太關心。

在按既定的原則找到經銷商後，比爾堅持對經銷商守信用。公司的口號是：你們支持我，我也一定支持你們。它寧可放棄大利，一也要堅持通過經銷商銷售，而不採用大商場提出的「向製造商進貨」的方式。這樣，有利大家分，不出賣經銷商，極大地穩定了經銷商隊伍，保證了銷售網路的暢通。

比爾公司採用了卓有成效的措施支持經銷商，以保持銷售體系的穩定。具體措施是：

(1)凡是不好銷或賣不出去的積壓貨，公司保證回收；

(2)休斯可公司將主要精力放在市場調查工作上，盡力將產品

做得符合消費者心理並不時地引導潮流；

(3)做全國性的廣告，幫助各地經銷商提高銷量。

休斯可皮鞋公司選擇經銷商的標準和對經銷商的支持措施，很適合於開始創業的休斯可公司，為其成為美國最大的皮鞋製造商創造了良好的條件。

(二)確定經銷商

通過以上的洽談，選擇並確定可以合作的經銷商後，再次打電話與其進行溝通和跟進。跟進要遵循「欲擒故縱、循序漸進」的方式，而千萬不能急於求成，不分時間、地點地催促候選經銷商簽約，否則會弄巧成拙，讓他感覺你是在急於尋找客戶，從而給你提出一些「不平等條約」，為雙方以後的合作埋下陰影。

在跟進過程中，候選經銷商可能會提出一些疑問，例如，貨拉來不適銷對路怎麼辦，產品出現質量問題怎麼辦，職能部門抽檢怎麼辦，廠商的廣告投放力度如何，能否鋪貨延期結算，損耗產品如何處理，賣場費用如何承擔，經銷區域如何劃分等細節問題。只要你對以上的問題給予了合理解答，經銷商就基本上確定下來了。然後，通過邀請其到公司參觀考察等方式，進一步掃除候選者心裏的疑團和障礙。最後，趁熱打鐵，簽訂經銷協議。

五、經銷權的談判

談判是當事人之間為實現一定目的，明確相互的權利與義務而進行協調的行為。要想在談判中處於優勢地位，就必須考察談判雙方的經濟實力和談判人員的素質。在這兩個因素中，經濟實力是很難改變

的，而談判人員卻容易改變。因此，在經銷實力一定的情況下，要想在談判中獲得優勢，就必須做到：

1. 選拔優秀的談判人員，組建一隻戰鬥力強的談判小組

優秀的談判人員應具備的基本條件：合理的知識結構；良好的能力結構；良好的心理素質。

組建優秀的談判小組必須做到：選拔各方面的優秀人才；小組規模不宜過大，避免人浮於事；協調好小組成員間的人際關係，力爭內部團結一致；協調好小組成員之間的知識結構，能力結構。

2. 建立良好的談判氣氛

企業談判人員應積極、主動地與經銷商溝通感情，創造一種輕鬆氣氛，縮短雙方在心理上的距離；樹立誠實、可信、富有合作精神的談判者形象；利用正式談判前的場外非正式接觸，如舉行宴會、禮節性拜訪等，為正式談判建立良好的談判氣氛。

3. 掌握經銷商更多的資訊情報

《孫子兵法‧謀攻篇》中說：「知彼知己者，百戰不殆；不知彼，而知己者，一勝一負；不知彼、不知己，每戰必殆。」談判也是一種「戰爭」，要想贏得戰爭，首先就必須瞭解自己，更要瞭解經銷商，掌握經銷商的優勢、劣勢以及大量的內部消息，有針對性地制定談判策略，就可以擊中經銷商要害，爭取到與經銷商討價還價的籌碼。這樣就可以獲得主動。總之越瞭解經銷商，企業就越有主動。

4. 儘量利用自己的優勢，力爭主座談判

主座談判是在自己所在地的談判，是在自己做主人的情況下的談判。主座談判有以下幾個特點可以使企業獲得優勢：

⑴談判底氣足。由於在自己企業所在地談判。從談判的時間表，各種談判資料的準備等方面均比較方便。

⑵以禮壓客。東道主一般總是以「禮節」來表現自己，使客人難卻情面，經銷商礙於情面會做出讓步，這樣就獲得了主動。

5.要有耐心

「百分之九十的談判企業成功於耐心，百分之九十的談判失敗於缺乏耐心。」耐心就是力量，耐心就是實力。

經過廣泛的資訊調查、整理，按照經銷商選擇標準確立準經銷商後，還要通過談判獲取經銷商。大家都知道，選擇經銷商的過程，也是經銷商選擇企業的過程，是一種雙向交流的過程。

事實證明，具有良好產品形象的大企業比較容易得到大量的經銷商，像寶潔、耐克企業。而另外一些沒有特別聲譽和威望的企業，很難找到經銷商，有時甚至是要懇求經銷商，導致被一些大經銷商牽著鼻子走。

生產企業規模、信譽和經銷政策是經銷商最關心的問題，與有實力的生產企業合作能有效地減少經營風險，而經銷政策直接決定了經銷商在經營過程中的利益。

對於生產企業來說，其實力和信譽都已成既定事實，無法改變。但在經銷政策方面可以靈活掌握。經銷商政策是連結生產企業和經銷商的核心紐帶，實力不大的企業可以在經銷商政策上適當放寬，以吸引經銷商。

那麼，在經銷政策中，經銷商最關注那些項目？調查結果如下：

近 78%的經銷商對產品價格比較關注。顯然，產品價格是經銷政策中最受經銷商關注的因素。由於市場訊息資源分享，一種產品在市場上的零售價格基本上是一致的。如果那個經銷商能夠拿到更低的價格，就能獲得更多的利潤。經銷政策中的經銷價格往往是雙方談判的焦點，需要反覆的討價還價。一般情況下，對於合作時間較長或實力

雄厚的經銷商，生產企業會給予更優惠的價格。

表 2-5　經銷商對廠商各項經銷政策的關注程度

主要經銷政策	百分比(%)
價　　格	77.77
廣告支援	61.11
供貨及時	55.55
技術支援	50.00
售後服務	44.44
銷售獎勵	16.66
其　　他	5.55

　　廣告支持是經銷商關注的第二重要因素。現在廣告被稱為「空中轟炸機」，對產品的銷售有著直接的影響。有強大的廣告支援條款，對經銷商來講，其經銷產品的銷售量就必然會上升。如果廣告支持不夠，對經銷商來講，為了擴大銷售量，必須投入更多的廣告費用，可見，生產企業提供更多的廣告支援，對經銷商而言實際上是爭取更多利潤。

　　經銷商對供貨速度、技術支援、售後服務的關注分別位居第三位、第四位、第五位。在實際的銷售活動中，這是生產企業為經銷商提供的銷售後勤服務。在所有調查項目中，經銷商對於銷售獎勵的重視程度最低，原因可能是獎勵條款通常與某些短期的特定活動相關，在考慮長期的合作關係時，經銷商對此興趣不大。

　　上述調查反映了這樣一個事實，讓經銷商與生產商合作的最根本因素是利益。一個想成為企業經銷商的成員，他第一個會想到的是「他將會得的利益」。因此，在與準經銷商進行談判時，生產企業一定要向其描述加盟本企業將會有怎樣的利益，有如何大的發展前途，以及對

經銷商強大的支持。對利益的描繪越具體、詳細,就越容易吸引並讓其成為你的經銷商。

當然,談判當中除了突出巨大的利潤、市場空間之外,還要突出雙方合作的關係和意願。因為事實上,生產企業與經銷商兩者之間不僅是生意關係,也是一種人際關係的表現。兩者的態度關係可能表現出忠誠或不忠誠,合作或敵對,然而一旦雙方簽訂合約,所結成的關係就表現為一種正式的法律上的關係,生產企業就要將經銷商看作是企業內部的銷售機構。如果合作意願不強烈,再加上人際關係的影響,就很容易在以後的工作中出現種種矛盾,為以後的經銷商管理埋下隱患。

因此為了獲取合適的經銷商,生產企業在談判時一定要向經銷商重點闡述以下四個方面:

⑴產品品質好,有豐厚利潤。

⑵強大廣告和促銷支援,可支持經銷商。

⑶各種管理的鼎力相助。

⑷公平的交易政策,雙方友好的合作關係。

心得欄 _

_ _

_ _

_ _

_ _

第 *3* 章

經銷合約的簽訂

 案 例

寶潔公司的分銷管道

　　為幫助分銷商迎接新的挑戰，全面地推進分銷商的生意，寶潔公司推出了「寶潔分銷商 2006 計劃」。2006 計劃詳細地介紹了寶潔公司幫助分銷商向新的生意定位和發展方向過渡的措施。

　1. 分銷商的定位和發展方向

　⑴現代化的分銷儲運中心

　　分銷商是向其零售和批發客戶提供寶潔產品與服務的首要供應商，由於提供一定價值的產品和服務(產品儲運、信用等)，分銷商將從其客戶處賺取合理的利潤。未來分銷商將具備完善的基礎設施、充足的資金、標準化的運作、高效的管理，能夠向客戶提供更

新、更穩定、更及時的產品。

(2)向廠商提供開拓市場服務的潛在供應商

分銷商負責招聘、培訓、管理開拓市場隊伍，向廠商提供開拓市場服務，根據開拓市場服務水準，相應地獲得廠商提供的費用。

(3)向中小客戶提供管理服務的潛在供應商

分銷商通過向中小客戶提供電子商務管理、店鋪宣傳、品類管理、促銷管理等服務，收取相應的管理服務費。

2. 2006 分銷商的特點

(1)規模。在分銷和覆蓋生意領域，規模的競爭是顯而易見的。

(2)效率。效率是利潤的來源。技術的應用和生意方式的變革是效率提高的主要途徑；降低成本，提高生產率是每日的功課。

(3)專業服務。建立專業形象，提供專業服務。讓寶潔和顧客滿意是分銷商的工作目標。

(4)規範。規範是長期、健康發展的保證。

3.分銷商網路結構優化

(1)寶潔公司的策略是建設由戰略性客戶組成的分銷商網路。寶潔的分銷商除具備規模、效率、專業服務和規範的特點之外，還需具有很強的融資能力。寶潔分銷商必須將寶潔生意置於優化發展的地位。戰略性一致是分銷商與寶潔共同發展的關鍵。

(2)根據以上原則，在上半年，寶潔公司將分銷商數目削減了40%，推出 14 天付款優惠條款，推出 600 箱訂單優惠條款，之後又推出核心生意發展基金，改善分銷商生意環境，使寶潔的戰略性客戶獲得極大信心。

(3)減少分銷商的措施為現有分銷商的生意拓展提供了空間。自7 月到次年 6 月，在全國範圍內，寶潔分銷商一共建立了 70 個分公

司。

(4)寶潔分銷商權利公開招標，此舉受到分銷商的廣泛歡迎。通過競標，使分銷商更加關注自己的競爭力，促進分銷商進行改革。同時，分銷商也認識到寶潔分銷權利是極大的無形資產，是必須通過競爭才能獲得的。

4.使分銷商管理和覆蓋方式實現初級現代化

寶潔投資 1 億元，用於分銷商電腦系統建設和車輛購置，資助分銷商購買依維柯約 400 輛，在全國的分銷商總部及其分公司基本完成電腦系統的安裝。構築起分銷商對二級客戶的標準化、機械化、簡單化的覆蓋體系。分銷商運作實現初級現代化，分銷商與寶潔、分銷商與客戶實現初級電子商務。

5.寶潔向分銷商提供全方位、專業化的指導

寶潔公司已建立多部門工作組，開始向分銷提供有關財務、人事、法律、信息技術、儲運等方面的專業化指導，提高分銷商的管理水準和運作效率，從而提高分銷商的競爭力。

 工作重點

一、合約簽訂過程

從企業的整體計劃出發，確定要合作的經銷商，然後發出邀請，最後進行談判。明確彼此間的權力、義務，再整理成文字條款，雙方簽字蓋章後，便成為一份具有法律效力的合約。

合約的簽訂是整個企業經營的有機組成部份，同企業的其他部門

目標計劃等有著千絲萬縷的聯繫。彼此間應當協調統一，相互促進、彼此銜接，經過精心研究，大量的數據分析的前提下，組織精明強幹的談判人才，與經銷商訂立合約。合約應儘量滿足和達到預設目標，為企業爭取最大的利益。

二、經銷商合約事項分析

經銷商合約有其特殊的內容、標的，其運作和執行也有其特殊性，在合約的簽訂中，應注意一些關鍵問題，以保證合約的合法、公平、合理，便於執行，並切實維護本公司的利益。

1. 合約的產品範圍

一個公司如果生產多種多樣多型號的產品，在合約中要註明目標經銷商的具體經銷範圍，名稱和型號都要界定清楚。

2. 銷售區域

銷售區域要寫清是某省或某市，區域範圍的定義，以免產生銷售交叉區或銷售盲區。

3. 價格

價格主要是供應價，經銷商的銷售價及浮動範圍，另外，如有多種產品應分別寫清楚不同型號、不同產品的價格。

4. 銷量

銷量體現著經銷商的能力，也與廠商計劃安排緊密相連，銷量指標是經銷商合約中一個不可忽視的重要指標。它可能導致合約終止，也是經銷商獲取獎勵的依據。銷量的內容有：每次購貨量、首次購貨量、單位時間銷貨量等。

5.退貨換貨

退貨換貨條款首先要講明退換貨的起因或條件，一般有質量問題、顏色型號錯誤、未能售完等，註明退換的條件範圍，以方便執行。因為退換貨直接涉及到雙方利益，雙方對此條款應當認真對待。

其次是退換貨的附加條件和作業流程、責任承擔等。退換貨的條件有貨物完好、無破損，時間限制。作業流程有結算、運輸方式等。責任承擔根據不同情況，明確歸責，以免產生矛盾。

6.交貨與運輸

首先要規定是由購貨方提貨或由廠方送貨，再規定與之相關的時間、地點。其次要協商好運輸方式、運輸費用承擔，再次是按有關規定寫明運輸損失風險承擔等。

7.付款方式

第一是付款時間，是提前付款還是發貨付款，還是見貨付款；第二是付款方式，是部份定期付款，還是全額即時付款等。

8.權利義務

權利義務是合約的核心部份，分甲方權利義務和乙方權利義務。主要內容有：

(1)廠方義務

①提供合格產品，提供相應的說明資料。

②必要的產品檢測報告。

③市場協助、宣傳計劃和資料、廣告協助。

④貨物托運和貨物調換。

(2)經銷商義務

①維護產品形象和聲譽，做好區域內售後服務工作，配合當地政府職能部門的工作。

②按時結算貨款。

③提供適當的償債保證或批押品。

④提供相應的銷售資料(含庫存、實際銷量、市場預測等)。

⑤協助廣告宣傳、協助市場開拓,以及新產品上市。

⑥維護區域內廠商的各項權益。

(3)廠商權利

①處置經銷商違反市場規範問題。

②核審廣告宣傳材料。

③核定零售指導價。

④參與指導制定營銷方案。

(4)商家權利

①享有獨家銷售的權利。

②按約定要求供貨。

③享有廠商提供的各種市場協助的權利。

9.合約終止時間(是「告知終止」,或「自動失效」)

10.違約責任

11.要有保證金或抵押品

三、合約簽訂程序

合約簽訂程序的規範是為了更好地執行合約的條款。

經銷商合約原則上是由企業銷售部銷售主管簽訂,特別的經銷商合約(如特大城市特許經銷商合約)由銷售經理親自簽訂。具體簽訂程序如圖 3-1 所示,合約內容必須經過總公司法務部門過目審核後,才可簽約。

圖 3-1　合約簽訂程序

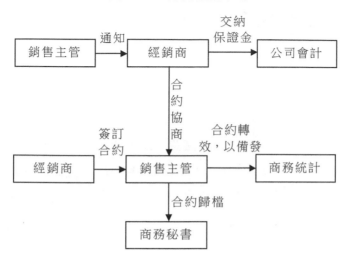

四、經銷商合約簽訂應注意的事項

1.考察經銷商是否合法存在，是否公司註冊登記，是否具有獨立法人資格。如果對方是無獨立法人資格的掛靠單位，或單位權產不清，或根本不存在的虛假單位，最好不要與其合作，以免造成不必要的損失。

2.簽訂合約時，經銷商公司名稱一定要和營業執照上的名稱一致，並且加蓋公章，不能用簡寫或法律上根本不承認的代號。

3.不能以私人章或簽字代替公章或合約專用章。

4.要嚴格限定授權期限、區域，並明確經銷商的權利義務。

5.嚴格規定產品價格，換、退貨流程及責任。

6.詳細規定違約事項及歸責問題。

7.限定貨款清算方式及日期。

五、讓簽約經銷商感到安全

在與經銷商溝通市場開發計劃的過程中要注意談判重點的先後次序，首先是讓經銷商感到做我們的產品不會賠錢，有安全感，然後才是能賺多少錢的問題。經銷商怎樣才會覺得安全呢？

業務人員很專業；廠家很有誠意；廠家很有信譽；產品與競爭品相比有明顯優勢；銷量有保障，「看得見摸得著」；首批進貨壓力小；前期促銷力度大，首批進貨很快可以消化；價格秩序穩定；廠家重視當地市場；獨家經銷權有保障。

1. 廠商有誠信

廠家在合約裏把有關經銷商利益的條款(例如，破損、兌現返利、上廣告支援等)細化、量化，明確支付標準、期限、數字甚至包括廠家的延遲支付滯納金條款等(當然是在廠家心裏有底、可以兌現的前提下)。

剛開始打交道，廠家應把手續辦理得嚴密一些，例如業務員跟經銷商商討完新市場開發計劃，要把這一行動中廠家提供的支援細節落實成協議，殘次不良品拉回公司退換時業務員要清點數字並辦好簽收手續。

2. 產品有優勢

講產品優勢要言之有物，建議從兩個方面下手，先講產品適合市場，產品比競爭品某方面有優勢，經銷商不是消費者，他不關心你的產品缺點，他關心的是優勢。透過生動解說讓他確信產品未來有廣闊的市場空間，而且某些方面的確比競爭品好。

正所謂成功的人找機會，失敗的人找藉口。作為銷售人員，我們

要做的是找到相對適合的主打品種，然後分析市場和產品的對接點，讓經銷商相信這個產品適合市場。

3.銷量有保障

「老闆你放心，我們產品將來肯定暢銷」，這種話對經銷商沒有任何說服力。你不如告訴他「張老闆，我們的產品在這的銷量現在我不能給定論，因為還沒發生嘛！我說了您也不相信，但我可以給您幾個數據和事實，您可以自己推算調查一下產品有沒有潛力。」

統計一兩個小店的本品銷量，然後跟經銷商分析：「你看，現在你對門那個新星商店，那麼小的商店一個月能賣一箱貨（不信你自己去問），一旦你成為當地經銷，你自己心裏清楚，你算算就知道。」

4.廠商很有誠意

業務人員有意讓經銷商知道「我對你的人、車、貨、資金、運力一切資源瞭若指掌」也會起到這樣的作用，因為「要不是真的有誠意跟你合作，才不會下這麼大工夫把你瞭解這麼透徹呢」。

找經銷商也一樣，前期不要碰「敏感話題」，例如查經銷商下線客戶名單啦、開設分銷商彌補經銷商網路不足啦，合作初期經銷商還沒有被「降服」，這些事情不適宜操之過急。

5.業務人員很專業

業務人員在日常拜訪過程中還要展示自己在產品知識、庫存掌控、生動化、市場機會預測、價格管理等各方面的專業素質和技能，真正建立起自己的專業形象——只有這樣才能對經銷商產生影響。

6.首批進貨壓力小

首批進貨壓力小，門檻就低，可打消經銷商的擔憂、畏難心理。

尤其是對陌生品牌，經銷商首次進貨必然心裏不塌實。首次訂單就給經銷商大量壓貨，難度很大，即使能說服經銷商，也會讓經銷商

產生該產品「佔資金和庫存、週轉慢、產品不好銷」的負面印象。專業銷售人員應該根據市場情況給經銷商下合理的訂單量,明白市場實際銷量不是經銷商進貨量而是終端消化量。面對新開戶的經銷商更應該注意小批量發貨,迅速幫經銷商實現實際銷售以激勵其合作意願。

經銷商需要安全感,實際上就是堅決不願承擔賠錢的風險,而最大的風險往往來自於第一車貨能否順利銷出去。所以不但要讓經銷商知道他一次進貨量不大,還要讓他相信第一批貨廠家會配合他很快銷出去。這才算是給經銷商吃了定心丸。

7.價格秩序穩定

假如咱們合作,別的事都可以商量(促銷、進貨量、廠家支持等等),但有一個原則不能動——就是不許沖貨砸價。我們公司在治理沖貨砸價上的原則是先處罰當區的銷售主管,再處罰經銷商,一旦抓住經銷商沖貨、砸價的證據就「殺無赦,斬立決」!

業務人員在經銷合約確定之前就對經銷商有這種「惡狠狠的威脅」,經銷商不但不會生氣,反倒會感到安全。

8.強調廠家重視程度

明年你這塊市場是我們公司的樣板市場/試點/明星市場。

注意:業務人員說這句話要懂得「表達精確」(避免經銷商期望過高導致失望),重點市場不一定是廠家的一類市場,也可以是三類市場中的重點市場。

六、經銷商合約的銷售台賬

銷售合約是企業銷售管理的重中之重。銷售合約一經簽訂,即具有法律約束力。合約中所規定的條款都受到法律的監督和保護。加強

銷售合約管理，對維護和提高企業信譽、增強企業競爭能力、爭取用戶、擴大銷售，具有重要意義。同時，在企業內部，加強銷售合約管理也是落實企業計劃，保證按合約生產、發貨及收回貨款的重要前提和手段。很多企業由於合約管理不善，給企業帶來了巨大損失。因此，企業管理者應建立合約管理制度和台賬並嚴格執行，避免合約風險。

其實，很多公司都遇到過案例中的問題，一旦出現合約糾紛，當向企業索要合約台賬時，很多企業根本拿不出一份像樣的台賬。這說到底，就是由於對日常合約管理不力造成的。而建立合約台賬，就在很大程度上解決了這個問題。合約台賬，旨在透過合約管理，管理企業的生產經營行為，使決策者瞭解企業的生產和銷售情況。

企業建立合約台賬時，首先要建立合約管理系統制度，規定合約全過程管理程序。

企業應根據自己的實際情況，建立健全的台賬管理部門和人員，設定必要的合約行為信息流通管道，規範流程，形成科學合理的合約台賬管理。

銷售合約台賬包括合約登記台賬、合約檢查台賬、合約統計台賬、合約文本領用登記台賬、《授權委託書》使用登記台賬，以及合約管理全過程中涉及的制度、表單等。

銷售助理或合約綜合管理部門應按合約類別建立健全合約匯總台賬，分管部門應建立健全分類台賬。

銷售合約台賬的主要功能，一方面是幫助企業領導者以及相關人員順著台賬查找相關資料、提供相關文件、詢問有關人員、解決相關風險、處理相關問題，也就是實現數據統計、資料索引、反映信息等功能。另一方面能簡化相關工作步驟，讓使用者快速、有效地閱讀，實現一步到位，以便於提高掌控能力、提高經營效率。

在建立銷售合約台賬時，相關內容要盡可能全面完整，登記要及時。同時，銷售合約管理人員應定期與合約執行人核對銷售合約台賬信息，保證台賬的準確和完整。另外，銷售合約台賬須規定裝訂成冊，按檔案卷宗標準加封面。

七、提升經銷商的忠誠度

廠家都希望經銷商擁有很高的忠誠度，但大多數廠家都希望借助一兩次培訓達到這個目的，殊不知，經銷商的忠誠度主要由經銷商的經銷形式所決定。要提高經銷商的忠誠度，主要的方向在於增加專銷商的數量。

逐步把廠商關係從鬆散關係轉換為親密關係，即逐步把獨家經銷商轉換為專銷商，以提升經銷商的忠誠度，掌控管道話語權。

在與經銷商簽訂協議時，應該讓經銷商在專銷商、專營商和獨家經銷商三者之間自願選擇，而不應該「一刀切」或強迫執行。

例如，在經銷商的合約上，註明經銷商類型的條款。

合約條款三：經銷商類型。請在您自願選擇的經銷商類型後面打「√」（見表 3-1）。

表 3-1　經銷商類型選擇表

經銷商類型	專銷商	專營商	獨家經銷商
選擇			

為了讓經銷商更多地選擇專銷商，以提高整個管道的忠誠度，在設置返利時，應區別對待。專銷商的返利應最高，專營商應次之，獨家經銷商應最低。

例如，在經銷商的合約上，註明不同經銷商類型的返利比率。

合約條款：經銷商返利比率（見表 3-2）。

表 3-2　經銷商返利比率表

經銷商類型	專銷商	專營商	獨家經銷商
返利比率	7%	5%	3%

透過返利比率的不同，以誘惑經銷商逐漸成為廠家的專銷商。例如，某獨家經銷商現在的銷售數據如下：

銷售我廠家的產品為 30 萬元，由於是獨家經銷商，則返利只有 3%。同時，也銷售另一個廠家的產品，銷售額為 40 萬元，另一廠家的返利為 4%，則這位經銷商的銷售額總計為 70 萬元，返利總額為 2.5 萬元，其計算如下：

30 萬元×3%＋40 萬元×4%＝2.5 萬元

如果這位經銷商希望成為我們的專銷商，同時把精力全部放在我公司的產品銷售商，則可銷售我廠產品為 70 萬元，由於是專銷商，則返利有 7%，這位經銷商的返利總額為 4.9 萬元，其計算如下：

70 萬元×7%＝4.9 萬元

透過經銷商類型的轉換，這位經銷商在不增加銷售額的情況下，返利可以增加 2.4 萬元，是原來的 196%。計算如下：

增加的返利＝4.9 萬元－2.5 萬元＝2.4 萬元

返利增加的百分比＝4.9 萬元＋2.5 萬元＝196%

由於品牌不同、銷量不同、返利多少不一樣、企業實力不一樣，所以，在與經銷商的關係上不能奢求一蹴而就，目的是逐漸地增加專銷商的比率，逐漸提升廠商關係。少則 2～3 年，多則 10 多年，甚至有些區域的經銷商根本不可能成為專銷商。

例如，某廠家為自己制定了一個專銷商比率漸進的考核方案（見表3-3），從中看出，該廠家現有專銷商的比率為 18%，透過 5 年計劃，將專銷商的比例提升為 95%。

表 3-3　廠家專銷商比率考核表

時間	目前	第1年	第2年	第3年	第4年	第5年
專銷商比率	18%	30%	50%	68%	85%	95%

心得欄

第 **4** 章

經銷商管理的基礎工作

案例

可口可樂公司的分銷管道建設

可口可樂公司將自己的銷售原則總結為:「最好的展示」和「隨手可得」。「最好的展示」是指為零售終端制定生動、醒目的廣告以及有效的商品展示。「隨手可得」則是可口可樂的管道建設問題。

可口可樂公司是如何將自己的產品做到「隨手可得」的呢?為了使每一個地區可口可樂產品的市場佔有率儘量提高,可口可樂實行了以瓶裝廠為中心的市場區域細分:每個瓶裝廠負責所在地區產品的銷售,實行獨立核算,不允許有貨物跨區銷售,公司總部對銷售價格和銷售政策實行統一管理。在每個瓶裝廠的市場內部,市場進一步劃分,如在中心城市劃分為分區的經營部,經營部對業務員

再進行以街道為單位的片區市場劃分，見圖 4-1。

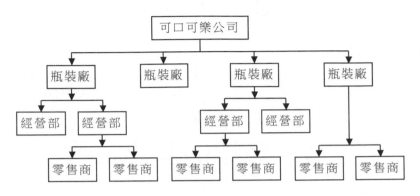

圖 4-1　可口可樂公司的管道模式

市場上存在許多小型零售商，多數規模太小，銷售業務參差不齊，每次進貨量少，缺乏庫存、停車場等必要物流條件，如果直接對零售層面送貨，會使自己配送的成本過高或代價很大。因此，可口可樂公司在開發市場的分銷管道時還包括一些小的經銷商，讓他們承擔批發的任務。可口可樂的分銷管道除了廠商自身建設的外，還包括經銷商這樣的傳統管道，由此確立了以密集型管道為主的終端管道，真正體現管道建設的目標：「隨處可見」和「隨手可得」。

表 4-1　可口可樂的 22 種分銷管道

管道終端分類	管 道 成 員
1. 傳統食品 零售管道	如食品店、食品商場、副食品商店、副食商場、菜市場等
2. 超級市場管道	包括獨立超級市場、連鎖超級市場、酒店和商場內的超級市場、批發式超級市場、自選商場、倉儲式超級市場等
3. 平價商場管道	經營方式與超級市場基本相同，但區別在於經營規模較大，而毛利更低，平價商場通過大客流量、高銷售額來獲得利潤，因此在飲料經營中往往採用鼓勵整箱購買、價格更低的策略

4. 食雜店管道	通常設在居民區內，利用民居或臨時性建築和售貨亭來經營食品、飲料、煙酒、調味品等生活必需品，如便利店、便民店、煙雜店、小賣部等。這些管道分布面廣、營業時間較長
5. 百貨商店管道	以經營多種日用工業品為主的綜合性零售商，其內部除設有食品超市、食品櫃檯外，還附設快餐廳、冷飲休閒廳、咖啡廳或冷食櫃檯
6. 購買及服務管道	以經營非飲食類商品為主的各類專業店及服務行業，順帶經營飲料
7. 餐館酒樓管道	各種檔次的飲品店、餐館、酒樓，包括咖啡廳、酒吧、冷飲店等
8. 速食管道	速食店往往價格較低，客流量大，用餐時間較短，銷量較大
9. 街道攤販管道	沒有固定房屋、在街道邊臨時佔地設攤、設備相對簡陋，如出售商品和煙酒的攤點，主要面向行人提供產品和服務，以即飲為主要消費方式
10. 工礦企事業管道	工礦企事業單位為解決工作中飲料、工休時的防暑降溫以及節假日飲料的發放等問題，採用公款訂貨的方式向職工提供服務
11. 辦公機構管道	由各企業辦事處、團體、機關等辦公機構公款購買，用來招待客人或在節假日發放給職工
12. 部隊軍營管道	由軍隊後勤部供應，以解決官兵日常生活、訓練及軍隊請客、節假日聯歡之需。一般還附設小賣部，經營食品、飲料、日常生活用品等，主要向部隊官兵及其家屬銷售
13. 大專院校管道	大專院校等住宿制教育場所內的小賣部、食堂、咖啡冷飲店，主要為在校學生和教師等提供飲料和食品服務
14. 中小學校管道	指設立在小學、中學、職業高中等非住宿制學校內的小賣部，主要向在校學生提供課餘時的飲料和食品服務(有些學校提供課餘時的飲料和食品服務；有些學校提供學生上午加餐、午餐服務，同時提供飲料)

續表

15. 在職教育管道	設立在職業人員再教育機構內的、為學習人員提供飲料和食品服務的小賣部
16. 運動健身管道	設立在運動健身場所的出售飲料、食品、煙酒的櫃檯,主要向健身人員提供產品和服務;或指設立在競賽場館中的食品飲料櫃檯,主要向觀眾提供產品和服務
17. 娛樂場所管道	指設立在娛樂場所內(如電影院、音樂廳、歌舞廳、遊樂場等)的食品飲料櫃檯,主要是飲料服務
18. 交通視窗管道	機場、火車站、碼頭、汽車站等場所的小賣部以及火車、飛機、輪船上提供飲料服務的場所
19. 賓館飯店管道	集住宿、餐飲、娛樂於一體的賓館、飲品店、旅館、招待所等場所的酒吧或小賣部
20. 旅遊景點管道	設立在旅遊景點(如公園、自然景觀、人文景觀、城市景觀、歷史景觀及各種文化場所等),向旅遊和參觀者提供服務的食品飲料售賣點。這些售賣點一般場所固定,採用櫃檯式交易,銷量較大,價格偏高
21. 第三方消費管道	批發商、批發市場、批發中心、商品交易所等內的飲料銷售管道
22. 其他管道	指在各種商品展銷會、食品博覽會、集貿市場、廟會、各種促銷活動等場所銷售飲料的形式

 工作重點

一、建立經銷商檔案

建立經銷商檔案,能夠讓供貨廠商管理者以及銷售人員快速瞭解經銷商的重要事項,並能幫助企業達成銷售目標,創造更多的收益,

能夠使新進人員儘快地進入狀態，有利於收集市場資料，為市場戰略決策提供依據。

　　將經銷商的信息整理成檔案，包括經銷商的個人信息、銷量情況、經營情況、庫存情況、問題記錄、主要銷售產品、維護辦法等信息，以便更好地掌握經銷商的各方面需求，及時提供產品和服務。

　　企業銷售部必須經常保持最新的經銷商的資料，即實現動態管理，包括：

· 銷售所覆蓋的地區。

· 經銷的產品。

· 經銷那些廠商的產品。

· 原有經銷產品與公司產品的衝突性。

· 業務人員數量。

· 運輸車輛數量及狀況。

· 倉庫大小及設施的先進性。

· 財務狀況等。

　　銷售人員一旦確立所管理的經銷商後，就該馬上建立經銷商檔案，以做到對經銷商心中有數。經銷商檔案就是將經銷商的各項資料歸納整合，為對經銷商進行日常管理提供參考的依據。經銷商的檔案資料除了記錄經銷商的名稱、電話、位址、賬戶等基礎資訊外，還有增加經銷商的一些動態的資料，如表 4-2 和表 4-3 所示。

　　在填表時，要保證數據的完整和真實有效性。對銷售數據的分析和考核有利於銷售人員及時掌握經銷商的銷售動態，能為銷售人員對經銷商採取針對性的措施提供可靠依據，而且能有效避免資金風險。通過以上兩表我們可以很清楚地知道經銷商的銷售情況，並能區分經銷商的優劣。

表 4-2　經銷商檔案之一

經銷商類別：

公司名稱			地　　址			
經銷商姓名		年　　齡		E-mail		
電　　話		手　　機		傳　　真		
加入日期		經商時間		註冊資金		
員工人數		員工素質		員工培訓		
辦公面積		倉庫面積		服務水準		
去年經銷商總營業額						
客戶類型(流通終端型)			去年本公司產品營業額			
主要經銷區域			主要經銷品種			
運輸工具數量			經銷競爭品牌			

銷售記錄					
時間	去年同期銷售	今年銷售計劃	實際完成銷售	完成百分比	實際回款
1 月					
2 月					
3 月					
4 月					
5 月					
6 月					
7 月					
8 月					
9 月					
10 月					
11 月					
12 月					

表 4-3　經銷商檔案之二

名　　稱						地　　址			
電　　話			手　機			傳真機			
性　　質	A 民營		B 合夥	C 公營	D 股份公司		E 集體	F 其他	
管　　道	A 商超		B 批發	C 酒樓	D 雜貨店		E 團購	F 夜市	
等　　級	A 級			B 級			C 級		
人　　員	姓名	性別	出生	職務	婚否	電話	住址	教育	其他
負責人									
影響人									
採購人									
售貨人									
工商登記號				稅號					
往來銀行、賬號									
註冊資金			流動資金			開業日期			
營業面積			倉庫面積			僱用人數			
店　　面	A 自有		B 租用		車　輛				
付款方式					經　營　額				
經營品種及比重									
輻射範圍									
鋪貨明細									
信用額度			信用等級			信用期限			
開發日期			開　發　人						
其他說明									

填表人：　　　　　　　　　　　　填表時間：

二、經銷商分類

對經銷商進行分類，便於銷售人員確定重點工作對象，有的放矢地進行資源投入。一般將經銷商分為四類：A 類、B 類、C 類和淘汰類。其分類標準如表 4-4 所示。通過對上表的分析，銷售人員很快就能確定重點服務對象。根據經銷商的分類，可以確定不同類型經銷商的拜訪頻率。例如，A 類經銷商每月拜訪 4 次，B 類經銷商每月拜訪 2 次，C 類經銷商每月拜訪 1 次，D 類經銷商不定期拜訪等。

表 4-4　經銷商分類標準

	A 類經銷商	B 類經銷商	C 類經銷商	淘汰類
佔經銷商總數的比例	10%	70%	15%	5%
客戶銷售能力	★★★★★	★★★★	★★★	★★
目前主銷產品	我公司產品	非競爭對手產品	其他類產品	競爭對手產品
銷售本公司產品的有利條件	★★★★★	★★★★	★★★	★★
銷售本公司產品的不利條件	★	★★	★★★	★★★★
經銷商實力	★★★★★	★★★★	★★★	★★
經銷商信譽	★★★★★	★★★★	★★★	★★

三、經銷商管理的工作內容

1. 開發經銷商

未與我公司發生業務關係，但有開發潛質的經銷商客戶，我們可以優質的服務、良好的信譽、低廉的價格為保證，設法以產品作為切入點，將他們吸納到我們的銷售管道。

在目標市場上，建立潛在經銷商檔案，將所有未與我們發生業務關係且非我們原有客戶下線的經銷商，均列為「待開發」，主動出擊，勤於拜訪，動之以情，邀請經銷商到公司參觀，展示公司實力與相關的優惠政策，以誠相邀，誘之以利，水到渠成。

2. 推廣、推銷產品

針對我們的經銷商，其最終目的只有一個，那就是推廣我們的產品（或服務），因為產品永遠是銷售工作的中心，是利潤的來源。通過產品銷售的資訊回饋，我們進一步瞭解各級客戶的需求，從而以市場為導向及時調整產品經營結構，提高服務水準，疏通銷售管道，完善網路建設，為我們開展其他客戶的工作奠定基礎。

3. 鞏固經銷商

「攻城容易守城難」，經銷商工作亦如此。企業追求的是長久的合作，必須克服一勞永逸的思想，對與我們有業務往來關係的經銷商適時加以鞏固，使其在我們的銷售網路中更加牢固。

4. 建設銷售網路系統

把所有開發成功的經銷商，貫穿起來，編織成一個龐大的分銷網路，納入到整個行銷網路體系中來。再通過齊全的商品、規範的管理、週到的服務，來增強行銷網路的「粘性」。

四、制定月工作計劃

(一)確定本月經銷商銷售計劃

1. 按原銷售計劃執行

有些廠商在年初就已經將經銷商的年銷售計劃分解到了每個月了,經銷商按已分解的月銷售計劃執行就可以了,除非廠商有臨時調整。

2. 當月確定銷售計劃

如果廠商沒有事先確定經銷商的每月銷售計劃,則根據本月的推廣重點和促銷力度,並參考經銷商過去的銷售數據以及上月最後一次拜訪的庫存量,逐戶、逐項分析並確定所屬經銷商銷售計劃。對上月銷售計劃完成較好的經銷商,在確定本月銷售計劃時,就分配少一些;對上月銷售計劃完成較差的經銷商,在確定本月銷售計劃時,就分配多一些。同樣,如在上月底的庫存量較多,則在本月分配的銷售任務就少一些,反之,所分配的任務就多一些。

(二)確定當月重點管理的經銷商

通過對經銷商銷售計劃的分析,參考所獲得的一些資訊,如經銷商庫存、競爭對手動態、零售網點動態(新開業、店慶、展銷)、公司所做的促銷等,確定本月重點管理的經銷商。一般情況下,每月重點管理的經銷商主要包括以下幾類。

1. 佔本月銷售計劃比重較大的經銷商

銷售人員每月的工作主要是圍繞著完成銷售計劃而展開。所以,在自己所管理的經銷商中,首先要對佔本月銷售計劃比重較大的經銷

商進行重點管理，為他們解決實際問題，提供良好的服務，為他們完成銷售計劃創造良好的條件。

2. 新的經銷商

由於新的經銷商對市場、產品有一個熟悉期，銷售人員應重點扶持、培養他們，讓他們儘快進入正常的銷售軌道。例如，儘快幫助他們建立終端網路，解答公司的銷售政策，培訓他們的產品知識和促銷技巧，幫助他們建立並培訓銷售隊伍，等等。

3. 需要提升某些技能的經銷商

如某經銷商需要在當地市場的某一大型超市開展促銷活動，而這位經銷商對於開展促銷活動沒有經驗，對於迅速處理促銷現場發生的事情沒有把握。在這種情況下，銷售人員就應在促銷期間現場跟進，協助經銷商處理現場的問題。

4. 有問題的經銷商

某些經銷商的銷售總是存在一些問題，如銷售不穩定，時高時低，銷售業績連續三個月下降，或連續三個月沒有完成銷售計劃，沒有銷售積極性等。銷售人員應針對這些問題，與經銷商積極溝通，找出原因，儘快解決。

5. 有投訴的經銷商

對有投訴的經銷商，應在第一時間趕赴現場，處理經銷商的投訴，解決經銷商的問題。

(三)確定月工作行程表

銷售人員通過以上分析，在確定重點管理的經銷商後，根據所需要管理的內容，分配巡訪時間，並確定巡訪線路，填寫《×月銷售人員工作行程表》，如表 4-5 所示。

如某公司銷售人員在 2005 年 8 月，確定了應重點管理經銷商甲和乙，行程安排是這樣的：8 月 1～3 日，在公司總部上班；8 月 4 日從總部出發，5 日到達甲經銷商所在地，8 月 6～8 日在甲經銷商所屬區域巡訪；8 月 9 日從甲經銷商所在地出發，10 日到達乙經銷商所在地，8 月 11～13 日在乙經銷商所屬區域巡訪……則行程如下表所示：

表 4-5　2005 年 8 月銷售人員工作行程表

星期日	星期一	星期二	星期三	星期四	星期五	星期六
	1	2	3	4	5	6
	←	公司總部	→	總部→	經銷商甲	←
7	8	9	10	11	12	13
甲場巡訪	→	經銷商甲→	經銷商乙	←	乙場巡訪	→
14	15	16	17	18	19	20
21	22	23	24	25	26	27
28	29	30	31			

五、銷售人員拜訪經銷商的任務

拜訪經銷商是銷售人員最重要的日常工作，幾乎佔去了銷售人員三分之二以上的工作時間。所以，提高對經銷商的拜訪效率，是提高經銷商銷售額的最最重要的途徑。沒有拜訪就沒有銷售，但這不等於說銷售人員去拜訪經銷商就一定能實現銷售。銷售人員如何做有效的經銷商拜訪呢？

在實行經銷制的企業，銷售人員分管幾個地區、一個省甚至幾個省的市場，每個月要走訪大量的經銷商，對每個經銷商拜訪的時間則很短。在有限的時間內，銷售人員應做好那些工作，才有助於銷售業

績的提升呢？

　　一些銷售人員每次拜訪經銷商都是三句話：上個月賣了多少貨？這個月能回多少款？下個月能再進多少貨？這無助於銷售業績的提升。

　　銷售人員每次拜訪經銷商的任務主要包括五個方面：產品銷售、市場維護、客情建設、資訊收集、經銷商指導。

1. 銷售產品

　　這是拜訪經銷商的主要任務。無論是銷售人員還是經銷商，每個月都有銷售任務，而完成銷售任務的高低直接關係到經銷商和銷售人員的利益。所以，銷售人員在每次拜訪中，都要詢問產品銷售的情況，瞭解銷售中存在的問題，制定促進銷售的促銷方案和措施。

2. 市場維護

　　沒有維護的市場是曇花一現。銷售人員要處理好市場運作中的問題，解決經銷商之間的矛盾，理順管道間的關係，確保市場價格的穩定。

3. 建設客情

　　銷售人員要在經銷商心中建立自己個人的品牌形象。這有助於贏得經銷商對你工作的配合和支援。

4. 資訊收集

　　銷售人員要隨時瞭解市場情況，監控市場動態。

5. 指導經銷商

　　銷售人員分為兩種類型：一種是只會向經銷商要訂單的人，另一種是給經銷商出主意的人。前一類型的銷售人員獲得訂單的道路將會很漫長，後一種類型的銷售人員會贏得經銷商的尊敬。

六、要勤於拜訪轄區經銷商

擁有銷售管道，就是商場贏家；而掌握終端零售店，就是市場的贏家！銷售管道非常重要，而處於最終端的零售店，更加具有關鍵地位。業務員要勤於經營轄區市場，就是要掌握目標市場、終端零售店。

根據不同的劃分標準，主要將零售店分為以下類型超級終端零售店和傳統終端。

根據規模的大小和商圈運作能力的強弱，我們將終端分為超級終端零售店和傳統終端零售店。超級終端零售店是指那些營業面積和營業額達到一定規模的大型超市、商場、購物中心等購物場所，如沃爾瑪等等。傳統終端零售店的規模往往較小，如便民店、專賣店、小超市、步行街及其他店鋪等。

能否達成銷售額目標，和如何行動有關；而業務員的業績，又與「拜訪客戶」息息相關。成功的業務高手，都是擁有良好的拜訪客戶計劃，並且加以落實執行。

沒有訂立「工作目標」的業務員，在日常的工作行為上，隨著日子的推移，每天心不在焉地度日，雖然較輕鬆，但到後來浪費過多的時間，造成向客戶拜訪的次數也減少，如此顧客與我們交易的時間也將越來越縮短，或者就是常去拜訪自己所喜歡的客戶，而且固定拜訪的那幾個客戶，每次去的逗留時間，愈來愈長，聊的話題從古至今，就是沒有商品的話題，如此，拜訪時的品質沒有維護，也沒有適當的準備，逗留的時間沒有節制，業績因此愈來愈低，愈來愈不可靠，反而在怪「商品沒有競爭力」「市場不景氣」！

針對此點，筆者建議應對之策是協助部屬做好「目標管理」、「計

劃管理」的工作。

公司的業務員常有「根本不做計劃別」、「聽主管指示才應付性的做計劃，或實際上沒有按照計劃進行」的缺失；同樣的一天工作，「計劃型業務員」和普通業務員的工作心態就不一樣，「只顧拼命奮鬥」和「為清楚的目標而奮鬥」，二者績效必有所不同。同樣工作一天，心中有無「訪問件數目標」、「承購目標」及「重點商品銷售」，其業績自然就差別很多。

有目標的業務員會思考如何計劃、如何執行，以達成目標，例如：「今天的訪問件數雖已達到預定目標，可是承購目標尚未達成，還需多訪問幾家才行……」、「估計每 10 個潛在客戶會成為 1 個交易客戶，因此，平時手中就要保持一定數目的潛在客戶」、「這個月上級業績要求是 80 萬元，因此在月底前至少完成 80 萬，月中完成 50 萬，本月 10 日前完成 25 萬，目前距離 10 日尚有 7 天，我再來要作的工作計劃有……」等。

營業活動亦同，可以月為單位，擬訂行動計劃，再向其挑戰，也可以每週為單位擬訂行動計劃，更可以分開上午下午而擬訂每日的行動計劃。所以，主管要協助部屬訂立目標，要令部屬先擁有「目標意識」去進行，第一步是加強指導部屬的目標意識，其次才是協助建立「拜訪客戶計劃」的工作。

業務員的工作重點就是拜訪客戶，常會在訪問時遭受挫折，踫釘子，導致信心大失，幹勁全無。事實上「勤訪問，不怕苦」，是各行各業業務員的成功秘訣。

根據日本某機構之調查，例如汽車、縫紉機、人壽保險及事務器材等行業，對顧客訪問次數的統計表（如下表）：

表 4-6　顧客訪問次數的統計表

訪問情況	汽車	縫紉機	人壽保險	事務器材
每人每月訪問數	234	399	147	390
平均每天訪問數	9	15	5.6	15
開發新顧客訪問數	55	84	36	29
平均每天新戶數	2	3	1.4	1
一天實際工作時數	7	7	7.2	5.4
一天實際訪問時數	3.18	3.35	3.5	2.45
訪問訂貨件數	4	31	8.5	6.5
成功率	1/60	1/13	1/18	1/45

　　由此表顯示得知，訪問成功的例子，並不是輕而易舉的事，汽車業每 60 家才成交一家，縫紉機每 13 家成交一家，人壽保險為 18 家成交一家，事務器材則為 54 家成交一家，只要推銷員不氣餒，不怕困難，一而再，再而三，總會有成交的機會。

　　因為在每天工作時間內，實際上的訪問工作僅佔很少的時間，所以事前準備的，健全與否，直接影響了訪問的成功，因此排定「拜訪計劃」，推銷工具與推銷詞句，都應有妥善的計劃。

　　必須記錄、反省、檢討行動的結果。例如：「一個月內總拜訪的客戶數」、「不同客戶的拜訪次數」、「拜訪的日期間隔」、「為何不能照計劃進行拜訪」、「是否有遺漏」、「是否只拜訪自己較方便前往的客戶（對於不方便前往的客戶敬而遠之）」等等；筆者提醒你一個成功法則：「不檢討、不下班」、「不計劃、不上班」，除了月底的檢討，更要注重「中間進度」的檢討。

　　若只是隔月反省、檢討整個月內的銷售活動之結果，根本毫無意義。因為，這時一切銷售活動已經結束了。業務員都應記錄每天行動的結果，能在每個月內每天反省、檢討，並且修正下次行動，不只績效高，自己也會保持充沛的鬥志。

表 4-7　每月拜訪頻率表

項目 級別	營業人員		組長	課長	經理	總經理
	訪問	電話				
A級	每月1次	每月2、3次	每月1次	1～2月1次	半年1次	1年1次
B級	每月2次	每月1～2次	1～2月1次	2～3月1次	6～12月1次	有必要時
C級	每月1次	每月1次	有必要時	有必要時		
D級	有順路時每月1次	每月1次				

心得欄 ------------------------------

第 5 章

經銷商的信用管理

冷氣公司的分銷管道模式

1. 銷售管道的組織結構

　　股票上市的 H 冷氣公司，績效非常好。管道模式最大的特點，就是公司在每個地區與當地經銷商合資建立了銷售公司，與經銷商化敵為友，「以控價為主線，堅持區域自治原則，確保各級經銷商合理利潤」。

　　各地市級的經銷商也成立了合資銷售分公司，由這些合資企業負責冷氣機的銷售工作。廠商以統一價格對各區域銷售公司發貨，當地所有一級經銷商必須從銷售公司進貨，嚴禁跨省市串貨。總部給產品價格劃定一條標準線，各銷售公司在批發給下一級經銷商

時，結合當地實際情況「有節制地上下浮動」。

2.組織結構調整

公司與經銷商共同組織建立一個地區性的、以大股東的合資銷售公司，由這個公司作為冷氣機分公司來管理當地市場。各區域銷售公司董事長由冷氣機公司方出任，總經理按參股經銷商的出資數目共同推舉產生，各股東年終按股本結構分紅，入股經銷商形成一個利益聯盟。對入股經銷商的基本要求是，須為當地冷氣機銷售大戶，並且佔其經營業績的 70％以上。在這種模式下有幾層組織結構：

(1)省級合資銷售公司

區域銷售公司由省內最大的幾個批發商同格力合資組成，向冷氣機總部承擔一定數量的銷售計劃，並同總部結算價格。區域銷售公司相當於一個二級管理機構，也是一個獨立實體。銷售公司負責對當地市場進行監控，規範價格體系和進貨管道，以統一的價格將產品批發給下一級經銷商。區域銷售公司除了總部有貨源關係，聽從總部調控外，價格、服務、促銷實行「區域自治」。

(2)區級合資分公司

各地市級批發商也組成相應的合資分公司，負責所在區域內的冷氣機銷售，但其中沒有股份。合資分公司向省級合資公司承擔銷售任務，兩者之間結算價格。

(3)零售商

合資銷售分公司負責向所在區域內的零售商供貨，零售商在此模式下顯得沒什麼發言權，他們的毛利率較低。

3.分配方式的改變

在分銷網路中，原來互為競爭對手的大批發商都作為股東加入合資公司，各自的銷售網路也合併在一起執行統一的價格政策，批

發商的利潤來源不再是批零差價,而是合資公司開發中心稅後利潤分紅。級合資公司的毛利水準最高可達到 10%以上,入股的經銷商會全力推廣,促使銷售量迅速上升。

這種分銷模式從根本上解決了批發商的管道問題,稱為「福特汽車式的行銷系統」,經銷商入股成立代理銷售公司。

4.管道成員分工

模式中生產商由於不再建立獨立的銷售分支機構,很多工作轉移給了合資銷售公司。

(1)促銷

冷氣機公司負責實施全國範圍的廣告和促銷活動,而像當地廣告和促銷活動以及店面裝修之類的工作則由合資銷售公司負責完成,只對品牌建設提出建議。有關費用可以折算成價格在貨款中扣除,或上報總部核定後予以報銷。

(2)分銷

分銷工作全部由合資公司負責,它們制定批發價格和零售價格,並要求下級經銷商嚴格遵守,物流和往來結算無需格力過問。

(3)售後服務

由合資公司承擔並管理,它們和各服務公司簽約,監督其執行。安裝或維修工作完成後,費用單據上報合資公司結算,總部只對其中一部份進行抽查和回訪。

工作重點

一、對經銷商的信用管理

客戶既是企業最大的財富來源，也是風險的最大來源。所以，強化信託管理，企業必須首先做好客戶的資信管理工作，尤其是在交易前對客戶信用資訊的收集調查和風險評估，具有非常重要的作用，而這些工作都需要在規範的管理制度下進行。客戶資信管理制度包括以下幾個方面的內容：

1. 客戶資訊的搜集和資信調查

包括：收集和定期更新客戶的經營資訊、財務資訊和交易記錄。包括法律性質、股東背景、開業時間、經營情況、管理層背景、銀行往來情況、付款記錄、訴訟記錄、信用機構對其信用狀況的評述等。企業應據此正確地做出信用決策，積累優質客戶、剔除劣質客戶，建立和維護能按多種方式檢索的客戶資料庫，並向企業內的有關管理人員，尤其是銷售部門和財務部門，提供信用資訊的查詢服務和分析服務。

在新客戶授信和年度信用等級評定中，以客戶資訊為依據，以分析模型為工具，評估客戶的信用得分，並從得分推導出適用的信用政策。

企業可以自己來搜集必要的資料，也可借助於有關的專業公司。通常，具有完善信用管理體系的企業都會定期從專業的信用資訊供應商處獲取客戶的信用資料。因為專業的信用資訊供應商會廣泛地利用

各種資訊銷售管道收集企業的資訊。一家優秀的信用資訊公司,能夠為企業的信用經營節省大量的時間、精力。

2.客戶信用分析管理

客戶的信用水準說到底就是其支付能力(還款能力)。有些客戶儘管回款率高,但由於其支付能力有限,因而其信用水準也不能說高。如某客戶儘管不欠本公司的貨款,但由於欠其他公司的貨款達幾十萬元,其他公司已將該客戶起訴至法院,這樣的客戶支付能力其實並不強。

確定客戶的支付能力主要看下列幾項指標:

⑴客戶資產負債率。如果客戶的資產主要是靠貸款和欠款形成,則資產負債率較高,信用自然降低。

⑵客戶的經營能力。如果客戶的經營能力差,長期虧損,則支付能力必然降低。

⑶是否有風險性經營項目。如果客戶投資於一些佔壓資金多、風險性大、投資週期長的項目,則其信用風險也大大增加。

3.客戶信用評級管理

根據有關資料,企業可以將客戶分成幾個級別,如信用狀況最好的為 A 級,其次為 B 級……以此類推。分級不是最終目的,最終目的是利用信用等級對客戶進行管理。企業要針對不同信用等級的客戶而採取不同的銷售管理政策。如:

⑴對 A 級客戶,在客戶資金週轉偶爾有一定的困難、或旺季進貨量大、資金不足時,可以有一定的賒銷額度和回款寬限期。但賒銷額度以不超過一次進貨量為限,回款寬限期可根據實際情況確定。

⑵對 B 級客戶,一般要求現款現貨。但在處理現款現貨時,應該講究藝術性,不要過分機械,不要讓顧客難堪。應該在摸清客戶確實

準備貨款或準備付款的情況下，再通知公司發貨。

⑶對 C 級客戶，一般要求先款後貨；對其中一些有問題的客戶，堅決要求先款後貨，絲毫不退讓，並且要想好一旦這個客戶破產倒閉後在該區域市場的補救措施。C 級客戶不應列為公司的主要客戶，應逐步以信用良好、經營實力強的客戶取而代之。

⑷對 D 級客戶，堅持要求先款後貨，並在追回貨款的情況下逐步淘汰此類客戶。

4.客戶的經常性監督與檢查

建立和維護客戶的資料庫。圍繞這一職能的是全面的資訊工作，涵蓋資訊的收集、更新、存錄和傳遞：

⑴控制核心客戶的數量。核心客戶有兩種：一是按照「二八原則」界定的大客戶，即按照歷年對銷售業績構成 80% 的貢獻率的最大客戶；二是持續往來多年、享受較優惠的信用政策、但也容易疏於防範的中小客戶。核心信用客戶的風險損失後果比其客戶更嚴重，因而它的資訊工作要求更細，資訊管理成本也更高。

⑵把握客戶還款的特徵。還款特徵不完全與客戶的交易能力有關，它是一種習慣。對交易一段時期的任何信用客戶，都可以總結出這種習慣，從而需要採用有區別的催收策略。

⑶輔導銷售和財務人員做好客戶資訊的收集和分析工作。

對客戶進行事前管理是相當必要而且有效的。曾有某股票上市公司在案發前套匯很多銀行的貸款，但是其中一家銀行通過評估發現該公司財務疑點甚多，因而沒有發放 2 億多元的貸款，結果倖免於難。只有建立信用調查和評估機制，才能準確把握商機和信用風險之間的區別。

二、建立企業的信用管理體制

　　企業在交易過程中產生的信用風險主要是由於業務部門在銷售業務管理上缺少規範和控制造成的。其中較為突出的問題是對客戶的賒銷額度和期限的控制。一些企業在給予客戶的賒銷額度上隨意性很大，銷售人員或個別管理人員說了算，結果往往是被客戶牽著鼻子走。其實，只要規範企業內部管理，按照信用管理制度認真執行，企業完全可以實現在大量賒銷的同時，把信用風險降至最低。

　　以美國企業為例，賒銷額佔銷售總額的 90%以上，但壞賬只有0.5%，相當於企業壞賬的 10～5%，美國企業能實現如此卓越的成績，主要歸功於企業內部都運行著一套完善的企業信用管理機制。

(一)對內部授信的管理

　　企業對客戶的授信行為必須變「人制」為「法制」，由制度來規範和控制。嚴格的內部授信制度應包括 4 個方面：

1.賒銷業務預算與報告制度

　　信用政策必須是總經理簽發，信用管理政策是企業銷售部向客戶發放信用的惟一依據。任何超出信用政策的特殊銷售必須經過授權人員(總經理/財務部經理/銷售部經理)書面批准。

　　確定了那些客戶可以享受信用、享受多少，企業管理者就可以向不同客戶發放不同額度和時限的信用。銷售業務人員的權力是向主管申報，各級主管依據企業制定的不同許可權確定信用。下面這個表格能夠有效地表達這種關係：

2.客戶信用申請制度

明確劃分每單賬款責任範圍，對每一家客戶在各個時段的欠款應由具體業務經辦人員負責，對公司全部的客戶盡可能落實到人；規定應收賬款收回前，責任人不得離開公司；明確規定責任的監督者，防止責任管理流於形式。

表 5-1　信用額度申報表

信用額度	時間	申報人	審核人	批准人
×萬元	×天	業務員	主　任	銷售部經理
××萬元	×天	業務員	銷售部經理	總經理
×××萬元	×天	業務員	銷售部經理、總經理	董事長

信用政策必須是總經理簽發，信用管理政策是企業銷售部向客戶發放信用的唯一依據。任何超出信用政策的特殊銷售必須經過授權人員(總經理/財務部經理/銷售部經理)書面批准。

3.信用限額審核制度

信用限額為未收回的應收賬款餘額最高限，公司假設超過該限額的應收賬款為不可接受的風險，信用限額要根據公司所處的環境、經驗及不同銷售管道的客戶來確定，用於決定信用限額的關鍵因素有：付款歷史、業務量、客戶的償還能力及其潛在的發展機會等。一旦確定了信用客戶，該客戶應該有銷量的增長。

4.交易決策的信用審批制度

確保企業發放信用責任到人，任何主管無權越級審批。明確規定對超越許可權形式應收賬款和壞賬；隱瞞、變更應收賬款；不按流程辦事形成應收賬款和壞賬應負的各種責任。

此外，還可以通過建立債權保障機制來轉嫁信用風險。遇到風險

較大的但預期利潤也誘人的項目時，不是保守地放棄而是要在謹慎的前提下，採取措施轉移信用風險、增加保障係數。既可以通過外部力量轉移風險，例如由銀行提供擔保、保理，由保險公司提供的信用保險，由擔保公司提供的信用擔保等；也可以直接要求交易對方參與風險承擔，如讓客戶簽署人提供擔保、以對方固定資產擔保或抵押等等。

(二)確定信用的標準和等級
1. 確定經銷商銷售管道信用標準

信用標準是指給予客戶賒銷的最低條件，表明企業可接受的信用風險水準，通常以預期的壞賬損失率來表示。一般而言，在嚴格的信用標準下，企業只願意對信用卓著的客戶給予賒銷，這樣，可以降低企業的信用風險水準，減少成本佔用。反之，在寬鬆的信用標準下，雖有利於企業擴大銷售，但卻可能使企業的壞賬損失加大，信用風險水準提高，並且增加成本。因此，信用標準確定之前，首先應對客戶的資信進行調查與分析。

在對客戶的資源資信調查時，主要是利用信用「五 C」系統來評估和分析的。信用「五 C」即是由信用品質(character)、償債能力(capacity)、資本(capital)、抵押品(collateral)、經濟狀況(conditions)等五個以字母「C」開頭的標準構成。

- 信用品質：是指客戶履約償還其債務的可能性，主要通過瞭解客戶以往的付款履約記錄進行評估。這是決定客戶信用的首要因素。
- 償債能力：是對客戶償債付款能力所作的主觀判斷，取決於資產特別是流動資產的數量、變現能力及其與流動負債的結構關係。

· 資本：是償付債務的最終保證，是指對客戶總資產、有形資產淨值以及留存收益等的測定，它反映了客戶的經濟實力與財務狀況的優劣，一般從財務報表中獲得。

· 抵押力：是指客戶獲得信用可能提供擔保的資產。

· 經濟狀況：是指不利的經濟環境對企業的影響或者對企業償債能力的影響。

上述五個方面的信用資料可以通過直接查閱、採訪與觀看客戶的財務狀況及財務報表獲得，也可以間接通過銀行提供的客戶信用資料，以及與該客戶的其他供應單位交換有關信用資料來取得。在取得信用資料的基礎上，著手進行評估分析。並將客戶的信用資料轉化為信用等級，來判斷信用風險的大小，並決定是否給予客戶信用優惠。

信用分析的目的是確定其能否取得商業信用和以什麼樣的條件取得商業信用。信用分析的對象有兩類：一類是新客戶，一類是老客戶。其中，對新客戶進行信用分析的難度較大。進行信用分析一般採取如下步驟：

(1)選擇資訊管道

進行信用分析，首先需要瞭解客戶的信用狀況，這就需要信用分析者善於利用各種資訊管道。可供利用的主要資訊管道有三條：一是借助一些信用分析機構的分析；二是通過對客戶的經濟活動，特別是對客戶有經濟往來的其他企業或機構進行調查和訪問，瞭解客戶的信用狀況；三是在合法和得到許可的情況下，從客戶的開戶銀行瞭解有關資訊。

(2)進行財務分析

財務分析的主要手段是通過各項財務狀況得出一個總體評價。除財務比率分析外，還可對客戶的一些特殊財務項目進行分析。

例如，通過對客戶的應付賬款的數額與賬齡的分析來研究其實際付款週期和能力。如果客戶的平均付款期限為 50 天，但超出此期限已較多時間仍未能付款的，則表明其支付能力可能出現了問題。

(3)完成信用評分

信用評分是對分析對象的有關財務比率指標和其他信用指標賦予一定的係數後求和，以此作為分析對象的信用分數，企業可在參考此分數的基础上結合自身的標準，確定合適的客戶。

2.確定經銷商信用條件

當我們根據信用標準決定給客戶信用優惠時，就需考慮具體的信用條件。

信用條件是指企業要求客戶支付賒銷款項的條件，主要包括信用期限、折扣期限、現金折扣等條件。

信用條件的基本運算式如(2/10，n/30)，意即：若客戶能夠在發票開出以後的 10 天內付款，可以享受貨款總額 2%的現金折扣優惠；如果放棄折扣優惠，則全部款項必須在 30 天內付清。在此，30 天為信用期限，10 天為折扣期限，2%為現金折扣率。

(1)信用期限

信用期限是指企業允許客戶從購貨到付款之間的時間。只要客戶在此期限內付款，便認為該客戶沒有違約。一般而言，信用期限越長，表示給客戶的條件越優惠，對客戶很具有吸引力。但對企業來說，延長信用期限既有擴大銷售增加收益的一面，也有增加成本減少收益的一面。

信用期限過短，不足以吸引客戶，不利於擴大銷售；信用期限過長，會引起機會成本、管理成本、壞賬成本的費用增加。因此是否延長信用，應當聯繫延長期限後增加的收益與增加的成本之間的對稱關

係而定。

(2)現金折扣

延長信用期限會增加應收賬款的佔用額及賬期，從而增加機會成本、管理成本和壞賬成本。企業為了既能擴大銷售，又能及早收回款項，往往在給客戶以信用期限的同時推出現金折扣條款。現金折扣是企業給予客戶在規定時期內提前付款能按銷售額的一定比率享受折扣的優惠政策。它包括折扣期限和現金折扣率兩個要素。現金折扣本質上是一種籌資行為，因此現金折扣成本是籌資費用而非應收賬款成本。

在信用條件優化選擇中，現金折扣條款能降低機會成本、管理成本和壞賬成本，但同時也需付出一定的代價，即現金折扣成本也是信用決策中的相關成本，在現有現金折扣的情況下，信用條件優化的要點是：增加的銷售利潤能否超過增加的機會成本、管理成本、壞賬成本與折扣成本四項之和。

三、確定經銷商信用額度

信用額度是指企業要求經銷商支付應收賬款的條件。它包括信用限額、信用期限、現金折扣政策和可接受的支付方式。

(一)信用限額

信用限額為未收回的應收賬款餘額的最高限額。企業假設超過該限額的應收賬款為不可接受的風險，信用限額要根據企業所處的環境、業務經驗及不同管道的經銷商來確定。決定信用限額的關鍵因素有：付款歷史、業務量、客戶的償還能力、訂貨週期及其潛在的發展機會。一旦確定了信用客戶，該客戶應該有銷量的增長。

根據經銷商的不同等級確定信用限額。在評估等級方面，可以採用以下幾種方法：

第一種是採用三類九級制，即把企業的信用情況分為 AAA、AA、A、BBB、BB、B、CCC、CC 和 C 九個等級。其中 AAA 為最優等級，C 為最差等級。

第二種是採用三級制，即把企業的信用情況分為 AAA、AA、A 三個等級。其中 AAA 為最優等級，A 為最差等級。

1. 信用期限

信用期限是企業允許經銷商從購貨到付款之間的時間，或者說是企業給予經銷商的付款期限。如某企業給予經銷商的信用期限為 50 天，則經銷商可以在購貨後的 50 天內付款。信用期過短，不足以吸引經銷商，會使企業在競爭中的銷售額下降；信用期過長，所得利益會被增長的費用抵消，甚至造成利潤減少。因此，企業須規定出恰當的信用期限。

對於消費品來說，信用期限應較短，一般為 15 天、30 天和 45 天等，最多不得超過 60 天。對於保質期越短的產品，其信用期限越短。對於耐用消費品、工業品、資金佔用量大的產品，一般信用期限會長一些，30 天、60 天、90 天、120 天，最多不超過半年。總之，對於資金週轉越快的產品，其信用期限越短，資金週轉越慢的產品，其信用期限越長。

2. 現金折扣政策

現金折扣是在經銷商提前付款的情況下，企業對經銷商在商品價格上的優惠，其主要目的在於吸引經銷商為享受優惠而提前付款，從而縮短企業的平均收款期。現金折扣的常用表示方式為：折扣/付款期限。如：

5/10：表示在開出發票後 10 天內付款，可享受 5%的價格優惠；

3/20：表示在開出發票後 20 天內付款，可享受 3%的價格優惠；

N/30：表示在開出發票後 30 天內付款，不享受價格優惠。

(二)及時回收應收賬款

1.確定收賬程序

催款的一般程序是：信函通知，電話催收，派員面談，法律行動。即在經銷商拖欠賬款時，要先給經銷商一封很有禮貌的通知信件；接著，可寄出一封措辭較直率的信件；進一步則可電話催收；如再無效，企業的收賬員可直接與客戶面談，協商解決；如果談判不成功，最後交給企業的律師採取法律行動。

某企業的催款程序

超出信用期限的 10 天內，發出第一封很有禮貌的催款信件；

超出信用期限的 20 天內，發出第二封措辭較直率的催款信件；

超出信用期限的 30 天內，財務人員電話催收；

超出信用期限的 40 天內，企業的收賬員直接上門，與客戶面談催收貨款；

超出信用期限的 60 天內，由企業的律師採取法律行動。

2.回款控制

回款控制是整個企業經營流程的最後也是最重要的一個環節。因為，這是決定企業經營效率的主要經濟指標。

做好匯款控制，應從以下幾個方面進行。

(1)減少回款資金在途時間，實行傳真電匯憑單監控制度

當經銷商匯款後，應在第一時間將電匯憑單傳真到企業結算部。結算部據此登記「某某經銷商匯款電匯憑單登記表」，對在規定時間未收到款項及時查詢，分清責任。

(2)嚴格執行信用限額和信用期限

經銷商的信用額度和期限必須由企業財務部和銷售部共同控制。單靠銷售人員控制不行，因為銷售人員往往最關注的是能否完成每月的銷售計劃，而忽視經銷商的信用額度的使用情況。

財務人員往往較為關注經銷商的信用額度的使用情況，而對完成銷售計劃不會那麼關注。所以，要嚴格控制經銷商的信用限額和信用期限，必須由財務人員和銷售人員共同合作。

當經銷商的欠款額度已達到其信用限額 70%以上時，企業財務部應及時通知銷售部，由銷售人員及時催促經銷商還款。一旦欠款額達到信用額度時，企業財務人員應立即停止發貨，以免超出其信用額度。當經銷商的欠款時間已超出其信用期限時，企業財務部應及時通知銷售部，並立即停止發貨，直到歸還欠款為止。

(3)及時核對應收賬款

由於有許多導致經銷商應收賬款變動的因素，如由於缺貨等原因造成經銷商的進貨單與發貨單的產品不符、各種返利獎勵、補差、現金折扣等，而導致經銷商應收賬款發生變動。所以，為使經銷商和企業的應收賬款保持一致，企業財務部應每月出具「經銷商對賬單」，由銷售人員與經銷商進行核對，確保雙方應收賬款明確無誤。

3.催債方法

經銷商拖欠貨款，原因概括為兩類：無力償還和故意拖欠。無力償還是指經銷商因經營管理不善，沒有資金償付到期債務。故意拖欠

是指經銷商雖有能力付款，但為了本身利益，設法不付款。遇到這種情況，需要確定合理的催債方法，以達到收回賬款的目的。

(1)講理法

催債人要有禮貌的說明理由。讓他們知道無故拖欠貨款是不應該的行為，已對企業產生消極影響，造成經濟損失。若不及時付款，引起法律糾紛，對雙方都不利。

(2)惻隱術法

催債人講清自己的困難，說明本身的危險處境，以打動經銷商的惻隱之心，使經銷商良心發現，按時付款。

(3)疲勞戰法

抓住經銷商或其財務人員，長期軟磨硬泡，堅持打持久戰，不達目的決不甘休。總有一天，對方會意志瓦解，同意付款。

(4)激將法

用語言刺激債務人，使其懂得若不及時付款將會損害他的形象和尊嚴。對方為了面子，不得不及時付款。

(5)軟硬術法

由兩個人討債，一人態度強硬，寸步不讓，另一人態度和藹，以理服人。如果二人配合得好，可以起到很好的效果。

四、適當的抵押與保證

除了經銷商的品德與經營管理能力外，在選擇經銷商時，財務能力也佔據著相當重要的地位。

財務能力的好壞不僅決定著經銷商的付款能力與付款速度，而且將影響企業的經營與成長。所以在選擇經銷商時，對於其財務能力也

應加以調查。在調查財務能力時,通常可以考察下列幾項:

①經銷商註冊資本金額大小。

②經銷商組織形態是獨資、合夥或公司法人?

③以前與銀行往來的信用如何?有無借款?

④財務狀況如何?流動資金是否充足?

在選擇經銷商時,除詳細調查財務狀況外,根據目前的市場習慣,企業一般要求經銷商提供適當的抵押品作為擔保,或由保證人保證,或以信用額度等方式加以控制。一方面可以降低財務風險,提高安全係數;另一方面可以穩定與經銷商的關係,加強雙方合作。

1. 擔保

(1)擔保金額:關於擔保金額一般情況下以經銷商一個月的營業額為標準,再依付款方式、票據期限及經銷商的支付能力加以調整。

(2)擔保方式:第一種方式,以現金作為保證金,企業要按照銀行利率支付利息;第二種方式,以動產為擔保,如銀行定期存款、有價證券等,需辦理動產質押權登記;第三種方式,以不動產為擔保,需辦理不動產抵押權登記。

2. 連帶保證

有些企業也要求經銷商尋找保證人作為保證。通常要求有二至三位連帶保證人,在經銷商未能清償債務或合約義務,致使企業蒙受損失時,連帶保證人就要代為履行責任。

3. 信用額度的控制

大部份公司都要求經銷商提供擔保品或保證人保證。但有些企業因經銷商過多,或經銷商的銷售金額有限,而採用信用額度加以控制較為方便。另外,就是對有提供擔保品或保證人保證的經銷商,如果再加上信用額度的控制就更能增加企業的安全性,減少財務風險,還

能隨時掌握經銷商的財務狀況，保持機動性。

　　所謂「信用額度」是指經銷商積欠該企業的應收賬款與應收票據的總數，不得超過某一設定的最高限額。此信用額度一般有一個經驗值，各行各業有所不同。每當經銷商要貨時，推銷員必須計算其積欠企業的貨款有無超過此限額，超過時，就要加以注意，以避免過多的賬款不易收回。

　　要求經銷商提供抵押品或保證人保證，雖然可以降低財務風險，但如果經銷商每月的經銷額度很小，並且經銷商數目又多時，若要求提供抵押品或保證人保證，不但增加了管理上的負擔，而且增加了經銷商的麻煩，更影響經銷關係的建立與完善。

五、特殊的付款方式

　　一個以特殊的交貨與付款方式來降低財務風險的實例。鴻運公司在全國擁有 150 多家經銷商，其中除少數的經銷商提供抵押品外，絕大多數的經銷商都沒有提供抵押品。但是由於產品供不應求，在生產上又採用分批按旬定貨生產的制度，將每月分上、中、下旬，規定經銷商每月定貨一次，分別按上、中、下旬的需要量定貨。但定貨日期規定需在每月月初五天內，於定貨時間提出票據付款。票據期限則按有無提供抵押品及上、中、下三旬而分，其情形如表 5-2。

　　例如以 8 月份為例，經銷商在 7 月 25 日按上、中、下三旬定貨，而其交貨期與票據到期日可以如表 5-3 所示。

　　從表 5-3 可以看出，用此種現金交易的方式可以使財務風險降低到最低程度。

表 5-2　票據期限劃分表

	票據期限	
	有抵押品的經銷商	無抵押品的經銷商
上旬	定貨日後 10～15 日前到期	定貨日後 5～10 日前到期
中旬	定貨日後 20～25 日前到期	定貨日後 15～20 日前到期
下旬	定貨日後 30～35 日前到期	定貨日後 25～30 日前到期

(註：期限按照經銷商的信用情況、定貨量加以規定。至於交貨日期則規定在每旬的最後一天，因此無論經銷商有無提供抵押品，產品的交貨日將比票據到期日要晚，企業只有在票據兌現後才交貨，因而能減少財務風險。)

表 5-3　交貨期與票據到期日狀況表

旬	交貨日	票據期限	
		有抵押	無抵押
上	8 月 10 日	8 月 9 日	8 月 4 日
中	8 月 20 日	8 月 19 日	8 月 14 日
下	8 月 31 日	8 月 29 日	8 月 24 日

六、經銷商信用考核方案

為加強對經銷商信用狀況的管理，避免因經銷商信用問題給公司造成經濟損失，特制定本方案。

1. 適用範圍

本方案適用於區域內所有的經銷商。

2. 考核頻率

每半年開展一次考核，考核時間分別為上半年的 6 月 25 日～30 日、下半年的 12 月 25 日～30 日。

3.考核內容

對經銷商的信用考核主要從經銷商忠誠度、交易歷史、鋪貨能力、資金實力、市場運作的規範性和業務發展度六個方面進行，具體考核內容如表 5-4 所示。

表 5-4　經銷商信用考核表

考核項目	考核內容	權重(%)	評分標準	評分
忠誠度與信譽	與公司合作的興趣點是否只在於利益	5%	1.是，得0分 2.否，得5分	
	對公司理念的認同度和忠誠度	5%	1.個人理念與公司理念完全不同，得0分 2.個人理念與公司理念部份相同，得3分 3.個人理念與公司理念一致，得5分	
	對公司產品的興趣度	5%	1.沒興趣，得0分 2.一般，得3分 3.非常感興趣，得5分	
	交易歷史	10%	1.經銷商回款率＝實際銷售回款/應收銷售款總額×100% 2.目標值為100%，每降低1%，扣___分；經銷商回款率低於___%時，此項得分為0	
	在以往的交易過程中是否有違規行為	5%	每發現一次違規行為，扣___分；超過三次，此項得分為0	
	業內對其交易信譽的評價	5%	目標值為___分，每降低___分，扣___分；業內評價低於___分時，此項得分為0	

- 115 -

續表

鋪貨能力	鋪貨率	5%	1.鋪貨率＝實際上有產品陳列的店頭數量/產品所應陳列的店頭數量×100% 2.目標值為%，每降低1%，扣___分；鋪貨率低於___%時，此項得分為0	
	鋪貨率在當地經銷商中的排名	5%	1.排名在前五名的，得5分 2.排名在第五名與第10名之間的，得3分 3.排名在第10名之後的，得0分	
	管道拓展數量	5%	每增加一個，加___分；超過___個，得滿分	
資金實力	每次交易平均額在同等級經銷商中的排名	5%	1.排名在前五名的，得5分 2.排名在第五名與第10名之間的，得3分 3.排名在第10名與第20名之間的，得1分 4.排名在第20名之後的，得0分	
	歷史進貨的最大額度和最小額度	5%	歷史進貨最大額度超過___萬元,最小額度不低於___萬元，得滿分；每差___萬元，扣___分	
	業內對經銷商資金實力的評價	5%	目標值為___分，每降低___分，扣___分；業內評價低於___分時，此項得分為0	
市場運作規範性	有無竄貨的惡性競爭行為	10%	每發生一次，扣___分；超過三次，此項得分為0	
	是否曾不遵守行規，為儘快出貨而低價傾銷	10%	每發生一次，扣___分；超過三次，此項得分為0	
業務能力	銷售增長率	10%	1.銷售增長率＝[當期銷售額(量)－上期銷售額(量)]/上期銷售額(量)×100% 2.目標值為___%，每降低1%，扣___分；銷售增長率低於___%時，此項得分為0	
	經銷商銷售人員的綜合素質	5%	經銷商銷售人員綜合素質考核分值達__分，每降低___分，扣___分;綜合素質評分低於___分時，此項得分為0	

4.考核結果運用

經銷商信用考核結果將作為確定經銷商預付款金額和賬期的依據，具體運用如表 5-5 所示。

表 5-5　經銷商信用考核結果運用表

考核分數(S)	信用等級	考核結果運用
S≥95分	五星級	100%免預付款，＿＿天賬期
90≤S≤94分	四星級	預付30%貨款，＿＿天賬期
85≤S≤89分	三星級	預付50%貨款，＿＿天賬期
75≤S≤84分	二星級	預付60%貨款，＿＿天賬期
60≤S≤74分	一星級	預付80%貸款，＿＿天賬期
S＜60分	非信用經銷商	先付款後送貨

心得欄

第 **6** 章

確保經銷商貨款收回來

案 例

P&G 公司實施關聯式行銷管道策略

　　P&G 大公司在每個地區通常發展幾個分銷商，通過分銷商對下級批發商、零售商進行管理。分銷商的選擇標準主要包括規模、財務狀況、商譽、銷售額及增長速度、倉儲能力、運輸能力及客戶結構等指標，分銷商必須具備較完整的、有一定廣度和深度的客戶網路，網路中必須包括一定數量和一定層次的二級批發商和零售商。

　　被確定為分銷商後，P&G 公司將協助其制定銷售計劃和促銷計劃，乃至派駐銷售經理直接在分銷商公司內辦公。

　　為加強與分銷商沃爾瑪公司的信息溝通，P&G 通過一個複雜的電子數據交換系統與沃爾瑪連接，這一聯網使 P&G 有責任監控沃爾

瑪商場的存貨管理以及來自眾多獨立的沃爾瑪商場的各種不同規格產品的即時銷量、需求數量，並自動傳遞訂單及整個交易循環使用的發票和電子貨幣。由於產品賣給最終消費者之後的結算非常迅速，這種信息聯動同時為中間商、顧客創造了巨大的價值。

表 6-1　P&G 公司和經銷商職能分工一覽

管道職能	P&G 公司	中間商	說　明
商業計劃制　定	主持	參與	P&G 的銷售經理直接進駐各地的主要批發商公司內，他們負責制定銷售目標、計劃，並評估中間商的業績
庫存管理	主持	參與	P&G 已經投資建立分銷商系統，該系統有助於中間商更有效地管理庫存
倉儲提供		負責	P&G 的產品和促銷品全部存儲在中間商的倉庫內
零售覆蓋	參與	主持	P&G 零售覆蓋大部份由分銷商完成，即由中間商去拓展並管理二級批發商和零售商
實體分配		負責	與 P&G 合作的中間商都是當地實力雄厚的批發商，他們不但擁有自己的庫存，而且擁有一定的運輸能力，可以負責產品運輸
信用提供		負責	對於下級批發商和零售商的信用均由中間商提供
促銷設計	負責		所有 P&G 產品的促銷活動都由 P&G 自己設計
促銷執行	參與	主持	對於促銷活動的執行，P&G 只提供指導，具體操作由中間商完成

 工作重點

一、貨款回收的重要性

常人道「賣貨的是徒弟，會收款的才是師傅」，銷售與收款是車子的前、後輪，貨款能順利回收，企業才能產生實質利潤。

銷售與收款是車子的前、後輪，有銷售還要順利收回貨款，企業才能產生實質利潤。

在實際經營上，並非有銷售就能收到錢，必須在「商品受訂」階段，就已經考慮到收款戰略。而銷售商品後，營養管理更應配合運作，才能順利回收貨款。任何導致貨款無法收回之表象都是「果」，而企業的管理運作才是「因」。

二、加強貨款回收

在實際經營上，並非銷貨就能收到錢，所以必須在銷售之前的「商品受訂」階段，就考慮戰略如何規劃，行銷戰術如何執行，最後才能有效地進行貨款回收。實際上，我們表面上所看到的「貨款無法順利收回」是「果」，企業的內部管理者才是「因」，例如沒有徵信調查，信用額度沒有管制，或是業務員在公司所設定的業務目標壓力下，常有「亂塞貨」或要求客戶勉強進貨，不惜降低標準，甚至故意打迷糊仗，交易條件都沒有談清楚，這些都是種下日後收款困難，甚至形成呆賬的重要原因。

　　業務員應有正確心態，要有「收回並兌現貨款」才是「銷售實績」，否則只是「銷售業績」而已！理由就在於強調「貨款回收」的重要性；其次，對業務主管訓練時，要求主管工作必須包括「評估業務員的收款績效」，理由仍是在強調「收回貨款」對公司的重要性。

　　業務部門往往只注意銷售額及利潤率，銷售額及利潤率雖然不錯，但是因為貨款的回收情況不佳，所以會有所偏頗。所謂營業活動是指售出的商品貨款完全回收時才算終了。當你正為每月的銷售額成長而感到高興時，如果所增加的銷售額都是收款困難的不良客戶，則可說是極其危險的情況，在中小企業承包當中，此種狀況到處可見。經營者對於貨款的回收，必須與銷售額及利潤率一樣，充分地注意，而且此心態必須貫注到各個業務部門主管、業務員身上。

　　企業為穩健經營、永續生存，要力圖避免因累積過多的應收賬款，受客戶惡性倒閉而牽連，其中，重要的一點是必須致力於收回貨款。

　　「按期收回貨款，如期兌現票據」是企業的貨款回收計劃；客戶可以遲延付款日期或拖延兌現日期，但就是不能賒賬，雖只是小小的商店，金額可能微不足道，但是也要著眼於「回收」。

　　企業本身必須努力收取貨款，其注意的要點如下：

1. 盡早加以處理。
2. 減價或退貨等，須在結算賬目之前處理完結。
3. 付款通知單不可出錯。
4. 付款通知單，不可遲至對方已過了應收件的時間。
5. 不為虛有的銷售量，或強迫銷售而讓對方有退貨求償的機會。
6. 收款日要準時去收款。
7. 雙方買賣的條件要明確(如付款方式、付款日期)。

企業經營者若有按照各種執行重點進行，例如徵信調查、額度管

理、流程管制，而收款不能如預期般順利，百分之九十的原因出在己方而不在對方。

三、貨款回收計劃

　　加強貨款的回收，有助於加快週轉率，提升投資報酬率，增加可週轉之資金，減少利息負擔等優點；即使會計部門有再好的資金調整調度，如果沒有貨款回收計劃的支援也無法做得順利。

　　貨款回收計劃，基本上分為二種：以公司為主體的「年度貨款回收計劃」，和以客戶別為主體的「客戶貨款回收」。企業內的貨款回收計劃，所須重視的是「回收率」，其計算如下：

　　回收率＝該月回收額÷（月初應收賬餘額＋該月銷售額）×100

　　除重視回收率，確保回收金額以外，再注意「應收賬款的滯收狀況」，瞭解尚有多少餘額來加以回收，經營不善的企業，常苦於缺乏週轉資金，但卻有大批滯收貨款。應收賬款滯收日數，計算如下：

　　應收賬款滯收日數＝應收賬款餘額÷月銷售額×100

　　掌握上述狀況，決定公司的回收目標，包括每個月的「回收額合計」，「應收賬款餘額」，就可以按照「月份別」、「部門別」、「商品別」、「客戶別」、「推銷員別」，做成明細的「貨款回收計劃」（如下表），不只瞭解每個月份的「計劃銷售額」，以及每個月份的貨款收回計劃，包括「回收額」（包括現金，90天內的支票，90天以上的支票），以及每個月的「應收賬款餘額」（包括「不滿一個月者」、「不滿二個月者」、「二個月以上者」。）

　　個別業務員只關心其轄下客戶的回收貨款，對整個業務部門總體而言，所有業務員的收回貨款，就會影響到該企業的「貨款回收計劃」；

而「貨款回收計劃」順利與否，就會影響到該企業的生存。

　　業務部門在規劃「年度計劃工作」時，工作規劃的重點除了「銷售」、「促銷」、「訓練」與「獎勵」外，還要包括「貨款回收計劃」。

表 6-2　回收計劃‧實績管理表

月別 計劃項目		1		2		3	
		計劃	實績	計劃	實績	計劃	實績
銷售額							
回收額	現金						
	90 日以內支票						
	90 日以上支票						
	合計						
賒售款 餘　額	1 個月未滿						
	2 個月未滿						
	2 個月以上						
	合計						
回收率							
回收不良率							

四、貨款回收的內部控制

　　貨款的回收應由專人處理，亦有部份企業採行業務員兼作「回收貨款」工作，總之，有效的內部控制方法，可以避免挪用公款之不良現象。下列為企業可採行的內部控制方法：

1. 要與客戶對賬

　　可採「信函對賬」與「面對面的對賬」。信函對賬在實際上的結果為回函率非常差，若對於信函對賬不回覆的客戶採取緊迫盯人的追蹤態度，其信函對賬的回函率則可以提高到九成左右。

信函對賬之外，企業尚可以對客戶採取「面對面的對賬」的制度，在採取與客戶面對面的對賬工作之前，應將對賬的效果和目的告知客戶，使客戶樂於配合以達到對賬的效果，再者，應與客戶約定時間，以徒勞往返而浪費時間和人力。

2.現金折讓必須經過核准

所謂「現金折讓」，是指客戶願意提早付款而給予的價格優待。由於提早付款時間的不同，客戶所得到的價格優待，亦有所差異，因此，給予客戶折讓時，宜先將條件訂定出來，以便實施。

3.要跟催逾期未收款

應收而未收到之賬款，簡稱為「逾期未收款」，「逾期未收款」稍一不慎，可能會進一步演變成「呆賬」。

企業每個月將應收賬款排列出來，以便分析該期間應收賬款的情況，作為收款績效的衡量，以及賬款風險的衡量；對於逾齡賬款，宜將之列為項目處理，並查明該批賬款逾齡的原因，進而設法在一定期間內予以全部清除。

此外，「為何會逾期未收呢？」、「今後如何改善呢？」，企業除檢查原因外，應擬出有效的對策。

五、防止呆壞賬發生

企業運營不同於終端銷售店，很難100%實現現款現貨。經銷商或多或少都會要求企業在資金上予以支持或是在貨款支付上予以寬限，企業如果過於嚴格地執行現款現貨，不僅不利於經銷商成長，也會增加雙方合作的困難。

有效進行賬款回收，需要銷售員不只會銷售，更具有信用意識，

同時要求財務和信用管理人員也要相應地從銷售出發思考問題，這樣才可以找到最適合的方法。

圖 6-1　有效進行賬款回收的方法

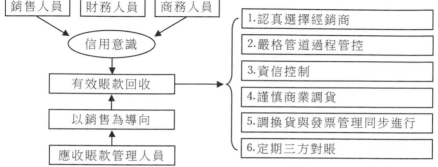

初期就選擇一個優秀的經銷商，能夠大幅降低呆壞賬風險。企業一是要尋找有實力的經銷商，這類經銷商即便要求墊款也有能力在期限內償還。尋找信譽好、沒有欠款不良記錄的經銷商，好的經營習慣是重要保障。

作好通路管理涉及許多內容，包括發（銷、存）貨管理、物流管理、價格管理等。嚴格通路管理就是要顧全管道運營的各個方面，合理運作。

企業對經銷商要嚴格實施信用管理，根據經銷商在貨款支付上的不同表現對其進行資信分級，並定期考察、動態調整，時刻把握經銷商最新的資信動態並給予其相應的政策支持。

企業自身要對產品的市場容量、管道銷量有清晰的認識和準確的估計，不能經銷商要多少就發多少。調貨太多導致產品積壓滯銷，經銷商自然不願也無能力支付貨款。

對於呆壞賬，企業不僅要予以重視，在方法上嚴密監督控制，還

要善於從經銷商的日常信息中進行賬款風險的判斷，如新成立公司的特大額定單；新更換所有者的現存客戶對賒銷要求的非正常增加；客戶最近付款明顯比三個月前緩慢；客戶答應付款但連續兩次毀約；客戶負責人長時間聯繫不上、且幾次不回覆留言電話，發出的催款函長期沒有任何回覆；客戶股東和領導人突然發生改變；合夥人或股東之間有極大的爭議；客戶突然搬遷但沒有通知；客戶自己產品的銷售價格比以前大幅下降；客戶突然下了比以前大得多的訂單；客戶的支票被銀行以存款不足為由拒付；客戶最近經常更換銀行帳戶；客戶被其他供應商以拖期賬款為由進行起訴；客戶的重要客戶破產；客戶發展過快且客戶所在行業內競爭加劇；買方所在地區發生天災等。同時，內部信息也可以幫助我們進行判斷，如員工離職且業務信息散失和公司沒有備份、對客戶承諾和服務隨意及客戶抱怨無人理會、虛報折扣員工攜款出走等。

六、應收款賬單管理辦法

專營美髮用品的某公司，為保障公司貨款權益，提高收款績效，統一對業務部門的賬單，加以列管，介紹如下：

1. 賬單集中

⑴發票處理單位應將包裝送貨單位送回的「附單」簽收聯，逐一與「控制清表」核對銷號。

⑵銷號後的「附單」簽收聯，應依業務人員別暫時存檔。

2. 賬單管理

⑴每星期一上午，發票處理單位應將上週累積業務人員別「附單」簽收，交電腦部點收、輸入電腦處理。

⑵電腦部應於輸入後，即將業務人員別付款單簽收聯，交發票處理單位收存。

⑶每週星期二上午，電腦部應將處理後印出業務人員別「賬單清表」，移交發票處理單位處理。

⑷應收賬款處理單位應彙集駐地營業所業務人員的「賬單清表」，轉送電腦部，於每季末印出業務人員別「賬齡分析表」，供管理部與業務人員對賬用。

3.賬單分發

⑴發票處理單位應於核對業務人員別「賬單清表」與所屬「附單」收款聯張數後，分別依親自簽收或郵寄簽收方式，轉業務人員保管。

⑵業務代表如發出「賬單清表」上賬單誤寫或誤寄時，應即以書面連同問題賬單，親自或以掛號寄交發票處理單位查證。

4.賬務管理

⑴業務人員簽收後的「賬單清表」，應由發票處理單位轉交應收賬款處理單位管理。

⑵業務人員收款金額不符而致賬務不清時，應以當時簽收「賬單清表」記錄為憑。

5.對賬

⑴每季終了後一週內，應收賬款處理單位應依電腦部印出的業務人員別「賬齡分析表」，與業務人員辦理對賬事宜。

⑵業務人員對賬時，如發現賬務不符，應將理由註明於「賬齡分析表」後，交應收賬款處理單位追查。

⑶應收賬款處理單位應於對賬後，將業務人員簽認的「賬齡分析」錯誤部份，送交電腦部更改賬目。

⑷駐地區營業所業務人員於每季終了至台北公司參加「業務會議」

時,應收賬款處理單位分發「賬齡分析表」,與業務人員辦理對賬事宜。

⑸業務人員依「客戶資料袋」對賬,如發現賬務不符,應將理由註明於「賬齡分析表」交應收賬款處理單位追查。

6.客戶對賬單

⑴客戶要求「寄存賬單」時,業務人員應填制「寄存賬單證明單」詳列筆數,金額等交由客戶簽認。

⑵上述「寄存賬單證明單」,應於業務人員收款後,交還客戶。

⑶如賬單寄存未取得客戶簽認而致不能收款時,應由業務員負責全額賠償。

7.賬單移轉

(1)業務處的銷售責任區異動

①移交人應填「賬單移交清單」,連同賬單一併移交接收人簽收,並由業務主管負責監交。

②經簽收之「賬單移交清單」,應由應收款處理單位交電腦部更改相關資料。

(2)逾齡賬移交信用部

①移交人應填「賬單移交清單」,連同賬單一併移交發票處理單位簽收,並轉應收賬款處理單位核對應收賬記錄。

②經核對之「賬單移交清單」,應由應收賬款處理單位連同賬單轉交信用部簽收後,轉電腦部更改賬目。

(3)離職、調職

①移交人應填「賬單移交清單」,連同全部賬單一次移交信用部,並同離(調)職人直屬主管監交。

②監交人應將雙方簽字之「賬單移交清單」交應收賬款處理單位,核對後,交電腦部更改相關資料。

③信用部應於接離(調)職賬後一個月內,完成與客戶的對賬工作。

④經與客戶對賬後,應由信用部依有問題與無問題部份,分別開列「賬單清表」轉業務管理部,或新任業務人員接收,並由管理部負責監交。

⑤經簽收之「賬單移交清單」,應由應收賬款處理單位交電腦部更改賬目。

8.賬單清表

⑴駐地區營業的業務人員之「賬單清表」,應由辦事員三天填寫一次,表內載明客戶代號,客戶名稱、附單日期、附單號碼、金額及筆數,連所屬「附單」一起轉交業務人員於核對後簽收。

⑵業務人員如發現「賬單清表」誤列,應交辦事員查明更正。

⑶「賬單清表」簽收聯由辦事員留存一聯,另聯應轉寄台北總公司管理部應收賬款處理單位,加以集中管理。

七、貨款回收作業細則

1.會計人員根據「出貨單」會計聯、發票,製作傳票登入客戶別應收賬款明細賬。

2.「出貨單」客戶聯經客戶簽收,簽收聯由公司會計單位保管,交由業務人員按時收款。

3.每月(可每週期)結賬一次,由會計部門提供「客戶應收賬款明細表」、「應收賬款賬齡分析表」給予業務單位,以利收款。

4.業務單位應依據會計部門所提供的當月「應收賬款明細表」,向客戶催收款項;凡因「銷貨退回」及「銷貨折讓」所發生的應收賬款減少,須經主管核准。

5.業務人員收回現金者，應於當日或次日上班時如數繳會計部門出納人員入賬，若有延遲繳回或調換票據繳回者，均依挪用公款議處；收回票據的發票人若與統一發票抬頭不同者，應經同一抬頭客戶正式背書，否則應由收款人親自在票據上背書，並註明客戶名稱備查，若經查明該票據非客戶所付者，即視同挪用公款議處。

6.業務員人員依「應收賬款明細表」，收取客戶款項（現金或票據），回公司填寫「收款通知單」，連同所收款項一併交給會計單位（出納）簽收，一聯給予業務人員連同憑證。

7.賬款收回時，會計部門應即將其填入當天「出納日報表」的「本日收款明細表」欄中，並列入「客戶應收賬款明細表」中，憑此銷賬及備查。

8.業務主管除督促加強「客戶應收賬款明細表」的催收外，應核對應收未收款的「客戶簽聯」與「應收賬款明細表」二者是否相符合。一旦不符合，立即追查原因。

9.會計部門為加強催收應收賬款，應每月編制「應收賬款賬齡分析表」，並將超過 60 天尚未收者，列表註明債務人、金額，該表單交由業務單位加以催收，業務主管並註明遲滯原因，交由總經理室財務組評估單位績效。

10.會計部門針對延遲未收的「應收賬款」，凡超過規定期限 60 天未收回者，除列表通知業務單位繼續催收外，應通知法律部門採取必要行動，並應呈報總經理財務組。

11.會計部門應核對應收賬款明細賬、總分類賬及有關憑證是否相符。不定期向債務人函證應收賬款餘額。

12.遲滯收回的應收賬款，若欲列為「呆賬」加以沖銷，須經主管核准。

13.業務部至遲應於出貨日起 60 天內收款。如超過上列期限者，會計部門就其未收款項詳細列表，通知各業務部門主管，內部管理流程視同呆賬處理，並自獎金中扣除，待以後收回票據時，再行沖回。

心得欄 ----------------------------------

第7章

管理經銷商的商品貨源

案 例

富士通與聯邦快遞的戰略聯盟

　　富士通公司個人電腦部 70% 的業務都在日本市場，為躲避激烈的競爭，富士通決定進入美國筆記本電腦市場。

　　富士通發現，美國市場競爭同樣激烈。伴隨著對業績狀態的失望，他們進行了徹底的反思，發現物流是導致其失敗的主要原因。筆記本在日本生產，再通過海運送至美國西部海岸的幾個倉庫，服務速度慢且物流費用太高。

　　富士通對分銷進行了調整，將所有倉儲和配送功能都轉包給第三方物流企業——聯邦快遞。

　　在新模式運行了一段時間後，聯邦快遞提議，富士通只把筆記

本電腦的部件從大阪市運到美國的孟菲斯，由一家名叫 CTI 公司進行裝配和個性化生產，並將最終產品交給零售商或終端用戶。不到一年，新業務模式大大提升了富士通的服務水準，能使客戶在 4 天內獲到這個客戶所訂制個性化的產品，其盈利水準上了一個新台階。

工作重點

一、梳理銷售管道經銷商產品線

生產廠商如果想要實現自己的分銷目標，僅規劃出管道結構和選出管道成員是不夠的，想要順利地完成分銷任務，還應打通管道產品、管道價格和管道終端三大脈絡。

1. 排他交易

排他交易是指生產企業要求，經銷商只能出售其產品或品牌，或至少不出售與之直接競爭的產品或品牌。如果不遵守，生產企業會用拒絕與之交易或其他懲罰來表示否定態度。很明顯，這種安排減少了中間商的選擇和自由。排他交易能帶來 3 項管理收益——加深中間商的依賴性；便於生產企業對銷售的管理；減少整個流通體系的費用。

排他交易須透過協定來實現。在協議條件下，對於特定的時間和價格，購買者只能購買一家銷售商的產品。這種安排明顯減少了購買者的選擇自由，但保證了購買者在相當長一段時期內經常有明確成本的供應貨源。通常在產品比較暢銷和生產企業比較強勢的情況下，才敢採用此種銷售策略。

表 7-1　排他交易管理的好處

好處	說明
加深中間商的依賴性	由於中間商只能經營該生產商的產品，故其收益和該生產商產品的銷售密切相關，對生產企業的依賴性大大加強
便於生產企業對銷售的管理	在長期排他關係中，對中間商的銷售預測會容易些，從而可以使生產企業更準確、更有效地進行生產和管理
減少整個流通體系的費用	排他交易可使生產企業和中間商雙方都得到特殊好處並獲得長期財務利益，讓雙方有更為穩定的預期，減少談判、物流等管理費用。中間商可得到更穩定的價格和更有規律的生產企業供貨；中間商與生產企業間的交易量會變少，批量會變大；中間商還可得到額外促銷和其他支援作為補償，並且避免了存儲多個品牌新產品的費用

2.搭售交易

搭售是指要求銷售商附加購買並不需要的產品(或服務)，例如，微軟企業將其流覽器與其視窗系統一起銷售，一家生產制鞋機的生產企業堅持為了正確維護機器,機器的租戶必須購買服務協定──被搭售產品。

許多採用搭售政策的商業理由與利用排他交易的理由相似。因為兩種政策的目標都是用生產企業鎖定對某種品牌的購買，並且排除對直接競爭品牌的購買。

搭售的附加原因還有：把搭售品已建立的市場需求轉化為對被搭售品的需求，例如，將封罐機和罐頭搭售；強迫中間商從生產企業買被搭售品來保證對搭售品的銷售;用被搭售品來衡量對搭售品的應用。

例如，用影印機搭售複印紙；透過元件的銷售節省費用；例如，當更多的產品包括在元件當中時，用於供應和服務於管道成員的成本

會降低；用低利潤搭售產品來賣出高利潤被搭售產品，例如，刮鬍刀搭售刀片。

二、限制經銷商的區域劃分

各個經銷商的經營活動並不一定自覺地嚴格限制在廠商所劃定的區域內，實際上經銷商誰都不願意主動或是被強行限制在一個有限的空間內發展。廠商對銷售區域劃分的意義就在於使之與經銷商所覆蓋的區域相匹配，保持區域內的經銷商平衡和合理的密度，清掃竄貨土壤，讓竄貨沒有寄生環境。

(一)區域劃分的概念

區域劃分是指在產品有效的銷售半徑內，劃分出各個獨立的經銷區域，每個區域的範圍大小是根據負責該區域經銷商的實力、有效配送半徑、網點數量、市場特點、產品結構、通路成本等因素而定，該經銷商根據市場的需要建設網路、組織人力、貨源進行配送服務。通過對市場進行合理劃分區域，有效地優化資源配置，使留在管道中的經銷商都有自己合適的銷售區域，為該經銷商的功能向單一的配送轉變打下基礎，為建立有效的防竄貨系統創造好的條件。

(二)防止竄貨的區域劃分原則

竄貨，一個市場營銷學中沒有的概念，卻是銷售實務中一個讓銷售人員頭痛不已的問題。為什麼有許多產品正在紅紅火火時卻突然銷聲匿跡？為什麼好賣的產品不賺錢，賺錢的產品不好賣？一個重要原因就是市場問題了。目前企業銷售工作中的兩大頑疾是竄貨和降價傾

銷。降價傾銷有兩種情況：一是不同區域市場之間的降價傾銷，二是同一區域市場上經銷商之間為爭奪客戶而引起的價格混亂。而不同區域市場間的降價傾銷，都是由竄貨造成的。這就是說，竄貨是導致市場混亂的罪魁禍首。

(1)合理劃分銷售區域，保持每一個經銷區域經銷商密度合理，防止整體競爭激烈，產品供過於求，引起竄貨。

(2)保持經銷區域佈局合理，避免經銷區域重合，部份區域競爭激烈而向其他區域竄貨。

(3)保持經銷區域均衡。按不同實力規模劃分經銷區域、下派銷售任務。對於新經銷商，要不斷考察和調整，防止對其片面判斷。

(三)防止竄貨的區域劃分方法
1.按照行政區域劃分

按照行政區域劃分，即按照國家行政區域劃分的方法來劃分銷售區域，又可以按照縱向和橫向兩個層面來劃分。

按橫向劃分。因為各個地區的消費品市場的不同，使得經銷管道有其獨特的特點。所以按照這個規則，區域經銷在全國範圍內可分為東部地區、南部地區、中部地區、北部地區、西北地方、西南地區、東北地區七大塊。

按縱向劃分。一般的，經銷商的區域劃分以地級城市為限，個別情況則會以縣城為底線。縣城以下鄉鎮則依靠縣級經銷商承擔商品的流通、配送責任。

2.按照物流的方向劃分

按照物流的方向劃分，也就是按照商圈劃分市場區域。目前大多數廠商的市場區域劃分都是採用商圈和行政區劃重疊的方式。但市場

區域的劃分，最好考慮商圈的重覆問題。例如，陽西縣在行政上屬於
陽江地區，應由陽江地區的經銷商供貨，但按物流方向劃分，則由茂
名地區的經銷商供貨。所以，在劃分區域時，應將陽西縣劃分給茂名
地區的經銷商。如果硬要按照行政區劃劃分經銷商的銷售區域，竄貨
很難避免。

3. 按照管道劃分經銷商

將流通管道劃分為批發、連鎖、零售及超級大賣場，不同的經銷
商向各自指定的管道供貨。例如，在某市的酒類消費市場中，賓館酒
店、大中型賣場、SD 店、各種娛樂場所四種管道所消費的酒類產品均
由不同的經銷商供貨，且相互的管道並不衝突。

(四)合理劃分銷售區域

1. 密度合理

在某一劃定的銷售區域內，經銷商的數量必須綜合各方面因素加
以確定，以保證密度合理。

2. 區域專賣

專門為這些區域商家開發專銷產品，且專銷商只經營一種品牌產
品，與其他經銷商的產品區別開來，使經銷商與企業結成利益共同體。

3. 零經銷商區

為某一產品開闢一個零經銷商區，在該區域的市場不設經銷商，
把該區域作為週邊各經銷商調整和緩衝區域，允許週邊經銷商在該區
域自由競爭。

如圖 7-1：A、B、C、D 四個城市，D 區是屬於未開發區域，未設
置該地區的經銷商。最好的做法是不明確劃分 D 市給任何一個經銷商，
由於地理位置的臨近，默許 A、B、C 三市的經銷商把產品銷往 D 市。

特別對於新上市的產品、不成熟的產品,或是即將更新換代的產品而言,這樣對廠商是大有裨益的。待 D 市的市場培育成熟後,廠商應該明確劃分 D 市場的歸屬(或是歸屬於 A、B、C 市中的一個經銷商,或是歸屬於新的經銷商),並不容許再往 D 市竄貨。

圖 7-1　經銷商佈局圖

```
┌─────────────┬─────────────┐
│             │             │
│  A 區經銷商   │  C 區經銷商   │
│             │             │
├─────────────┼─────────────┤
│             │             │
│  B 區經銷商   │ D 零經銷商區  │
│             │             │
└─────────────┴─────────────┘
```

4.區域相同但終端店不同

某區域牙膏市場,經銷商 A 由於資金實力弱,只能做現款現貨、利潤很低、很辛苦的中小型零售店的牙膏生意。對於經銷商 B 來說,由於有雄厚的資金實力,同時又有大型賣場的管理經驗,集中精力專門去做利潤率高的大型賣場的生意,而不太願意去做吃力不討好的小型零售店的生意。這種區域劃分模式如圖 7-2 所示。

圖 7-2　區域相同但終端不同的區域劃分模式

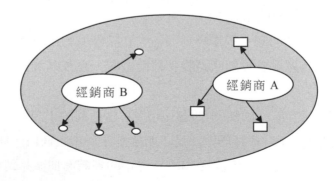

5.不斷調整

第一種調整情況：經銷商也是在不斷發展壯大的，不斷擴大自己的輻射網路。在這樣的形勢下，原來的銷售區域將不能滿足經銷商需求。壯大了的經銷商由於利潤的驅使，內心充滿對外竄貨的慾望。與其被動被竄貨，還不如主動調整銷售區域。按照經銷商已經形成的網路覆蓋實力範圍重新劃分。經銷商在長期經營中大都已經形成自己的覆蓋範圍，這是應該承認的現實。這需要通過多方協調、相互妥協，最後讓雙方認可新的區域，並允許相互交叉覆蓋。

第二種調整情況：原有的經銷商已經發生竄貨行為，屢禁不止。為維護市場次序的穩定，維護廠商和其他經銷商的利益，對竄貨的經銷商取消其資格。對其負責的銷售區域劃分給其他經銷商或是由新加入的經銷商負責。

三、產品供貨限制

(一)不限制供貨的危害

人們的消費能力是有限的，一味地追求銷量而忽視其他的指標，只會適得其反。

1.暢銷產品不限制供貨的危害

暢銷產品的市場拉動力強，銷售範圍廣，如不對經銷商進行限量供應，便會很容易造成以下危害：

(1)竄貨。經銷商在滿足自己區域市場需求的前提下，如果還可以供應其他區域的產品需求，則竄貨便會發生。

(2)大魚吃小魚。資金量大的經銷商往往銷售網路廣，經銷產品品種多，而不同的廠商所給予其銷售區域的大小不一樣。作為經銷商來

說，如果廠商管理不嚴，則經銷商會儘量在最大範圍內銷售所經銷的所有產品。在小經銷商和大經銷商的競爭過程中，往往是小經銷商處於弱勢，導致小經銷商的銷售積極性越來越差，最終消失。

(3)市場價格混亂。由於竄貨，同一區域由多家經銷商同時供貨。批發商便可以利用這一有利條件，向雙方經銷商壓價，導致市場價格不斷走低。

左右逢源的二批商

A 批發商接到該零售店電話，零售店告之準備進一些他所經營的產品。A 批發商按市場價報價給這個零售店，零售店馬上告訴他，另外區域的 B 批發商的報價比你低 2%，要麼你也給我這個報價，要麼我就去 B 批發商進貨。結果 A 批發商為了做成這筆生意，無可奈何地按低於正常價格 2%的價格給了零售店。零售店第二天拿著 A 批發商的報價單去跟 B 批發商說，A 批發商的報價比正常價低 2%，假如你的報價比他低 1%的話，我可以轉進你的貨。結果市場價在這個零售店的左右逢源下跌至新低。

2.促銷產品不限制供貨的危害

促銷產品，尤其是暢銷產品的促銷產品，如果對經銷商不限制供貨，則會產生更大的危害，導致促銷產品在很長的一段時間內，市場價格難以恢復。

「30 送 1」促銷導致價格體系崩潰

2004 年 5 月，某牙膏公司企業對其暢銷產品 105 克冰潔牙膏推出了不限制供貨的「30 送 1」的促銷計劃，即經銷商每買 30 箱

105 克冰潔牙膏，額外贈送 1 箱同種 105 克冰潔牙膏。由於牙膏經銷商的獎勵本身並不高，一般在 4%左右，30 送 1 的讓利幅度達到了 3.33%，促銷力度大，很多經銷商都積極進貨。結果，在接下來的 6 月、7 月，公司發現原來市場價格非常穩定的該種產品，市場價格一下子跌到谷底。由於在 6 月、7 月該企業沒有對該產品進行促銷，經銷商的進貨價遠高於市場批發價，導致經銷商不敢進貨，使該企業的銷售受到了一定衝擊。

　　通過對 5 月經銷商進貨數量的分析，公司發現某經銷商在一般情況下在自己區域內每月保持在 30 萬元左右的銷量，但促銷的這個月該經銷商進貨額度為 80 萬元，其中 60 萬元是促銷產品。進一步調查發現，由於該經銷商的銷售區域有限，不能很快消化這些促銷產品，它便鋌而走險，在接下來的 6 月、7 月，繼續以促銷價格向其他區域供貨。由於其他區域的經銷商的促銷產品早已在當月銷售完畢，沒有促銷產品的庫存，那個促銷產品多的經銷商便有機可乘，大量竄貨以低價轉銷往另一個地區。

(二)不同類型產品竄貨的控制

　　企業的一切生產經營活動都是圍繞著產品進行的，完成產品的銷售是企業生存與發展的根本。經銷商竄貨對於新產品、非暢銷產品、成長期產品、衰退期的產品等是有正面影響的。當竄貨在這些情況下發生時，企業多數是樂見其成，也是大家常說的「良性竄貨」。但隨著銷量增加或產品日趨成熟，竄貨的發生將嚴重危害管道成員的利益和產品的正常銷售，這類竄貨就是大家所說的「惡性竄貨」。

　　到底是竄好，還是不竄好？什麼樣的產品可以竄，而什麼樣的產品該限制它，不讓它竄呢？在做限制之前，我們一起來來分析一下產

品本身，以讓良性竄貨發揮它的優勢，並限制惡性竄貨的發生。

1. 控制暢銷產品竄貨

按產品暢銷程度，可以將產品分為暢銷產品和非暢銷產品。

(1)暢銷產品。暢銷產品是指通過一定時間的推廣和銷售活動，在產品的生命週期中進入成熟期的產品。它是企業銷量和利潤的主要來源，是企業賴以生存的基礎。這類產品一旦出現竄貨，將給企業帶來重大損失。

暢銷產品肯定是主銷產品，但主銷產品不一定是暢銷產品。暢銷產品也不等同於名牌產品。在企業發展的每一階段，企業都需要培養出適銷對路的暢銷產品。這種暢銷產品的概念是相對企業某一階段而言的，即某個產品在某段時間屬於暢銷產品，如「舒蕾」牌洗髮露相對於「風影」牌洗髮露是暢銷產品，「七日香」牌人參美容膏相對於「七日香」除斑美容膏是暢銷產品。通常，暢銷產品是經銷商竄貨的主要產品。

(2)非暢銷產品。非暢銷產品是銷量比暢銷產品少得多的產品，但它又是企業產品線的必要組成部份。非暢銷產品，既包含新產品，又包含進入衰退期的老產品，同時也包含補充產品線的輔銷產品。例如，超潔低泡洗衣粉作為新產品，相對於超潔加香洗衣粉來說是非暢銷產品。

很顯然，非暢銷產品發生竄貨是對銷售有益的，而我們要制止的是暢銷產品竄貨的發生。

2. 控制主銷產品竄貨

按產品銷售對企業的重要性程度，可將產品分為兩類。

(1)主銷產品。主銷產品是根據企業的戰略使命和市場細分，滿足企業目標顧客群需要的產品，它是企業現在或將來銷售額的主要來

源，存在於產品生命週期的每個階段。例如，在滿足農村市場需要的牙膏產品線中，包裝含量為 105 克，零售價格低的產品屬於主銷產品。這類產品通常是需求最大，較成熟的，同時也是經銷商最容易拿來竄貨的。

(2)輔銷產品。輔銷產品是為豐富產品線，圍繞主銷產品的價格、包裝、含量、產品功效等開發出來的，作為主銷產品必要補充的產品。如在滿足農村市場需要的牙膏產品線中，包裝含量為 160 克以上，零售價格中等的產品，屬於輔銷產品。同樣，它也可以存在於產品生命週期的每個階段。

主銷產品是企業應抓住的核心。在提高銷量的同時，應當控制主銷產品的竄貨。

3. 控制流通產品竄貨

按產品的零售網點不同，可將產品分為終端產品和流通產品。終端產品通常由企業直供直銷，所以在竄貨控制上相對簡便，但流通產品網路複雜，成為經銷商竄貨的主要管道。

(1)終端產品。終端產品是相對於流通產品而言的，是指銷售額主要來自於各大中型零售賣場，主要滿足各大賣場、連鎖超市、專業店、專賣店、百貨商店的顧客群的產品。或者說，是以滿足城市人口消費為主的產品。其主要通過各廠商或經銷商直供來實現分銷。以中國市場為例，例如，400ml、零售價在 50 元左右的洗髮露，就屬於終端性產品。

(2)流通產品。流通產品是相對於終端產品而言的，是指產品的銷售額來源以各小型零售店為主，以其他零售網點為輔。產品主要滿足夫妻店、農村零售網點以及其他網點的低檔消費群體的產品。其主要通過各批發市場來實現分銷。例如，400ml、零售價在 50 元以下的洗

髮露，通常屬於流通產品，主要消費對像是城鎮低收入階層、農村的消費者。

終端產品是以企業或經銷商直供零售賣場為主，基本上不會出現竄貨現象，而流通產品主要通過經銷商來實現銷售，因此竄貨的對象以流通產品為主。企業要控制竄貨，最重要的是把握住該類產品的銷售。

4. 促銷限時限量

按產品是否促銷，可將產品分為促銷產品和正常產品。促銷產品因為企業所提供的優惠而成為經銷商竄貨的主要對象。

(1)促銷產品。企業為提高某段時間的銷售額，或為了銷售積壓產品，或面對競爭對手的壓力等，往往會安排部份產品進行促銷，以刺激消費者購買，達到提高產品銷售額的目的。凡是以低於產品正常價格，或給予消費者額外利益的產品為促銷產品。

(2)正常產品。凡是按正常價格銷售，且不提供任何額外利益的產品，為正常產品。企業產品的銷售形式主要以正常產品為主，但有些企業主要以銷售促銷產品為主。例如，雅芳公司每月都有促銷計劃，並通過《芳訊》刊物的形式將促銷訊息通知顧客。

經銷商促銷是管道管理的一個必不可少的環節。一方面，促銷能增強產品在各個目標市場的競爭力，另一方面，促銷容易使經銷商利用其帶來的差價，將產品從低價區竄貨至高價區銷售。所以從一定程度上說，管理竄貨也就是在管理經銷商促銷。

5. 控制成熟期產品竄貨

按照產品的生命週期，可將產品分為新產品、投入期產品、成熟期產品和淘汰產品。成熟期產品是經銷商竄貨的主要對象。

(1)新產品的傳統定義是一種從技術角度給出的定義，即新產品是

由於科技進步和工程技術的突破而產生，在產品本身實體上有了顯著
變化，具有了新性能的產品。其現代的定義是根據市場理念給出的，
即新產品是指能進入市場給消費者提供新的利益而被消費者認可的產
品。新產品的竄貨對銷售不會產生影響。

⑵投入期產品是指新產品到成熟期產品之間的過渡期產品。這類
產品最明顯的特徵就是有越來越多的消費者嘗試購買。投入期產品的
竄貨對銷售會產生正面影響。

⑶成熟期產品通常是被大眾消費者普遍接受的產品，正處於產品
生命週期的成熟階段。成熟期產品的竄貨對銷售會產生負面影響。

⑷淘汰產品是指進入衰退期，企業準備讓其退出市場的產品。淘
汰產品的竄貨對銷售會產生正面影響。

竄貨在產品生命週期不同階段對銷售的影響可見圖 7-3。由此圖
可直觀看到，在成熟期如果不控制好竄貨問題，將直接影響產品的正
常銷售。

圖 7-3　竄貨在產品生命週期不同階段對銷售的影響

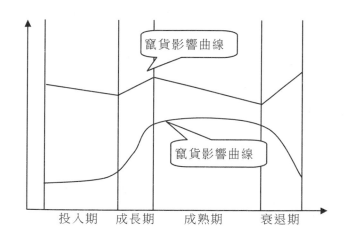

對於暢銷產品、主銷產品、流通產品、促銷產品、成熟產品等來說，制定較高的銷售計劃，並不一定是提高銷量的好辦法。當竄貨的發生將導致銷量上升、價格混亂時，企業應根據發展策略和經銷商銷售區域的實際正常銷售量，採用限制供貨的方式，使其產品真正能在本區域消化，以控制竄貨行為。

四、針對銷售管道經銷商的鋪貨步驟

銷售管道終端是管道末梢，是商品從生產企業到購買者手中的最後一環。因而對於整個管道來說，終端是出水口，只有出水口暢通了，整個管道才能活起來。

鋪貨成功的關鍵在於堅持以經銷商為主，充分發揮企業自身優勢，在終端鋪貨管理時，一定要建立規範工作，制定好一定的流程。

1.建立鋪貨的組織機構

建立終端鋪貨機構的目的不是為了簡單地鋪貨，它涉及協助經銷商的一系列行銷活動，如終端包裝、終端理貨、終端促銷等各個方面。在實際運作中，鋪貨必須以經銷商人員為主，企業鋪貨人員為輔。在鋪貨環節應該做的工作，就是弄清終端鋪貨是怎樣進行的，並建立起規範的管理制度，給相關人員制定明確的崗位職責。

2.劃分鋪貨區域

一般來說，可將終端鋪貨市場分為 3 類：批發市場、店鋪貨場、便利店市場。其中批發市場主要指城市的中心批發市場和週邊批發市場及二、三級批發門市部；店鋪貨場主要指城市及近郊的商場、百貨店、超級市場、量販店、專業店等；便利店主要指在城市市區和小街道旁的小商店。

表 7-2　管道鋪貨管理制度

鋪貨制度	詳細內容
日例會制度	早上開鋪貨動員會，仔細強調鋪貨的注意事項，強調目標和進度，以確保鋪貨的順利進行。晚上開總結會，總結鋪貨中的得失、目標完成情況、遇到什麼困難、需要如何支援等
獎勵制度	鋪貨過程中要及時表揚，完畢後要實施獎勵，可開設多個子項目如鋪貨冠軍(個人)、優秀團隊、最佳建議獎、最優報表獎、最佳配合獎等
培訓制度	實施培訓對鋪貨工作的成功及順利進行是非常必要的。培訓的內容和要求規定得要詳細，以保證培訓實用、有效
紀律制度	對於鋪貨人員，必須按時上班、按時開會、按要求進行操作，否則要處以罰款
報表填報制度	報表必須如實填寫並及時上報，一般一式三份，企業一份、經銷商一份、鋪貨員一份，這樣有利於及時總結經驗教訓，起到日清日結、日清日高的目的，同時有利於掌握鋪貨進度和規模，並及時調整
聯繫制度	要確保鋪貨過程中的及時聯繫，如預告線路和具體時間、開通手機，以便及時處理相關問題
請示制度	在鋪貨過程中遇到自己職權範圍內無法解決的問題，必須請示上級。否則，造成損失，必須賠償

在這 3 類終端鋪貨市場中，批發市場相對集中，鋪貨不存在較嚴格的區域劃分，主要是對店鋪貨場和便利店市場的劃分。針對這兩種鋪貨市場，在區域的劃分上可採用以下幾種方法。

①城市中心、近郊、週邊縣城及重點鎮的劃分。

②城市行政區域的劃分。

③按主要街道進行劃分。

不管是那種劃分，都要根據產品的性質、企業的資源、經銷商的資源來劃分。但一般來說，任何產品的終端鋪貨都可遵循以下順序：

先城市後農村，或先農村後城市，或城市、農村一起進行。一般企業多採用先城市後農村的做法，在城市主要按街道區域劃分。

終端鋪貨應該遵守原則性、系統性要求，這樣才能達到高效率。例如，在城市按主要街道來劃分的終端鋪貨是根據線路原則來進行的，在任何一個區域、縣城和鎮都必須遵循這條原則，否則就會出現鋪貨混亂的現象。

3.鋪貨工作的標準化

鋪貨的標準化、流程化、規範化，可使鋪貨工作有章可循，有「法」可依，減少鋪貨差錯，從而達到鋪貨效果的最大化。

表 7-3　鋪貨標準化

規範內容	說明
市場鋪貨作業內容的規範	包括：正常補貨，陳列改善，新品鋪貨，促銷執行，客戶投訴處理，信息收集，表單填寫注意：能夠量化的內容一定要進行量化和細化，以便於督察
鋪貨拜訪步驟的規範	1.進店前的準備：整理服裝、儀容；檢查、更新、張貼店外海報 2.進店後開場白：在適當的位置、適當的時間與客戶交談 3.檢查貨架排面庫存：盤點貨架上存貨、倉庫存貨；檢查堆頭或特殊陳列區 4.理貨：使己方產品陳列在更好的位置；檢查並用先進先出原則調整客戶庫存；記錄即期品數量、貨齡；對未上貨庫存進行整理、封箱等 5.銷售補貨：根據產品庫存向客戶提出專業的訂單建議 6.促銷產品鋪貨：介紹企業本次促銷活動，並確定今日訂單 7.異議處理：對即期品向店主提出警示，對職權範圍內的客戶異議及時答覆 8.行政作業：張貼、懸掛POP、條幅；瞭解並記錄競爭產品促銷信息；最後道別出門
鋪貨週期的規範	鋪貨要想取得持續的好效果，就必須定期、定時、持續地鋪貨，絕不可三天打魚，兩天曬網。例如，對核心客戶，一個禮拜要鋪貨或巡訪一次；對重點客戶，10天左右鋪貨一次；普通客戶半月左右鋪貨一次等

4.為鋪貨造勢

造勢是終端行銷的核心，透過造勢可喚起目標消費者的好奇心，激發其從眾心理，活躍現場氣氛，從而使其產生購買衝動。

在企業進行鋪貨的過程中，鋪貨與廣告的關係問題是面臨的最現實問題，下面是鋪貨過程中常採用的幾種廣告策略。

①鋪貨先廣告而行

這種策略也都是很多行銷學理論中所強調的，首先完成鋪貨，在鋪貨之後 1～2 週，再開始做廣告。

這種策略的優勢是廣告投入風險相對來說較小，廣告費用相對減少；劣勢是難以開發有實力的經銷商，缺乏廣告的支援，企業鋪貨阻力大，容易造成市場「夾生飯」。

②廣告先鋪貨而行

這種策略的優勢是可以有效地消除潛在經銷商的顧慮，生產企業可以快速形成一個銷售網路；劣勢是如果鋪貨嚴重滯後，就會造成廣告浪費，導致看到廣告的消費者想買卻買不到，當消費者的購買衝動不能及時、迅速地轉化為現實購買，那麼消費者的熱情就會退卻。

③廣告與鋪貨攜手共進

這種策略的實施方法是廣告與鋪貨交叉、迭次進行，在效果上好於前兩種策略，也是許多行銷總監青睞的鋪貨廣告策略。

5.培訓

在對鋪貨人員培訓時，一方面要加強崗前、崗中培訓，增強終端鋪貨人員的責任感和成就感，使其大膽放手工作；另一方面，，必要時與終端鋪貨人員協同拜訪，並給予其理論和實踐上的指導，發現問題及時解決，不斷提高鋪貨人員的業務水準，以適應更高的工作要求。同時，這些做法可以增進對終端人員各方面工作情況的瞭解，提高培

訓計劃的有效性並增加團隊的穩定性。

6.制定鋪貨方案

在進行終端鋪貨前,還必須做一個詳細的鋪貨方案,這可以說是鋪貨順利與否的關鍵。

表 7-4　管道終端鋪貨方案格式範本

方案結構	方案要點
鋪貨的產品種類、規格、數量等	制定終端鋪貨方案時,一定要突出主鋪品種、次鋪品類,以便於動市場。第一次鋪貨最好鋪同一類型的品種
目標區域的推進計劃	這是指在終端鋪貨時,要確定先鋪城市還是先鋪農村;先鋪批發場還是先鋪終端零售市場。不管採用怎樣的鋪貨順序,一定要循漸進,主次分明。否則,鋪貨很容易失敗
鋪貨的詳細路線	確定詳細的鋪貨路線,可以節約時間,提高鋪貨效率
鋪貨的價格	在終端鋪貨的過程中,可以根據一次進貨量的多少分2～3個等級價差,以此來刺激終端進貨,尤其是批發市場的分銷商、大賣場連鎖店進貨。但如果是賒銷的話,就要儘量控制賒銷量
鋪貨的範圍及重點	根據經濟領域的二八原則,終端鋪貨應把重點放在賣場,除了做這一領域的工作外,還要廣種薄收,做好其他終端鋪貨,日用消品更是如此
制定目標區域整體市場和局部市場的鋪貨計劃和貨源的調度	其中貨源可考慮從經銷商倉庫調度或企業倉庫裝貨,或者兩者結合
促銷品的品種選擇與配備	詳細配備促銷品的品種、規格、數量以及促銷品配比率等。所謂銷品的配比率就是促銷品與產品數量的比例

貨款回收的形式及控制	在制定終端鋪貨方案時，必須確定貨款的回收形式、應收賬款的控制、管理及回收等。同時現款進貨與賒銷必須不同。對便利店和小型個體店必須堅持現款現貨，並給予一定的鋪貨獎勵。對於在啟動期確實難以鋪進的便利店，待市場啟動後，只要有利可圖，也應儘量鋪進去
鋪貨數量	第一次鋪貨數量不宜太大，待摸清月銷量後，再制定詳細的鋪貨量。對於現金拿貨，則可適當加大鋪貨量
鋪貨目標	鋪貨目標要量化，以便考核
鋪貨人員	對鋪貨人員應加強選拔、培訓、安排，以促進鋪貨成功

7.打動終端消費者

產品在鋪貨時，可以考慮先從消費者角度啟動，以消費者為杠杆撬動經銷商。企業只要贏得了消費者，經銷商對該產品就有了信心，就會主動要求經銷該產品，鋪貨的阻力就會大大降低。先啟動消費者，再鋪貨的策略，需要在消費者身上做足文章，千方百計地激發消費者的熱情。

鋪貨的標準化、流程化、規範化，可使鋪貨工作有章可循，有「法」可依，減少鋪貨差錯，從而達到鋪貨效果的最大化。

8.激發終端零售商的積極性

在產品鋪貨階段，經銷商投入了大量人力、物力、財力對終端市場進行開發。行銷總監應制定高效的激勵政策對終端零售商施以獎勵和控制，以激發經銷商鋪貨的積極性。

對終端進行獎勵，累計銷量折扣的方法被採用得較多。可根據所在企業的情況，設計短至 1～2 個月，長至一季或一年的統計週期，根

據該週期內經銷商發貨單，整理相應的累計銷量。行銷總監在確定某週期內累計折扣的起點及不同檔次時，應考慮淡旺季、市場成長度、其他同類商品銷量、本商品上週期銷量等因素，具體問題具體分析。

　　每個生產企業都有一套銷量折扣方案，不過這套方案主要是為各級經銷商、大型零售商設計的，門檻很高，小型零售商就是再努力也很難享受到這樣的銷量折扣。目前，很少有生產企業制定專門針對小型零售商的折扣政策。其實小型零售商的經營業績差別較大，它們當中也有一些在某些商品的銷售方面有著不俗的表現。應對小型零售商制定門檻適宜的銷量折扣政策，讓它們知道大量銷售有利可圖，從而激發其銷售某種商品的積極性。在具體的操作過程中，有的生產企業採用整箱的大包裝中附贈獎金、分值卡等形式，以刺激小型零售商以整箱為單位進貨。

9.二次鋪貨

　　一次鋪貨和終端促銷進行一段時間後，要及時進行二次鋪貨。二次鋪貨是整個終端鋪貨工作中必不可少的環節，也是經常被生產企業和經銷商所忽視的環節。二次鋪貨主要工作如下。

　　對已鋪貨的市場區域進行巡訪，瞭解一次鋪貨的終端銷售情況，做到及時補貨並做好相關激勵政策的落實。

　　檢查區域內的空白市場，對遺漏的終端查缺補漏，同時對未能進入第一次鋪貨的終端進行二次談判，爭取進入。

　　優化網路品質，清理淘汰那些積極性不高、陳列效果較差、違反價格政策以及出貨能力較差的終端。

五、針對經銷商的壓貨問題

促銷的方式有兩種，一種是拉動銷售(PULL)，一種是推動銷售(PUSH)。拉動銷售一般是通過廣告提升品牌形象後，讓消費者自動自發地點名購買產品。

採用拉動銷售的產品一般是大品牌，需要大資金大廣告才能產生拉動效應。而更多的產品通過推動來實現產品的銷售。推動銷售是從上往下一級一級地推。

例如，企業給予業務部銷售員壓力，銷售員將產品推給經銷商，給予經銷商壓力，經銷商不得不將產品推給更下層的商店或消費者。

沒有壓力就沒有推力，沒有推力就沒有銷售力，沒有銷售力就沒有銷量。所以，給予經銷商壓力就可能是提高銷量的有效途徑。壓貨是在銷售工作中最常遇到的一種銷售行為。

區域經理每月都有銷售計劃，銷售額是與銷售獎金掛鉤的，完成任務的高低直接影響到收入的高低。所以，銷售人員往往為了完成自己的銷售任務而給經銷商壓貨，尤其在月底最為明顯。

一般情況下，壓貨是要達成下列 4 種目的：完成任務、塞滿管道、增加壓力和清理庫存。

塞滿管道佔用管道的流動資金和倉庫，打壓競爭對手。當經銷商所銷售的產品中既有銷售人員廠家的產品，也有競爭對手的產品時，往往採用這一策略。當產品的銷售旺季到來時，如果經銷商只有 200 萬元的流動資金，當經銷商用 200 萬元購買了你的產品，他就沒有多餘資金購買競品的產品了。

而旺季剛開始銷售的產品直接影響到後續產品的銷售，企業給予

經銷商的返利等獎勵措施也與經銷商的銷量有關，銷量越大獲利就越多。所以旺季到來前的進貨直接關係到整個旺季產品的銷量。聰明的銷售人員大多設法在旺季到來之前，儘量多地佔用經銷商的資金和倉庫。

另一個原因是清理庫存，由於產品的保質期等因素，廠家需要及時處理積壓，否則將會給廠家造成一定的損失。所以，透過給經銷商分配一定額度的積壓產品，讓經銷商共同消化庫存，減輕廠家的庫存壓力。

如果是完成任務的壓貨，就需要把公司銷售計劃的完成情況與每個經銷商的銷售計劃的完成情況綜合起來進行分析，尋找出壓貨的產品、壓貨的經銷商和壓貨的理由。

如果是塞滿管道的壓貨，就需要在旺季前、月初進行，要比競爭者出手早，否則就壓不下去；同時，要通過利益的誘惑讓經銷商主動滿倉。

如果是增加壓力的壓貨，就需要用威脅手段，適用於大品牌企業，或者是經銷商重視的品牌，這樣的品牌壓貨經銷商才配合。

如果是清理庫存的壓貨，要與大力度的折扣結合起來，並且要限量供應，才能吸引經銷商參與。

六、向經銷商壓貨的方式

供貨廠商會通過下列方式向經銷商壓貨：

1. 利益驅動法

很多銷售員為了讓經銷商完成銷售指標，通常會給壓貨的經銷商申請一些政策或費用。這些政策和費用對於經銷商來說無疑就是一個

利益陷阱，忍不住往下跳。

2.壓力逼迫法

銷售員由於佔有廠家的有利地位，常常迫使經銷商接受壓貨的產品。例如，銷售人員可以以經銷商所簽訂的《產品經銷合約》中的某條款為依據，警告經銷商，如果不壓貨，完不成合約上既定的銷售任務，就會明年縮小其獨家銷售區域，甚至取消經銷商的資格，以此逼迫經銷商壓貨。

3.客情壓貨法

銷售人員由於手上有不少費用或政策可以給予經銷商，因此，經銷商和銷售人員都有不錯的客情關係。如果銷售人員要求經銷商壓一定數量的貨物，且壓貨壓力在經銷商可承受的範圍內，下級經銷商一般都會給予配合或幫助。

貨物壓下去了，銷售人員的銷售目的達到了，但是，這僅僅是做好銷售的開始——貨物放在下級經銷商的倉庫並不等於銷售，只有產品到達消費者手中才真正完成了銷售的過程。因此，如何幫助經銷商消化壓貨後的庫存，就成了銷售員的重要必修課。

經銷商雖然接受被壓的貨物，但其壓貨後的心態並不是一樣的。有的是為了賺取壓貨的優惠政策；有的囤貨居奇，是為了賺取高額利潤；有的財大氣粗，根本沒有把壓的這些貨物放在處理日程上；有的乾脆在等待，等待銷售人員想辦法來處理，完全是一種依靠的心態。

只有給經銷商施加壓力，經銷商能把產品賣出去，壓貨才有意義，經銷商才有資金下次進貨。區域經理用什麼方法最有效呢？資料分析法最有效，然後是要經銷商打消依靠念頭，最後才是提前知會促銷資訊。

業務員摸清經銷商的壓貨心態後，針對經銷商的心態，適當增加

經銷商的銷售壓力，就成了幫助經銷商解決壓貨之痛的第一步。

　　廠商業務員是產品銷售的一個環節，只有業務員有壓力，產品才能最終實現銷售。

　　每天考核業務員的出貨量，製作月累計銷售排行榜，並將排行榜知會給經銷商和業務員本人，給業務員造成巨大的壓力。

　　利用獎勵，給予考核合格的業務員現金和榮譽獎勵。

(1)資料分析法

　　如果經銷商財大氣粗，暫時還沒有感覺到壓貨對其資金和倉庫造成的壓力，銷售人員可以拿出壓貨的資料，與經銷商一起分析壓貨資金的利用率，如果這些錢投入銀行可以換取多少的利息，如果乘機把壓貨銷售出去可以換取多少利潤等分析給經銷商，讓經銷商有銷售緊迫感，立即投入消耗壓貨的行動中。

(2)提前知會促銷資訊

　　如果經銷商想囤貨居奇，賺取暴利，銷售人員可以告訴經銷商:「下個月，我們還會有更大的促銷，有更好的銷售政策出台，如果貨物不及時處理，可能會影響您以後的銷售。」以此刺激經銷商加快銷售節奏。

(3)打消依靠念頭

　　如果經銷商在等待供應商出政策，完全是依靠的心態的話，銷售人員就必須告訴經銷商未來不會有什麼政策出台，打消經銷商等待政策的念頭，並立即與經銷商一起制定分銷計劃，同時引導經銷商獨立自主地考慮這些問題，讓其自發自動地進行分銷活動。

(4)給經銷商的店員或販賣員施壓

　　做好經銷商的前期工作後，銷售人員需要對分銷的進程進行過程掌控。當地業務員有兩類：一類是廠家派給經銷商的駐地業務員，一

類是經銷商自己招聘的業務員。如何讓當地的販賣員或業務員既有熱情又有壓力地去推動銷售，成了需要思考的問題。

大多數情況下，激發經銷商販賣員的積極性，增加他們的銷售壓力是應該注重的環節。

因為經銷商的業務員的費用不由廠商支付，所以銷售人員只可以針對壓貨分銷應該給予經銷商業務員的獎勵和相關的考核方式做出建議，幫助經銷商做出合理的考核和獎勵方案，提升他們的積極性。如果經銷商所給予的動力不足，廠商也可以申請某些特殊額度費用專門給經銷商的販賣員。

七、應對大賣場的進場費

零售終端是廠家的產品與消費者直接面對面的場所，是產品從廠家到達消費者手中的最重要一環。因此零售終端對於企業成功快速鋪貨來說至關重要。零售市場擁有巨大的生意潛力，而大賣場是最重要的分銷管道。

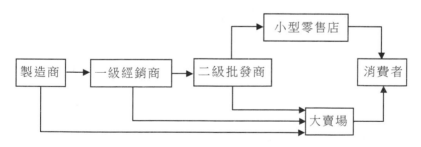

大賣場是企業建立品牌形象的有利場所，企業可以通過貨架、掛牌等銷售工具進行良好的店內形象展示，這不僅是一種強有力的宣傳，還是一種極有價值的促銷手段，對於建立品牌的知名度、增加產

品適用機會,有很大的益處。

1. 大賣場採購目的是「榨乾」

大賣場的費用有一些是無理的,有一些是可以想到的。大賣場之所以對待廠家,是因為大賣場面臨更多的選擇權,廠家處於弱勢的狀態,能夠選擇的就是如何面對。

業務員在跟大賣場談判的時候往往會遇到這樣的情況:大賣場採購見到你,一般會這樣說:你那個廠的?我現在只有 2 分鐘的時間,進店費是 2 萬元,能談的進來,不能談的就出去。事實上,大賣場採購不是不想讓你的產品進店,而且大賣場的費用也不是不能談。沒有任何一個大賣場採購不願意進新品的。大賣場採購之所以說這樣的話,是給你一個心理上的壓力,一個姿態,這是他們的「招牌菜」。

大賣場採購常常會跟企業說,你別跟我說多少錢了,我也不想難為你,我只是想要一個合理的價格。假設你是康師傅的代理商,他是家樂福的採購,那麼他會這樣跟你說:你給另外一個超市的條件我都知道,你必須給我們一樣的優惠條件。現在大家都是互相通氣的,我很清楚你給別人的是什麼價錢,現在就是看你的態度,讓我們說出來就沒意思了,需要你們自己「主動交待」。

當大賣場採購說這些話時,是不是真的像他所言,只想要一個合理的價格?只想跟別的大賣場一樣?不是。其實他並不知道你的最低價是多少。他的目的只有兩個字:榨乾!所以一見到大賣場採購,就表示我有可能被榨乾了。

2. 商品進入大賣場的費用障礙

以大賣場而言,超市對供應商來說非常重要,但進入超市的門檻越來越高,超市進場費居高不下,供應商往往被超市名目繁多的「進場費」、「促銷費」和「堆頭費」等弄得望洋興嘆。超市具體有什麼費

用？不說不知道，一說嚇一跳。

(1)進場費

進店有開戶費，也稱進場費或進店費，是供應商的產品進入超市前一次性支付給超市或在今後的銷售貨款中由超市扣除的費用。隨著市場競爭的日趨激烈，產品進入超市的門檻也越來越高，尤其是大賣場，由於其規模較大、影響力較強，對新品種(新產品)都要收取進場費用，並且收取的費用越來越高。

假如你選了一個經銷商，代理了幾個超市的銷售，那這個經銷商可別輕易換。因為一旦換了，就有了過戶費，也可能要重交開戶費。超市說，「合約我是跟這家經銷商簽的，你換了另外一個經銷商，在我們的超市裏你就要加過戶費。」如果這家經銷商沒有跟這家超市打過交道，就要加開戶費了。

(2)費用

進了門之後，費用就更多了：解碼費、諮詢服務費、無條件扣款、配貨費、人員管理費、服裝押金、工卡費、押金、場地費、海報書寫費等。這些是有名目的，還有臨時的，例如有些超市一看上半年的利潤指標完成不了，就說要裝修，這一裝修就出來裝修費了。還有店慶費，有的超市一年居然能收兩次店慶費。

(3)罰款

動不動就罰款是超市的拿手好戲。現在超市是上帝，超市對經銷商和生產商都是管理者的姿態。如果沒有跟超市打過交道的人，任你再聰明，也想不出那麼多的罰款理由。條碼重合、產品品質有問題、斷貨、斷促銷品、價格經過調查不是本市的最低價格、促銷人員沒有穿工服、促銷人員違反超市規定等，算下來有 30 多個理由。有了理由就有了處罰手段：單方面停款、單方面扣款、單方面促銷、降台面、

下架、鎖碼、解碼、真返場、假返場、清場，等等。

(4)合約

超市合約也有陷阱。例如超市報含稅價和未稅價，一般超市報的都是含稅價。突然讓報未稅價是什麼道理？9角錢一包的麵，未稅價是7角多。但是到超市之後，他是四捨五不入，一個速食麵企業在超市裏產品銷量不是小數目，這個四捨五不入加起來就相當屬害了。超市還會收一個鋪底費，一般是10萬元錢。鋪底是什麼意思？其實不是鋪底，實質上就是進店費。為什麼這麼說？我們想想，這個鋪底費什麼時候能要回來？只有等你退店的時候才能要回來，但是退店的時候超市會找出各種各樣的理由扣你的款。所以其實鋪底費就是進店費的變相增加。還有結賬期，超市一般會說30天賬期，但其實一般都要等到60天到90天，如果括弧裏註明按遞票期計算30天，那就更壞了，可能要到90天之外了。

A是某食品企業的銷售經理，負責開拓新市場，A經理一直在與這些大賣場談判，卻總是沒能談進去，因為大賣場有很多讓供應商難以接受的進場費用和苛刻條件，簽進場合約就像是簽「賣身契」。

某知名大賣場報給A經理的進店收費標準為：

1.諮詢服務費：2014年是全年含稅進貨金額的1%，分別於6月、9月和12月份結賬時扣除；

2.無條件扣款：第一年扣掉貨款數的4.5%，第二年扣掉貨款數的2.4%；

3.無條件折扣：全年含稅進貨全額的3.5%，每月從貨款中扣除；

4.有條件折扣：全年含稅總進貨額370萬元時，扣全年含稅進貨金額的0.5%；全年含稅進貨金額100萬元時，扣全年含稅進貨金額的1%；

5. 配貨費：每店提取 3%；

6. 進場費：每店收 15 萬元，新品交付時繳納；

7. 條碼費：每個品種收費 1000 元；

8. 新品上櫃費：每店收取 1500 元；和聖誕共 5 次；

9. 節慶費：1000 元/店次，分元旦、春節、勞工節、中秋節；

10. 店慶費：1500 元/店次，分國際店慶、中華店慶兩次；

11. 商場海報費：2500 元/店次，每年至少一次；

12. 商場促銷堆頭費：1500 元/店次，每年三次；

13. 全國推薦產品服務費：含稅進貨金額的 1%，每月賬扣；

14. 老店翻新費：7500 元/店，由店鋪所在地供應商承擔；

15. 新店開辦費：2 萬元/店，由新開店鋪所在地供應商承擔；

16. 違約金：各店只能按合約規定銷售 1 個產品，合約外增加或調換一個單品，終止合約並罰款 5000 元。

以上所列金額全部都是無稅賬，供應商還需要替大賣場為這些費用繳納增值稅。

3. 如何應對大賣場進場費

面對越來越高的大賣場門檻，供貨廠商該如何應對大賣場進場費呢？

(1) 捆綁進場

大賣場對新供應商一般都要收取開戶費，例如開戶費為 8 萬元，因為開戶費是按戶頭來收的，你進一個品種要收這麼多錢，進 10 個品種也是收這麼多錢，對於供應商來說，進場的品種越多則分攤到每個品種的開戶費就越少。

有些企業如果是自己直接進場，面對高昂的開戶費就很不划算，可以找一個已經在大賣場開了戶的經銷商「捆綁」進場，這樣就至少

可以免掉開戶費，還可以免掉節慶費、店慶費和返點等固定費用。經銷商也很願意，畢竟又多了一個產品來分擔各種費用。

(2)將大賣場提升為經銷商

在進入大賣場有困難時，如果考慮將大賣場提升為經銷商，供應商往往不用交高額的進場費和終端其他費用。因為供應商給其享受各種優惠政策，包括最優惠的價格，最大的促銷支持等，連鎖超市做該區域的經銷商後，會用心去經營該產品，優先推廣該產品，迅速將產品輻射到各分店所在的區域，這樣就實現了供應商和連鎖超市的「雙贏」。

(3)供應商聯合

尋找多個廠家或同其他供應商聯合，通過加入當地的工商聯合會進場。這樣既可減少進場費用，又可減少進場的阻力。如酒類廠家可以和當地零售協會、酒類專賣局成立相關聯盟組織，解決酒類廠家與超市的衝突，維護供應商的利益。

(4)用產品抵進場費

供應商在和超市談判進場時，要儘量採取用產品抵進場費的方法，不僅變相降低了進場費用(產品有毛利)，而且也減少了現金的支出。

用終端支援來減免進場費。供應商和超市談判，可以提出用終端支援來減免進場費。常見的供應商宣傳支持有：買斷超市相關的設施和設備，如製作店招、營業員服裝、貨架、顧客存包櫃和顧客休息桌椅等(這些物品上可印上供應商的廣告)。

儘量支付能直接帶來銷量增長的費用。首先要區分清楚那些是能直接帶來銷量增長的費用，那些不是。

能直接帶來銷售增長的費用：堆頭費、DM 費、促銷費和售點廣告

發佈費等；

　　不能直接帶來銷量增長的費用：進場費、節慶費、店慶費、開業贊助費、物損費和條碼費等。

　　不能直接帶來銷量增長的費用，幾乎不會產生什麼效果。對供應商來說，買更多的堆頭陳列、買更多售點廣告位、安排進入更多促銷導購員和開展特價促銷，都能帶來明顯的銷售增長。

　　供應商在談判時，儘量支付能直接帶來銷量增長的費用，減少支付不能直接帶來銷量增長的費用。

(5)採用公關策略

　　供應商可以採用公關策略，以獲得進場費的最大優惠。超市採購產品時雖然對產品有業績考核指標，但產品能否進場還是和供應商的客情關係有一定的關聯。所以，廠家應整合客情關係資源，與超市採購人員多交流溝通，例如舉辦一些聯誼活動，培養和採購之間的感情。建立了良好的客情關係後，採購在收取供應商的進場費等各項費用方面往往會調低一些。

心得欄 ------------------------------

第 **8** 章

經銷商的銷售管理

案 例

製造廠商與經銷商捆綁在同一船上

　　近年來，不少生產廠商為產品銷售找不到顧客而發愁。可是，天脊集團卻連續多年保持產銷兩旺、產多少就能銷多少的局面，而且回款率達到 100%。其奧秘是什麼呢？除了產品適銷對路、物美價廉之外，還有一個重要的因素，就是天脊建立了一個穩定的、高效率運轉的分銷網路。

　　以前天脊集團生產的高效氮磷複合肥——硝酸磷肥，主要靠農資公司統購統銷，自銷量很小。隨著經濟發展，分銷公司統購統銷能力減弱，天脊集團不得不自行開拓新分銷管道，於是提出和實施了「用好舊管道、廣開新管道」的策略。天脊努力保證向中農和省

農公司供肥，以先款後貨條件，最大限度地發揮統購的作用；另一方面，天脊著眼於自銷管道建設，將集團公司的銷售處分解，裂變出幾十個銷售單位，先後在廣大地區設立 4 家辦事處、23 家聯合銷售處和 10 家總代理，初步形成了穩固的自銷網路，自銷量佔的比重也從 10% 擴大到 65% 以上，新管道實際上成了主管道。由於天脊集團動手早、行動快，掌握了開發市場的主動權，因此，在化肥市場嚴重疲軟的不利形勢下，天脊集團仍能產銷兩旺、高速發展。

天脊集團根據客戶的顧客範圍及最終顧客分佈範圍選擇分銷管道的長度，對遙遠地區的顧客以及新開發市場的顧客，採用長管道分銷；對鄰近地區顧客和已熟悉的老市場，採用短管道分銷，增加了開拓市場和加強市場滲透的力度。在具體操作上，天脊集團實行長管道與代理制相結合，不讓新中間商承擔風險，同時減輕其負擔。這樣樹立了公司形象，對於打開新市場有很大的幫助。對短管道，則以聯銷制為主，由公司派人與聯銷單位共同進行市場開發、廣告宣傳以及售前、售中、售後服務，既增加了銷售量，又加快了貨款回收。天脊集團又把分銷網路向直銷店、基層社延伸，向農民用戶直銷，並試辦了幾個專營天脊化肥的股份公司。

為增強中間商經營天脊產品的信心，同時也是為了有效地進行市場開拓和市場滲透，天脊集團首先抓住企業和產品形象建設，擴大企業知名度，提高產品影響力。天脊不僅重視保證產品品質，而且重視產品宣傳。在老市場重點宣傳天脊牌硝酸磷不僅做底肥，而且做追肥效果也同樣好，既適用於小麥、穀子等，也適用於棉花、水果、蔬菜、煙葉等多種作物增產增值；除了大力宣傳科學用肥知識之外，天脊還宣傳企業在生產技術、品質管制、新產品開發等方面的成就和進步，使品牌形象深入人心。在新市場，天脊則大力介

紹企業規模、在國內外同行業中的地位以及目前生產經營狀況等，突出宣傳產品主要性能、適用範圍和施用方法。與此同時，天脊集團加強了分銷全過程服務管理。售前側重提供信息服務；售中主要是全天候供貨，送貨到田間地頭；售後還繼續瞭解用戶施用化肥的情況，對存在的問題及時研究和妥善解決。通過宣傳和強化服務，加深了用戶對企業和產品的瞭解和信任，讓許多經銷商、代銷商增強了分銷天脊產品的積極性。

好產品還要有好分銷管道來銷售。如何把經銷商的主動性、積極性發揮出來，天脊公司意識到，工廠與中間商的關係不是簡單的買賣關係，而應當是共同利益聯結的、受合約約束、互惠互利、共同發展的夥伴關係。為此，採取了一系列靈活的政策策略，用利益的紐帶把中間商與企業捆綁在同一戰船。包括以下四點：

1.聯銷優惠

天脊公司實行先款後貨、價格優惠的政策，要求縣級聯銷處每月現款接貨量不小於 600 噸，地級聯銷處不少於 900 噸。在此前提下，結算時每噸在出廠價基礎上優惠 400 元。不能完成接貨量，價格不予優惠，連續兩個月完不成，則取消聯銷資格。這一策略對聯銷單位既是壓力，也是動力，促使他們努力擴大市場佔有率並保證貨款回收。

2.抵押儲存

這是異地儲存的一種方式，即中間商按存貨的價值(或部份)交給工廠作抵押，工廠付其利息(利率雙方協商)，並承擔儲存期間所發生的一切費用。貨入庫以後，由中間商按廠商定價進行代銷或一次性買斷。代銷費雙方協商並根據代銷量返還。這是為滿足地區間、季節間市場調節需求，降低雙方風險，激發雙方積極性，同時減輕

工廠庫存壓力和降低資金佔用。

3.四保承諾

一是保質承諾：用戶按照工廠提供的方法施用化肥，若因產品品質問題造成損失，工廠負責賠償。二是保價承諾：因市場變化，工廠出廠價下調時，對各聯銷處、總代理、辦事處的庫存進行盤點並變價，按降價後的價格對庫存重新結算。三是保值承諾：實行淡季差價銷售，工廠出廠價以 11 月份為基準，往後平均每月至少上漲 100 元，到來年 9 月，一個銷售年度若月均漲價不到 100 元，差多少，工廠給經銷商退多少，從而保證經銷商所購的貨不貶值。四是保利承諾：如果各聯銷處按照工廠的銷售政策和要求經銷硝酸磷造成了虧損，虧多少，工廠補多少，不讓經銷商賠錢。每年銷售年度結束時，工廠抽專門人員對各個聯銷單位進行全面清算。1997 年某聯銷單位因自身失誤造成虧損，工廠考慮到這個單位淡季積極回款的貢獻，還是一次性補虧 200 萬元。對一些經銷硝酸磷盈利較薄的單位，工廠本著「讓利不讓市場」的原則，一次性補給 700 萬元。

通過努力，天脊集團既贏得了農民用戶的購買，擴大了市場，又贏得了中間商的分銷合作，讓硝酸磷產品的分銷管道網路充分覆蓋市場。如果把前者比作耕種，則後者就是收穫。兩者同時具備，好比種豆得豆，有始有終。因此，天脊進入良性發展軌道。

工作重點

一、對經銷商的銷售狀況進行管理

(一)銷售額統計的兩種情況

1. 每月銷售額較為均衡

分析月的銷售額，如果月銷售額較為均衡，則這種銷售屬於健康的銷售，是通過終端實現的銷售，說明該經銷商的銷售網站較為成熟，終端的精耕細作比較成功。

2. 月銷售額波動較大

如果某經銷商的月銷售額有較大的波動，這就說明該經銷商的銷售網路並不健全，可能由以下原因所致：

(1)通過竄貨實現的銷售。通過竄貨，可以提高銷售額。由於竄貨並不屬於銷售的正常管道，所反映出來的銷售數據自然就不會穩定，經常上下波動。

(2)通過當地流通市場實現的銷售。由於沒有掌控終端，只能通過當地流通市場實現銷售。而流通市場對於銷售價格很敏感。凡是有促銷的時候，或是有利可圖的時候，批發商就會積極銷售流通性強的產品，而如果沒有促銷活動，批發商無利可圖的時候，批發商就不會積極地推薦產品，導致經銷商的銷售上下波動。

(二)銷售不均衡的應對方法

1. 協助經銷商建立終端網路

經銷商的月銷售不穩定，其中一個原因是終端網路不健全。銷售人員應與經銷商溝通，促使其能迅速轉變經營觀念，大力打造終端網路，同時，還應申請給予經銷商建立網路的支援，如鋪貨支援、建立網路特別計劃等。

2. 更換經銷商

靠竄貨來實現銷售的經銷商，多為一些觀念比較陳舊、年齡較大、從商時間較長的經銷商。他們既缺乏終端建設的能力，又缺乏新的營銷思路，整天沉浸在對早期輕鬆賺取豐厚利潤的回味當中。所以，應在綜合考慮之後。經上司批准，更換經銷商。

2007 年，某公司在 P 市有一經銷商。該經銷商與該公司合作已有十多年的歷史，其忠誠度高，與公司老闆關係良好。隨著市場的變化，公司為了制止銷售下滑的勢頭，決定採用管道下沉的方法，精耕細作。原有經銷商的區域自然劃小了。P 市的經銷商原來負責整個 P 市地區，偶爾竄貨到整個 H 市地區，公司總是睜一隻眼閉一隻眼。管道下沉以後，該經銷商的區域調整為 P 市，其他地區和縣城均新招了經銷商。但是，該經銷商還是習慣性的依靠批發商銷售，2007 年的銷售額如表8-1 所示：

表 8-1　××經銷商 2007 年月銷售統計

單位：萬元

月份	1月	2月	3月	4月	5月	6月	7月	8月	9月	10月	11月	12月
月銷售額	24	17	12	18	10	16	5	17	1	18	31	17

從以上銷售數據可以看出，該經銷商月銷售額最高時為 24 萬元，最低時為 1 萬元。銷售人員多次與該經銷商溝通，希望其能改變營銷觀念，放棄大流通市場，精耕細作，但效果甚微。最後，負責該經銷商的銷售人員經與公司銷售部主管討論，決定放棄該經銷商，更換新經銷商。

2008 年 2 月，新的經銷商正式運作。截止到 8 月份，該新經銷商的銷售非常穩定，終端網路也很健全。過去，附近市縣的經銷商深受竄貨之苦，現在，一次投訴也沒有了。

(三)銷售額增長率

1. 公式

銷售額增長率＝[(本期銷售量－前期銷售量)÷前期銷售量]×100%

2. 說明

(1)與上月比較，說明當月的銷售增長情況。如下表所示。

表 8-2　××經銷商 2009 年與上月比較銷售增長率

	1 月	2 月	3 月	4 月	5 月	6 月	7 月	8 月	9 月	10 月	11 月	12 月
月銷售額												
月增長率												

如某經銷商在 2008 年 9 月完成銷售額 100 萬元，2009 年 10 月完成銷售額 120 萬元，則：

與上月比較的銷售額增長率＝(120-100)÷100×100%＝20%

(2)與去年同期比較，說明今年同期的銷售增長情況。如表 8-3。

表 8-3　××經銷商 2009 年與上年週期比較銷售增長率

	1 月	2 月	3 月	4 月	5 月	6 月	7 月	8 月	9 月	10 月	11 月	12 月
去年銷售												
今年銷售												
月增長率												

　　如某經銷商在 2008 年 9 月完成銷售額 80 萬元，2009 年 9 月完成銷售額 120 萬元，則：

　　　　與去年同期比較的銷售額增長率＝(120-80)÷80×100%＝50%

　　經銷商的銷售額增長率為正數，說明經銷商的銷量在增長；為負數，說明經銷商的銷量在下降。銷售人員應結合市場增長狀況、本公司商品的平均增長等情況來進行綜合分析、比較。如果某經銷商的銷售額在增長，但市場佔有率不升反降的話，那麼就可以斷言，該經銷商屬於竄貨大王。銷售人員應加強對該經銷商的管理。

3. 考核方法

　　考核銷售額增長率必須與獎勵掛鉤。例如，可以規定，當經銷商的銷售額與上期(去年同期)比增長率達到 5%以上時，就給予其增長銷售額 3%的獎勵。作為銷售人員，如果不能以獎勵作為給予經銷商的獎勵，也可以採取靈活的措施，如當經銷商的銷售額與上期比增長率超過 5%以上時，就給予促銷支持一次，或給予人員支持，或給予促銷贈品等，以鼓勵經銷商不斷提高銷售額。

　　但是，這種方法有個可以被經銷商鑽空子的地方，即上月完成較少，將銷量集中在本月，以獲取獎勵。魔高一尺，道高一丈。我們可

以採取很多辦法加以限制，如規定獲獎的前提條件是上月必須完成月銷售計劃。如果將銷售額與去年同期比，這種情況就好一點。如果去年同期沒有數據，則只能採取與上月比較的方式。

(四)經銷商出貨量統計

廠商考核經銷商的指標一般都是經銷商的進貨量，但這樣容易造成經銷商壓貨。在這種情況下，貨只是從生產商的倉庫移到經銷商的倉庫裏。如果銷售不暢，造成產品積壓，這些產品最終可能因超過經銷商的銷售能力或過期而被退給公司。這種情況對於考核銷售人員只考核銷售指標而不考核回款指標的公司尤為嚴重。最後會有大量的經銷商的積壓產品退回公司，使公司遭受巨大的損失。因而單純以進貨指標來考核經銷商是不合理的事情，不能準確反映經銷商的業績水準，而以經銷商的出貨量為考核指標更符合實際情況。出貨量是經銷商直接從自己的倉庫出貨給顧客和零售商的數量。

銷售人員通過分析經銷商的出貨量情況，參考其銷售額，可以很清楚地瞭解其庫存情況、銷售情況。如果發現其進貨多，出貨少，則其庫存增加，這時應儘快與之溝通，消化庫存。

某經銷商 2009 年 1 月至 8 月出貨和銷售額情況如表 8-4 所示：

表 8-4 ××經銷商 2009 年出貨量統計

	1 月	2 月	3 月	4 月	5 月	6 月	7 月	8 月
銷售額	20	15	18	22	25	15	16	20
出貨量	15	15	15	10	31	20	18	12
差 額	5	0	3	12	12	-5	-2	8
累計差額	5	5	8	20	32	27	25	33

說明:「差額」=「銷售額-出貨量」,「差額累計」=「本月差額+上月累計」。

從上表的數據可以得知，該經銷商平均每月進貨額為 18.25 萬元，平均每月出貨量為 14.75 萬元。正常情況下，該經銷商的庫存應保持一個銷售週期銷量的 1.5 倍左右。如果該經銷商每月進貨一次，則該經銷商的最高庫存量為：

$$14.75 \times 1.5 = 22.125 \text{ 萬元}$$

從上表可以看出，累計到 8 月份，該經銷商的庫存已達到 33 萬元，大大超過合理庫存量 22.125 萬元。針對這種情況，銷售人員應與經銷商溝通，協助經銷商消化庫存的壓力，使之達到合理的庫存水準。否則，將會造成庫存積壓過多，積壓流動資金。更有甚者，有的經銷商為了儘快消化庫存，就會採用低價拋貨的方式，擾亂市場，最終導致市場價格紊亂。

(五)經銷商完成銷售

經銷商完成銷售計劃比率是考核經銷商完成銷售計劃情況的指標。其公式為：

經銷商完成銷售計劃比率＝(實際完成銷售額＋銷售計劃)×100%

大部份企業在制定經銷商獎勵政策時，都把獎勵與完成銷售計劃的比率聯繫在一起。例如：完成月銷售計劃 75%以上，獎勵 3%；完成月銷售計劃 100%以上，獎勵 5%；完成月銷售計劃 120%以上，獎勵 7%。完成銷售計劃比率越高，獎勵越大。無論是完成月銷售計劃比率還是完成年銷售計劃比率，經銷商的利益多少都與完成銷售計劃比率的高低息息相關。所以，作為銷售人員應及時掌握經銷商完成銷售計劃的情況，使其盡可能取得最大的利益。

經銷商完成銷售計劃比率的高低不僅與經銷商的利益息息相關，還與銷售人員的利益息息相關。大部份企業銷售人員的銷售獎金都與

銷售人員完成的銷售計劃比率掛鈎,而銷售人員完成銷售計劃的比率高低又與經銷商完成銷售計劃比率的高低息息相關。例如某企業規定:銷售人員所管理的經銷商團隊完成銷售計劃比率低於 75%,則該銷售人員只能拿到其基本薪資的 80%;如完成銷售計劃比率在 75%和 90%之間,則可以全額拿到其基本薪資;如完成銷售計劃比率超過 90%,則可以根據超過銷售計劃百分比的多少,分段獲得銷售獎金。

所以,經銷商完成銷售計劃比率不僅對經銷商,而且對銷售人員都很重要,必須多加關注。

一般來說,在實際工作過程中,經銷商完成銷售計劃比率會出現以下三種情況。

1. 平均每月完成銷售計劃比率過高或過低

如果經銷商每月完成銷售計劃都可以達到 150%,則說明該經銷商完成銷售計劃比率過高;如果經銷商每月完成銷售計劃都低於 60%,則說明該經銷商完成銷售計劃比率過低。顯然,這種兩者情況都屬於銷售計劃制定不合理。

(1)出現這兩種情況的弊端

如果出現經銷商每月完成銷售計劃過高的情況,就會影響其他經銷商和其他銷售人員的積極性,並且使他們對銷售計劃制定的公平性產生質疑。同時,對於該經銷商和負責該經銷商的銷售人員來說,由於月月都超額完成了銷售計劃,就會缺乏進一步開拓市場的壓力。從整體來說,這種情況不利於公司產品在當地的發展。

如果出現經銷商每月完成銷售計劃過低的情況,同樣會影響該經銷商和該銷售人員的積極性,並且同樣會對銷售計劃制定的公平性產生質疑,從而放棄對完成銷售計劃所作的各種努力。

某企業準備對 H 市區域進行重新調整,將原 H 市由一個區域分解

為三個區域，並確定了三個地區經理。銷售計劃也進行了重新調整。在調整的過程中，經銷商也進行了調整。通過近 4 個月的運作後，企業發現 H 市的三個區域中，有兩個區域每個月都可以完成銷售計劃，而有一個地區始終只能完成銷售計劃的 60%左右。於是，不僅銷售人員，而且該區域經理也開始懷疑計劃的公平性，銷售團隊積極性受到很大的打擊。最後，因每個月都要被扣薪資，該團隊五名銷售人員中有兩名離開了公司。

(2)出現這兩種情況的主要原因

①新開發的市場。如 H 市老牌飲料，一直以來，其市場主要集中在 H 市。為擴大市場，公司決定將產品推向更大地區。於是需要開發新市場，招聘新的經銷商。由於該產品在新區域沒有可以參考的歷史記錄，只能根據區域人口數量等標準確定經銷商的銷售計劃。而新產品的推薦又受各種因素的影響，如經銷商的網路情況，經銷商推薦新品的能力，該區域的消費習慣，廣告對該區域的影響等，所以，很容易出現經銷商完成銷售計劃比率過高或過低的情況。

②重新確定區域大小。隨著管道的進一步下沉，經銷商的隊伍會逐漸擴大，原有經銷商的區域會隨之縮小。

某企業原有 21 個經銷商，分佈在 21 個地區。每個經銷商的區域為一個地區。後來，由於企業開展管道下沉，新招聘了 43 個經銷商。原劃分為 21 個區域，現在需要重新劃分，分為 64 個區域，使每個新老經銷商都要有一個新的區域。同樣，這些區域也沒有可以參考的歷史資料，只能參考原有地區的銷售數據來分配經銷商的銷售計劃。而新經銷商的情況參差不齊，從而導致經銷商完成銷售計劃比率過高或過低的情況出現。

該公司在 B 市原有兩家經銷商，兩家經銷商全年銷售合計為 500

萬元。由於兩家管道重疊，經常出現投訴現象。為解決矛盾，公司採用獨家經銷的方式，並通過招標確定了其中的一家經銷商，年銷售計劃為 800 萬元。在採用獨家經銷商以後，該經銷商積極性大增，月月超過銷售計劃 50%，最後全年完成銷售 1300 萬元。

③更換新的經銷商。由於多種原因，需要更換經銷商。而企業在更換經銷商時，往往不會對銷售計劃進行調整（個別情況除外），造成新的經銷商完成銷售計劃過高或過低。

(3)銷售人員的對策

出現以上這兩種情況，銷售人員應向公司反映，建議公司重新評估完成銷售計劃過高或過低的經銷商的銷售計劃，並適時對銷售計劃進行調整。如果公司銷售經理或銷售總監不主動對銷售計劃進行調整，則作為直接管理經銷商的銷售人員，應採取相應的對策：

①對於月月超過銷售計劃過多的經銷商，應將其注意力轉移到做好市場的基本工作上，為明年可能大幅度提高銷售計劃做好前期準備。一般情況下，今年完成銷售計劃好的區域，明年的銷售計劃就會制定的高一些。

②對於完成銷售計劃過低的經銷商，首先要對經銷商的能力、網路進行再次評估。如果屬於經銷商的問題，則要更換經銷商。如果屬於市場的問題，則將其注意力轉移到做好市場的基本工作上，明年的銷售計劃可能更加符合市場的實際情況。銷售人員應為明年獲取獎金，經銷商應為明年獲取更大的獎勵做好準備。

2.完成銷售計劃比率波動過大

這種情況經常出現在無法直接掌控終端的經銷商身上。如果屬於消費品企業的經銷商，則這種類型的經銷商主要是通過批發市場來完成銷售計劃，自己不願意或沒有能力或沒有資金直接掌控終端市場，

屬於應淘汰的經銷商。

　　某企業在 K 市的經銷商從 2008 年 1 月至 10 月完成銷售計劃比率的情況如表 8-5 所示，該經銷商完成約銷售計劃比率最低為 7%，最高為 167%，上下波動幅度大，屬於典型的問題經銷商。

表 8-5　××經銷商 2008 年完成月銷售計劃比率

	1 月	2 月	3 月	4 月	5 月	6 月	7 月	8 月	9 月	10 月
月 計 劃	20	15	25	20	15	15	10	15	15	20
月銷售額	24	17	12	25	5	16	5	25	1	18
完成比率	120%	113%	48%	125%	33%	107%	33%	167%	7%	90%

　　銷售人員的對策：

　　(1)協助經銷商建立終端網路。銷售人員應協助經銷商直接掌控 KA 大賣場，同時，通過鋪貨等方式建立中小零售網路。但這種方式需要銷售人員通過向企業申請支持政策才能進行，如鋪貨的促銷贈品、鋪貨車輛的費用、鋪貨的人工費用等。而且，如果沒有後期的維護，效果也不會很理想。

　　2007 年 8 月，為了幫助 A 市的經銷商拓展 A 市各鄉鎮終端管道，負責該經銷商的銷售人員向企業申請了一個月的車銷計劃，花費了價值 3 萬元的贈品，補貼了車銷所發生的各種費用上萬餘元。但在接下來的 6 個月時間內，該經銷商的銷售額與 2006 年同期比較，不但未增加反而有所下降。同時，由於該經銷商沒有對所開發的零售終端網路進行維護，原來的鋪貨活動基本上沒有任何意義。

　　(2)更換經銷商。對於觀念老化而導致完成銷售計劃比率波動過大的經銷商，要堅決予以更換。

　　(3)縮小銷售區域。在不能更換經銷商的情況下，可以縮小其銷售

區域。對於區域縮小的經銷商，為其減少銷售計劃。通過區域調整、經銷商的增加來減輕因銷售計劃波動過大對銷售人員帶來的負面影響。

3.不關心完成銷售比率

(1)當出現以下情況的時候，經銷商不會關注自己完成銷售計劃的比率情況

①廠商對經銷商的獎勵總額過低的時候。為什麼說是獎勵總額呢？獎勵總額等於銷售額乘以獎勵比率。第一種情況是經銷商完成銷售額很高，如 20 萬元，但獎勵比率過低，如只有 0.5%。在這種情況下，獎勵總額只有 1 萬元，而該產品在當地的分銷費用都需要 1 萬多元。總體而言，獎勵總額過低。第二種情況是經銷商的銷售額很低，但獎勵比率較高。如經銷商的月銷售額為 2000 元，月獎勵達到 5%，則月獎勵總額也只有 100 元。即使銷售該產品不需要運輸費用，其獎勵總額也過低。

②獎勵只與銷售額有關的時候。有些廠商由於不好預估經銷商的銷售額，無法制定較為合理的經銷商銷售計劃，如新產品、新經銷商、新的區域的銷售計劃，或工業品的銷售計劃，則直接採用根據銷售額來計算獎勵的方式。

③獎勵雖然與完成銷售計劃比率的多少有關，但區別不大。例如：完成銷售計劃比率在 75%以下，獎勵 1.8%；完成銷售計劃 75%～100%，獎勵 2.0%；完成銷售計劃 100%以上，獎勵 2.2%。

④銷售計劃制定得不太合理的時候。在這種情況下，無論如何都無法完成獲得較高獎勵所需要完成的銷售比率。如在正常情況下獎勵3%，而當完成銷售計劃比率達到或超過 120%的時候，獎勵為 6%，但無論如何只能完成銷售計劃的 90%。

⑤新經銷商沒有銷售經驗的時候。有些經銷商剛入道，沒有銷售經驗，對行業不太熟悉。

⑥該產品佔經銷商所經營的全部產品的佔有率很小的時候。例如，某經銷商年銷售 8000 萬元，而該產品的年銷售只有 50 萬元。

⑦經銷商準備放棄該產品的經銷權的時候。

(2)銷售人員的對策

無論經銷商是出於何種原因，作為銷售人員，都應該引導經銷商關注完成銷售計劃的比率情況。因為，這樣做有以下好處：

①可以讓經銷商獲取更多的利益，雖然有時獲得的利益並不明顯。

②可以獲得經銷商的尊重。

③可以成為讓經銷商進貨的理由。

④可以協助你完成銷售計劃，獲取更多的銷售獎金。

⑤可以獲得你的直屬上司的讚賞。

⑥用數據說話，更有說服力。

(六)全品項進貨率

對於產品推廣能力較差的經銷商來說，他們主要銷售的是暢銷產品，而對新產品、不暢銷產品沒有興趣，也無力銷售。因而，全品項進貨率是考核經銷商銷售能力的一項重要指標。對於品種較多的廠商，提高經銷商的全品項進貨率是提高銷量的重要方法。

全品項進貨率＝(進貨種類數量÷廠商全部產品種類數量)×100%

1. 全品項進貨率說明

全品項進貨率是個相對的概念，並不是越高越好。必須根據實際情況，決定產品的銷售品種數量。

(1) KA 終端大賣場的全品項進貨率

對於 KA 終端大賣場來說，為加強賣場的管理，提高賣場貨架的單位面積的產出率，賣場管理人員會定期(如每月 1 次，或 3 個月 1 次)對所有品種進行調整，對在銷售排行榜中排在後面的品種會毫不猶豫地予以淘汰。所以，產品進入這些賣場，是風險和利益共存。只有那些可以保持一定銷量的暢銷產品，才能進入 KA 大賣場正常銷售。而對於輔銷產品、新產品或其他不暢銷的產品，強行進入賣場銷售將會存在極大的風險，不僅會失去進場所支付的各種費用如進場費、條碼費，還會產生在搬運過程中的產品破損，甚至會導致產品的積壓。所以，終端的全品項進貨率並不是越高越好。

(2)小型終端管道的全品項進貨率

由於小型終端管道的零售商大多為現款現貨，所以，全品項進貨率是越高越好，不會導致經銷商資金的積壓。另外，在這些管道，負責推銷的是那些零售店店主。既然他們花錢進了貨，他們就會有推銷產品的壓力。同時，由於那些非暢銷產品擁有豐厚的利潤，他們也會有積極推銷的動力。

(3)流通管道全品項進貨率

流通管道的特徵和小型零售管道類似，只是銷售量大小不同而已。所以，考核流通管道的全品項進貨率，同樣是越高越好。實際上，許多批發市場的批發商，都是推銷非暢銷產品的能手，因為他們從非暢銷產品中可以獲得較多的利潤。

2.銷售人員的對策

為提高經銷商的全品項進貨率，銷售人員必須提高經銷商的推銷能力，尤其是推銷非暢銷產品的能力。只有經銷商的推銷能力提高了，才能提高經銷商的全品項進貨率。銷售人員應該建議經銷商設計促銷

活動，對非暢銷產品進行一系列的促銷，加速非暢銷產品的流通。

(1)通過實施「大禮包」的促銷活動，促進非暢銷產品的銷售

由「暢銷產品105g牙膏2包(每包9隻牙膏，每隻牙膏批發價21.7元，零售價25元)和輔銷產品310g牙膏1包(每包9隻牙膏，每隻牙膏批發價32元，零售價45元)」組成的大禮包原價684元，促銷價500元，優惠有184元，優惠幅度達27%。

(2)通過實施「買贈」的促銷活動，促進非暢銷產品的銷售

買贈一定要講究技巧，一定要用暢銷產品與非暢銷產品搭配。讓客戶購買非暢銷產品，而贈送暢銷產品，使客戶產生一種即使購買的非暢銷產品沒有多大用處，贈送的暢銷產品也可彌補損失的想法。如買非暢銷產品310g牙膏1隻，贈洗潔精1瓶。

除特殊情況外，非暢銷產品一般來說不能進行降價促銷。這是因為，在產品還沒有被顧客認知的情況下，顧客對產品的價值知之甚少，打再多的折扣，對顧客都沒有吸引力。

(七)其他銷售指標說明

1.銷售額比率

即檢查本公司商品的銷售額佔經銷商銷售總額的比率。如果經銷商經銷的所有產品的銷售額都在增長，但是銷售人員所屬公司的商品銷售額佔經銷商的銷售總額的比率卻在下降的話，銷售人員就應該加強對該經銷商的管理。

2.費用比率

雖然銷售額增長很快，但費用的增長超過銷售額的增長，這仍是銷售不健全的表現。打折扣便大量進貨，不打折扣即使庫存不多也不進貨，並且向折扣率高的競爭公司進貨，這不是良好的交易關係。客

戶對你沒有忠誠，說明你的客戶管理工作不到位。

3. 貨款回收的狀況

貨款回收是經銷商管理的重要一環。經銷商的銷售額雖然很高，但貨款回收不順利或大量拖延貨款，問題更大。

4. 銷售品種

銷售人員首先要瞭解經銷商銷售的產品是否是自己公司的全部產品，或者只是一部份而已。經銷商銷售額雖然很高，但是銷售的商品只限於暢銷商品、容易推銷的商品，至於自己公司希望促銷的商品、利潤較高的商品、新產品，經銷商卻不願意銷售或不積極銷售，這也不是好的做法。銷售人員應設法讓經銷商均衡銷售企業的產品。

5. 商品的庫存狀況

缺貨情況經常發生，表明經銷商對自己企業的商品不重視，同時也表明銷售人員與經銷商的接觸不多。這是銷售人員嚴重的工作失職。

經銷商缺貨，會使企業喪失很多的機會。因此，做好庫存管理是銷售人員對經銷商管理的最基本職責。

6. 市場佔有率

這一條通常有兩種考核方法：一是絕對量的考核，例如某經銷商必須在自己的轄區內市場佔有率達到 30%；一是相對位次的考核，例如經銷商被要求在自己的轄區內市場佔有率第二。

7. 鋪貨率

該考核指標在產品投入市場初期更為適用。鋪貨率太低不利於銷售，但也不是越多越好，要視產品特徵和銷售人員的市場戰略而定。

鋪貨率＝實際上有陳列的店頭÷產品所應陳列的店頭×100%

8. 退貨率

銷售人員為了支持經銷商可能會允許一定程度的退貨，對銷售人

員來說，當然是退貨越少越好。計算退貨數量時將不合格的產品和經銷商損壞的產品除外。

$$退貨率＝退貨的數量÷經銷商的銷售量×100\%$$

9.投入產出率

這個指標能反映經銷商對銷售人員的利潤貢獻程度。

$$投入產出率＝\frac{經銷商的銷售額}{銷售人員用於該經銷商的銷售費用}×100\%$$

10.貨款支付速度

貨款支付速度（或稱回款週期）可用來考核經銷商是否按合約規定支付貨款，能反映經銷商信譽度。該指標可根據經銷商是否按規定及時回款而作為定性考核指標。

$$貨款支付速度＝應付貨款÷平均每天的採購額$$

11.專銷率

銷售人員產品佔經銷商經銷產品的比重，體現了經銷商對銷售人員產品銷售重視程度。如果是專銷，目標值應為 100%。

$$專銷率＝銷售人員產品銷售額÷經銷商的全部銷售額×100\%$$

二、廠商如何對待沒完成銷量任務的經銷商

1.處理不當的危害

廠商的銷量任務沒有完成，利潤沒有上漲，經銷商往往會把相關的責任推卸到廠商那裡，如指責市場費用過少、廠商對本地市場不重視、產品本身沒有賣點、面對競爭對手反應太慢，等等。如果廠商業務人員也抱著追究經銷商責任的心態，事情很可能就會演變得更糟，很可能會影響到以後的廠商合作關係。

2.銷售未達目標的分析

對經銷商的問題從幾個方面入手試試看,對經銷商歷年的銷售情況的數據進行縱向和橫向的對比,透過縱向對比瞭解經銷商過去到現在的市場銷量走勢是處於上升階段還是逐漸萎縮;透過橫向對比瞭解經銷商每年各個時期與同期的銷售數據的變化情況,找到經銷商未完成市場銷量的問題出現的原因。

每個地域的文化、消費水準、生活習性和消費環境不同,因而市場的表現情況也就不同。看經銷商的市場,就是對區域市場再認識的過程,在看市場的過程中瞭解市場的特徵、規模、機會、消費者特性、消費習慣、市場結構、網點數量、管道構成等情況。

透過終端的走訪瞭解經銷商的客情、配送服務品質、產品鋪貨率、產品陳列等多方面的實際情況並發現不足,還可以與經銷商市場所在地的終端的溝通中瞭解競爭品的一系列情況和終端經銷商對公司產品等各方面的意見。

檢查經銷商的庫存,我們的目的是瞭解經銷商的庫存量和庫存的產品結構,從而與看市場的基礎上形成的結論進行對照檢查,找出產品在市場上各品相的動銷狀況,為進行產品組合找到可行的辦法。

成功、失敗的原因各有不同,對經銷商的市場、庫存和經銷商思路進行瞭解,最終目的的落腳點是找到問題產生的原因,只有找到問題的原因才能針對問題本身進行更好的處理,針對經銷商需要尋找的是對市場銷量產生負面影響和制約市場發展的主要原因。

正確把握市場存在的問題的根源,這就要求針對經銷商的情況、市場情況、問題產生原因,找到合適的方法來解決問題,同時,解決問題的方法應該是簡單易行的而不是複雜繁瑣的,應該是以激勵為主而不是以懲罰為主的方法。

　　對經銷商的激勵可以採取完成銷量獎勵的方式，也可以採取其他的方法，如何能讓經銷商不重覆過去的「錯誤」才是解決問題的關鍵。

　　針對經銷商的情況、市場情況、問題產生的原因，找到合適的方法來解決問題，解決問題的方法就該是簡單易行的而不是複雜繁瑣的，應該是以激勵為主而不是以懲罰為主的方法。

3.應對策略

(1)反應速度要迅速

　　一年的銷售工作結束後，對於一些銷量沒有完成且無利潤的產品，經銷商一定會有所抱怨。並且，他們還會將這些抱怨在一定範圍內進行傳播，這對廠商及產品的形象都會產生負面的影響。所以，在新的銷售年度開始後，廠商的業務人員要及時主動聯繫經銷商，及時見面溝通，避免事情朝不利的方向發展。

(2)選擇合適的會面地點

　　在面對去年銷量任務沒有完成的經銷商時，會面地點選在茶館或咖啡廳為宜。這是因為經銷商可能會因去年的銷量不佳導致情緒激動，在輕鬆的環境裏，有利於雙方心平氣和地溝通。

(3)分析去年銷量未完成的原因

　　在廠商雙方分析銷量不佳的原因時，一般都是使用語言交流的形式，語言溝通很難有好的成效，往往是廠商雙方溝通之後也沒有總結出實質性的內容，即使是有一些分析結果和未來的合作方案，也很難獲得經銷商的重視。

　　這時，廠商業務人員應提前把相關原因全部分列出來，分為產品原因、廠商政策原因、經銷商原因、競爭對手原因和市場環境原因等幾個分類。每個分類下面再細分若干個問題點，然後制定溝通議程，一個問題接一個問題地談，讓經銷商感覺有理有據。

並且，通過這種方式對原因進行細分，超越了經銷商的想像，使經銷商感覺廠商的業務人員十分負責，在溝通態度上也會有所改善。最後，廠商業務人員還需將所有的談話記錄以書面材料的形式記錄下來，一式多份，雙方各留一份，以示正式。

(4)向經銷商展望新年度的發展規劃

與經銷商分析銷量不佳的原因只是一方面，更重要的是要讓經銷商重新建立信心，糾正以往的問題和失誤，能將未來的市場做好。

4.建議經銷商的調整作法

樹立經銷商的信心，恰當的表現形式很關鍵。常規的激勵方式是通過語言上的鼓動，但往往很難引起經銷商的重視，業務員可採用對比分析表的形式向經銷商說明未來的計劃(如表 8-6)。

表 8-6　新年度計劃調整

項目	去年狀況	分析原因	今年的調整和改進	預測效果
封閉通路的開發	基本未開發	未引起足夠的重視	制定專門的開發計劃	預計可增加兩成的銷量
競爭對手的情報分析	只是關注競爭對手的終端價格	收集來源單一	進行全員情報收集	更加及時地瞭解競爭對手的東西，減少不必要的特價活動
庫存及進貨控制	庫存量控制不精確，缺貨嚴重，部份產品又長期壓貨導致日期不新鮮	只是憑藉以往的經驗和直觀上的判斷	倉庫對業務部門提供週庫存報表，並採用銷量預測軟體	保持合理庫存，減少因缺貨或是壓貨導致的銷量損失
產品的包裝	……	……	……	……

通過對比分析表，首先將導致去年失利的原因分列出來，其次，說明這些原因對銷量所產生的影響，然後，對比性地提出今年的調整和改進措施，並預測新的改進措施會對銷量產生那些正面的促進作用，將這些逐條分析給經銷商，結合圖形的形式表現出來，會讓經銷商對廠商未來的思路有更清晰的認識。

商場如戰場，一時的失利並不是最重要的，關鍵是合作雙方以什麼樣的態度來面對。在問題的解決過程中，廠商業務人員應做到積極主動，以深入細緻的問題分析鼓勵經銷商，以誠懇的態度打動經銷商，不能等待經銷商拿出解決方案，更不能抱著迴避、推諉，或者是敷衍了事的態度去對待。

三、廠商如何應對經銷商的退貨問題

在現實中，廠商常常會遇到經銷商在旺季大量囤貨和鋪貨，淡季又大量退貨的現象，這種現象會嚴重誤導廠商的生產決策、原料採購等，並給廠商帶來巨大的壓貨風險。所以，廠商需要重視這個問題，避免遭受損失。

1. 經銷商鋪貨再退貨的原因分析

經銷商退貨的主要原因在於其經營水準不高而導致的低水準的庫存管理。因為經銷商不直接面對消費者，經銷商從廠商拿到的貨主要鋪給零售店，這些零售商在旺季過後，把銷售不出去的貨退給了經銷商，經銷商只好又再退回廠商。

2. 應對措施

鋪貨再退貨的過程造成經銷商運營成本的損失，所以經銷商也不願意退貨，但是沒有很好的辦法避免下級客戶的退貨。若是廠商能夠

幫助經銷商做整體市場的銷量預測和下級客戶的銷售狀況分析，有的放矢地指導經銷商對下級客戶的鋪貨，再輔之以相關的終端銷售活動，情況將會大大改觀。具體的操作過程如下。

(1)為經銷商分析發展趨勢

告訴經銷商，每年下級客戶都鋪貨再退貨，久而久之，下級客戶必然會形成習慣，逐漸發展到任何貨都得要爭取退貨，甚至無論什麼時間都要退貨，退貨習慣一旦形成，很難改變，最終承擔損失的還是經銷商自己。

(2)調查經銷商下線的庫存情況

廠商的業務人員花費精力，深入到經銷商的下級客戶，調查下級客戶的庫容、資金狀況、經營態度、銷售能力，為旺季銷售打好基礎，那些下級客戶該鋪，鋪多少，儘量做到有量化的尺規。

(3)制定合理的銷售計劃

廠商業務人員與經銷商共同調查研究，制定本地市場的旺季銷售計劃，按照預定計劃，合理從廠商進貨及對下級客戶鋪貨，若是經銷商堅持超計劃進貨鋪貨，就要事先以書面形式確定，超額部份廠商不予退貨。

(4)確保廠商業務人員不違規壓貨

除了經銷商的原因之外，還有廠商業務人員的因素。大多數廠商是以銷量考量業務人員，使得業務人員設法給經銷商壓貨，而很少研究本地市場、管道的疏導工作，並且，若是經銷商的壓貨量過大時，業務人員還會向廠商總部申請各類市場支持和促銷費用，確保自己的銷售獎金，因此廠商主管可把進貨的計劃性和科學性納入獎金的考核部份，或者是採取銷售獎金延後發放的辦法，確保實現真正的銷售，而非移庫式的銷售。

四、廠商如何處理品質事故

各類有損品牌形象的事件中，以產品品質事故為多，並且，品質事故大都事發突然，處理狀況複雜。為此，許多著名的外資企業或是品牌較強的國內企業，都會設立專門的部門與人員，專門處理客戶投訴的產品品質事故，有的企業即便沒有專門的部門，那也會設立專人負責此類事件。總的來說，品質事故的處理，應遵循以下步驟。

1.及時安撫經銷商

及時安撫經銷商，防止經銷商不負責任地傳播產品負面資訊。有些品質事故的影響擴散都是經銷商或是零售商引起的，因為他們不是產品生產商，無須承擔責任。

2.及時與客戶取得聯繫

應立即與投訴客戶聯繫，不要等找到一個完整的方案後再與客戶聯繫，時間拖得越久，對廠商的負面影響越大，消費者會認為廠商沒有反應，不重視消費者。

3.專業技術人員到場

處理客戶的產品品質投訴，應帶專業技術人員到場，因為銷售人員不是產品專家，會出現某些問題無法解釋的狀況。此外，專業技術人員到場，對消費者也是一種尊重，也體現了廠商對事件的重視。

4.安撫消費者支持者

有時候消費者的投訴被廠商成功平息後，還會發生消費者再次提出賠償要求的情況，這是因為消費者背後有很多的支持者，如親朋好友等。這些支持者會不斷鼓動消費者提出進一步的索賠要求，為廠商正常處理客戶投訴帶來障礙，因此在客戶投訴的具體處理過程中，可

以讓消費者與其支持者共同參與，爭取將問題一次解決。

5.處理人員的態度

廠商人員要做到心平氣和的態度，面對消費者的過激言行要能克制，否則很可能使雙方矛盾激化，造成不必要的麻煩。

6.抓住不利證據

不是所有的消費者都是廠商的上帝，有些消費者會利用許多廠商看重品牌影響的特點，以產品品質事故為由，對廠商實施敲詐，面對這一類消費者，一定要精心策劃，充分準備，抓住對方的不利證據，震懾對方，然後再由當地的經銷商出面調停，使問題得到妥善解決。

五、廠商如何應對經銷商惡意拖欠貨款

廠商在商業活動中，要時刻將經營安全作為商業活動的前提之一，將其放在首位。因為市場中一些破壞分子，有時會有經銷商惡意拖欠，甚至設置騙局捲款而逃，給廠商造成巨大的損失。針對經銷商惡意拖欠貨款的問題，最好在與經銷商溝通的不同階段採取不同措施，將風險降到最低。

1.經銷商開發階段

在廠商進行招商或是市場開發的階段，要本著「安全第一，發展第二」的原則進行工作，注重考察經銷商的實力。

經銷商的實力一般體現在三個方面：一是與之合作的上線廠商情況，如果該經銷商擁有較多著名品牌的一級經銷權且有著較長的經銷歷史背景，其實力一般較為可靠；二是所擁有的下線客戶數量及品質，應重點考察經銷商的管道情況；三是經銷商主體的實力，這是經銷商最易做假的地方。對這一點的核查，應注意以下幾點。

(1)可通過詢問別的經銷商，瞭解新經銷商的發展歷史及相關情況。

(2)在與經銷商第一次接觸時，應仔細查看該經銷商的主營產品，對其進行一級經銷的產品要到相關的廠商去查詢，確認是否是一級經銷，以及合作歷史合作狀況等資料。在與相關的廠商進行查詢工作時，可以到當地市場進行探訪，得到相關資料。

(3)走訪經銷商的倉庫時，應查詢倉庫的租賃方，查詢該經銷商的租倉合約資料。確認租賃時間，是現租還是時間已久，另外還要注意最近一次租金的到期日。

(4)單獨拜訪經銷商的部份下線客戶，瞭解其經營歷史和評價，不要過於相信由經銷商安排的下線客戶拜訪。

2.進入正常合作階段後對經銷商的管理

即便是經銷商通過了考核，轉入了正常的合作階段，廠商也不能放鬆安全意識。

(1)建立月經銷商風險評估系統。每月都要對經銷商的賬款情況做出核查和評估，一旦達到預設的風險線，就必須停貨催款，並設立相關的檢測指標。例如，經銷商最近大量低價出貨；經銷商開始對高風險的投資領域有動作（如期貨股票）；經銷商大量裁員；等等。這些往往都是危險的前兆。

(2)及時通報行業內的經銷商事故，時刻讓業務人員繃緊安全意識，也可將經銷商的事故通報傳給相關經銷商，提醒他們時刻關注經營安全。

3.放賬階段的考察

為了緩解經銷商短期內的資金壓力，以及便於市場開發、短期內銷量提升的需要，廠商有時候也會給經銷商進行放賬支持。放賬就意味著風險，因此在放賬之前，廠商必須對放賬的必要性、放賬限度和

有無第三方擔保三個前提做好控制（見表 8-7）。

4.提防內部人員聯合經銷商進行惡意拖欠貨款

所謂日防夜防，家賊難防，不排除有廠商業務人員參與經銷商惡意拖欠的可能性。

業務人員因為閱歷不足或是利益驅動，可能會有欺騙公司的行為，尤其是急於完成經銷商開發任務的業務人員。這些業務人員對廠商所要求的經銷商審查工作不夠細緻到位，往往要數量不要品質，為後期的經銷商事故埋下隱患。還有的廠商業務人員和經銷商合夥提供虛假資料，矇騙廠商。

表 8-7　放賬核檢內容

項目	相關檢核內容
放賬必要性	· 當前的市場形式和銷售形式有必要放賬嗎 · 是不是因為經銷商不願意投入資金而要求放賬的 · 所放賬的金額部份會不會真正地被使用到本廠商的產品上 · 廠商的駐地機構會不會為經銷商出具虛假證明材料
放賬限度	· 控制在經銷商日現金收入的 20 倍之內 · 控制在經銷商現有的庫存產品(本公司)金額之內 · 控制在本公司產品在當前業務流量的 30%以下
第三方擔保	· 銀行擔保 · 當地擔保公司的擔保 · 比較大型的商業聯合會擔保

因此，廠商在開發新經銷商時不能只圖數量與進度，也不能僅聽業務人員一面之詞，要謹慎做好審核工作，不僅僅在經銷商的開發初期，乃至後期的正常合作期都要進行持續的審核，同是要做好內部員工的教育工作，確保不出現員工與經銷商相聯合的情況。

第 **9** 章

管理區域市場的商品價格

案 例

食品公司掌控分銷管道的歷程

1. 自控終端，有效掌控管道

2008 年 10 月，就在飲料進入淡季的時候，俊潔公司卻已開始謀劃 2009 年的分銷戰略發展規劃，並決定在對 N 市分銷管道體系重新定位，採取一種全新的分銷管道操作模式，那就是直控終端管道模式，以提升管道控制力。它包括如下內容：

⑴區域劃分。根據行政區劃分，把 N 市按照東南西北四個方位劃分為四個片區，每個片區建立一個配送站。

⑵人員佈局。通過人才市場，招聘有潛力的終端業務代表 50 名，進行拓展訓練和潛能激發後上崗，具體分佈是每個配送站 12

人，分別是站長 1 人，內勤 1 人，終端業務代表 10 人。

(3)工作流程。制定「配送站崗位設置及崗位職責描述」、「配送站終端業務代表每日工作流程」、「配送站終端業務代表每日工作報表」，明確當前的工作任務，即大規模地掃街式鋪貨，並量化了具體的工作標準和要求。

(4)市場策略。產品突出差異化，以易鋪貨的俊潔 Y 牌綠茶為產品的切入點，規格為市場上所沒有的 1×12 塑膜家庭型包裝，並在塑包上印有「買 10 送 2 特惠裝的字樣」，給消費者直觀上便宜的感覺。產品海報和標籤上印有「只選用最佳無公害茶葉」；價格定為終端進貨價 160 元/件，比原來管道模式終端進貨價每件低 20 元，終端零售價為 200 元/件，跟原來零售價持平，終端利潤大大增長，積極性大大提高；在管道結構上，撇開一級、二級商，通過釜底抽薪，直接運作終端；促銷策略，即通過一次性進貨獎、終端堆頭獎、銷量累計獎，給予獎勵小雨傘或大遮陽傘、電動自行車等。針對消費者，實施開蓋有獎，分別為再來一瓶，再來一包，獎 NOKIA 手機等，刺激消費者重覆消費和提高口碑傳播意識；其次，俊潔公司還通過人海戰術，以及統一服裝、統一標準、統一廣告宣傳等方式，營造浩大的推廣聲勢，達到先發制人的效果。

(5)激勵考核。按照低底薪、高績效考核的薪酬設計原則，對終端業務代表進行考核，考核的指標有：零售終端的開發、管理與維護，產品的陳列、理貨與補貨，產品配送的及時程度與服務水準，等等。同時，每月進行綜合評比，對先進的配送站及優秀個人，通過頒發流動紅旗、榮譽證書、獎金等表彰形式，打造有爆發力、戰鬥力的銷售團隊。

2004 年，俊潔公司通過以上方案的實施，在 N 市實現了從量變

到質變的重大突破：不僅順利將產品打入了市區的 12000 家零售終端，使市區旺季每天的銷售量達到了 40000～60000 件，並還就勢將其生產的速食麵、調味料等產品推入了終端市場，俊潔公司終於鹹魚翻身，打了一場漂亮的終端伏擊戰。

2.深度分銷，掌控管道

俊潔公司將配送站重新合理佈局，並新增了六個配送站，以使分銷的觸角能夠延伸到市區的角角落落。

其次，根據 N 市俊潔公司已建的 1 萬餘家零售終端的便利條件，俊潔公司制定了「追求卓越計劃──N市市場深度分銷：擴案」。其主要內容如下：

⑴建立巡訪制度，制定：定人、定點、定域、定線、定期、定時、定標準「七定法則」，明確職責與標準，完善服務功能。

⑵制定工作流程，明確拜訪步驟。

⑶實施深度分銷，建立戰略聯銷體。

深度分銷實施後，二級分銷商的積極性被極大地動員了起來，他們按照企業的要求，對自己的「一畝三分地」進行精耕細作。但出乎意料的是，俊潔公司 N 市的銷量仍然徘徊不前，一些終端零售商仍舊抱著不冷不熱的態度。這到底是怎麼回事呢？經過俊潔公司市場部人員的深入調查，才發現，雖然服務細緻了，但由於企業市場管控不力，對深度分銷理解不夠，出現了一些分銷商低價銷售的現象，這使管道成員的產品利潤仍舊得不到保障。為此，俊潔公司快速出手，出台了如下措施：

⑴承諾最低利潤保障，但分銷商必須繳納 3 萬元的保證金以對自己的市場行為做個保證，對敢於「越雷池」、觸「高壓線」低價銷售或跨區銷售者一律按照規定給予嚴厲處罰，並取消分銷商資格。

(2)堅持模糊返利、市場剛性監管原則，明確開票價即進店價，實行月返、季返或年返方式；但返利根據市場表現，例如配送及時程度，能否遵守企業政策等進行考核。

通過以上方式的調整，市場秩序得到了保障。但時間不長，在市場的分銷運作中，競爭產品廠商又開始騷擾和搗亂，他們以更低的價格來拉攏一些分銷商和核心終端，借機破壞深度分銷的進行，對此，俊潔公司決定採取「釜底抽薪」的方式予以回擊。

2 月份的一天，俊潔食品公司終端商聯誼會隆重舉行，該大會不僅強調俊潔公司深度分銷的運營理念與宗旨，而且還有大動作出現，即附以較大政策的獎勵力度，舉行了終端商訂貨會，這次訂貨會共有 370 名核心終端參加，現場訂貨 580 萬元。不僅讓他們明白了低價格操作市場的弊端——讓市場秩序和利潤無法保證，而且還讓他們懂得了深度分銷對於保證管道利潤特別是長期獲利的重要性，從而只賣價格穩定的，而不一味地去賣價格低的。

後來，為了進一步加強廠商關係，改善客情，變交易行銷為夥伴行銷、關係行銷，俊潔公司還邀請行銷實戰專家對經銷商進行分階段培訓，例如針對分銷商的贏利模式、終端商管理、庫存管理等內容的培訓；對終端商進行了終端生動化、陳列管理、理貨、門店管理等相關內容的培訓。由於這些內容實用有效，因此，深得零售商的好評，增強了俊潔產品的競爭力。

為了避開競爭產品的跟隨和模仿，後來，俊潔公司還建立了資信評估體系，即對表現較好的分銷商，在旺季可以給予一定額度的賒欠制度，避免因為貨款問題影響銷售，同時制定「市場聯銷體服務手冊」，明確具體服務標準與流程，並把終端消化率、分銷率等作為終端業務代表的考核項目，借此提高服務水準。

俊潔公司通過在 N 市系統化地全面實施深度分銷，終於扳回頹勢：2009 年，俊潔公司僅在市區就實現近 8000 萬元的銷售額，銷售隊伍也急速擴大，達到 100 多人，從而成為了 N 市飲料界名副其實的銷量老大。

工作重點

在進行定價決策時，僅僅是基於市場、內部成本、競爭因素而考慮定價決策是不夠的，還要考慮此定價決策對經銷商的影響。

價格決策對管道經銷商的行為有很重要的影響。一方面，當定價策略與經銷商的利益一致時，後者很可能會與生產企業高度配合。另一方面，如果在進行定價決策時，沒有認真瞭解管道經銷商的需求，結果很可能會與經銷商之間出現矛盾。

因此在做定價決策時，應制定可以促進管道經銷商合作的定價策略。

合理的價格體系能促成一個穩定發展的銷售管道形成，而價格體系的混亂則可能淪為「管道殺手」，為企業帶來災難。

一、價格體系是銷售管道運營的成功基礎

價格體系是廠商向不同區域、不同級別提供或設定的產品價格的系統性集合，其對管道運營的影響是決定性的。

企業要保證管道運營的穩健與活力，就要維護好各個管道的價格平衡。

價格體系不僅要顧及當前的平衡，還要考慮到未來一段時間的平衡。對不同的管道可以推出不同品種、不同版本的產品，避免不合理的價格競爭。進行價格調整時，要維護整個價格體系的穩定，兼顧力度和形象。

產品（或服務）價格穩定性，是企業確保其產品或服務成功推向目標市場並達到預定銷售額和市場佔有率的關鍵條件之一。而一些管道成員在利益驅使之下，往往會以低於市場正常價的價格侵佔其他區域市場，從而使得企業產品價格系統和管道網路系統趨於混亂，嚴重損害合法管道商以及企業利益。企業對管道成員展開合理的激勵，努力平衡各方利益，有助於遏制和減少竄貨現象的發生，保持商品價格系統的穩定。

娃哈哈廠家的管道價差體系，就是該企業成功原因，價差體系指的是產品從廠家到終端消費者手中所經過的所有批零價格通路，一般在管道中包含三到四個環節的利益分配。

娃哈哈集團在長期的經營過程中，無論是推出一款新產品，還是提出一項新政策，首先考慮的便是設計一套層次分明、分配合理的價差體系，保證各級經銷商都有利可圖。即便要進行管道促銷，娃哈哈也不像其他企業一樣直接針對終端消費者，而是從經銷商的角度出發，確保整個管道價格體系不受擾亂。

娃哈哈認為，新產品推廣中，要迅速促成管道中的價差體系形成，讓經銷商把市場衝開，最後再將管理重心放在零售終端上。

管道價差體系，不僅使娃哈哈建立和維持了一套穩定與活力並存的管道，有效控制了惡性竄貨現象的發生。同時，面對競爭對手的管道低價攻勢，娃哈哈也往往是避其鋒芒，優先維護自身的管道價差體系。最終，競爭對手在花費巨大代價將市場轟開後，往往會自亂陣腳、

後繼乏力，導致潰敗。

二、銷售通路價格結構分析

產品價格在銷售管道關係中是一個敏感要素，既可能推動管道成員緊密合作，也可能毀掉管道關係。最佳的價格策略是在鞏固管道關係和使企業利益獲得最大化之間尋求平衡點。

銷售通路結構與產品售價存在密切的關係。如果在選擇通路時忽略產品的價格因素，就可能出現產品身價太高，使消費者望而卻步的情況。

進行管理時，要考慮產品的最終定價是否合理，是否會被消費者所接受，銷售情況如何，暢銷還是滯銷，等等。

價格是管道決策中的首要問題。當管道情況良好時，能給生產企業和中間商兩方面帶來利潤，而且這種利潤是透過正常的銷售過程實現的。價格對於管道的重要性是顯而易見的。

1. 銷售通路價格結構分析

銷售管道中的定價好比很多人分吃一塊蛋糕。銷售管道中各級中間商為了支付它們的開支以及獲得利潤，都希望從總利潤中分一杯羹。

例如，定價為 50 元的某品牌牙膏的管道定價結構。這個結構的基礎是消費者得到定價的 16%折扣，零售商得到定價的 30%折扣，批發商得到定價的 42%折扣。那麼消費者就能以 42 元購買這種品牌的牙膏，零售商能以 35 元的價格購買，而批發商能以 29 元的價格購買。可以設想，生產企業能以 24 元的成本生產這種牙膏，最終零售商也以 42 元的價格把它賣給消費者，相當於對定價打了 16%的折扣。零售商提供此折扣是為了應對激烈的消費品市場競爭。

牙膏生產成本＝24 元

批發商折扣＝42%

牙膏對於批發商的成本＝29 元

生產商銷售牙膏給批發商得到的毛利：5 元

零售商折扣＝30%

牙膏對零售商的成本＝35 元

批發商銷售牙膏給零售商得到的毛利：6 元

消費者折扣＝16%

牙膏對於顧客的成本＝42 元

零售商銷售牙膏給消費者得到的毛利：7 元

　　每個管道銷售商都希望利差足以彌補開支以及得到一定的利潤。只要產品的利差足以彌補他們的成本，管道銷售商就會經銷這種產品。表 9-1 列出了對財務數據的總結，也計算展示了管道中不同經銷商的毛利百分比。

表 9-1　定價為 50 元的某品牌牙膏的管道定價結構

定價因素 \\ 定價 \\ 管道經銷商	交易折扣 (%)	成本 (元)	利潤 (元)	毛利佔售價百分比 (%)	毛利佔成本百分比 (%)
生產企業	——	24	5	17.2	20.8
批發商	42	29	6	17.1	20.7
零售商	30	35	7	16.7	20.0
消費者	16	42			

　　在進行定價決策時，僅僅基於市場、內部成本、競爭因素考慮定價決策是不夠的，還要考慮定價決策對中間商行為的影響。因此，價

格決策對管道經銷商的行為有很重要的影響。一方面，當定價策略與經銷商的利益一致時，後者很可能會與生產企業高度配合。另一方面，如果在進行定價決策時，沒有認真地瞭解管道經銷商的需求，結果很可能會與經銷商之間出現矛盾。因此在做定價決策時，應幫助制定可以促進管道經銷商合作的定價策略。

2.發展有效管道定價決策的方針

在發展有效的管道定價策略時，針對如何制定提高生產企業與中間商合作度和減少兩者之間矛盾的定價策略很有幫助，為制定與中間商利益相一致的定價策略提供了一個基準和框架。

①給予利差。應根據競爭環境的變化適時地調整自己的利差結構，給予管道經銷商合理的利差，來為它們提供利潤空間。

②不同級別的中間商給予不同的利差。應根據各中間商在銷售管道中所起的作用，來合理地分配它們的利差。

③與競爭品牌所給經銷商的利差保持相對平衡。當發現經銷商與競爭品牌的關係發生變化時（尤其是變得密切時），就應及時調整自己的利差策略。

④分配規則發生變化，利差結構也要及時調整。如果生產企業與管道經銷商之間分銷任務的一般分配規則發生變化，利差結構也要能及時地反映出這一點。

⑤服從利差的傳統分配規則。除非不按照規則可以制定有力的分銷管道，否則分配給每類中間商的利差都應服從傳統的分配百分率。同時，盡可能保持傳統的分配規則。

⑥利差必須圍繞交易中的傳統利差變動。在制定產品系列的定價時，某些產品可以運用適當的低差價來進行產品的促銷，但其他的產品應盡可能保持傳統利差。

⑦價格結構必須圍繞價格點制定。價格點是一種在零售商心目中存在的、可以接受的銷售價格，同時也是消費者所能接受的價格。

⑧不同產品定價時應注意價格與產品特徵的區別。生產企業的產品價格結構必須具有一定的層次，同時生產企業的給不同的產品定價時，應該注意將價格的區別與產品特徵的區別相聯繫。

三、銷售管道的折扣定價策略

折扣定價策略是企業透過減少一部份價格以爭取經銷商的策略，這種策略在管道開發與維護中應用十分廣泛。分為以下幾種。

1.數量折扣策略

數量折扣策略是企業根據經銷商購買貨物的數量多少，分別給予不同折扣的一種定價方法，其實質是將銷售費用節約額的一部份，以價格折扣方式返還給經銷商，目的是鼓勵、吸引經銷商長期、大量地向本企業購買商品。數量折扣一般可以分為累計數量折扣和非累計數量折扣兩種形式，見表 9-2。

表 9-2　數量折扣的兩種形式

形式	定義	優點	運用要點
累計數量折扣	指經銷商在規定的時間內，當購買總量達到累計的標準時，給予一定的折扣	可以鼓勵經銷商經常購買本企業的產品，成為企業可信賴的長期客戶；企業可據此掌握產品的銷售規律，預測市場需求，合理安排生產；經銷商也可保證貨源	應注意經銷商為爭取較高折扣率在短期內大批進貨對企業生產的影響
非累計數量折扣	是一種只按每次購買產品的數量而不按累計購買數量的折扣定價方法	客戶大量購買，節約銷售中的耗費	累計數量折扣和非累計數量折扣兩種方式，可單獨使用，也可結合使用

2.現金折扣策略

現金折扣策略又稱付款期限折扣策略，是在信用購貨的特定條件下發展起來的一種優惠策略，即對按約定日期付款的管道分銷商給予不同的折扣優待。現金折扣其實是一種變相降價賒銷，鼓勵提早付款的辦法。例如，假設付款期限為一個月，則可採用的折扣方式如表 9-3 所示。

表 9-3　一個月付款期限的折扣方式舉例

期限	折扣方式
立即付現	折扣5%
10天內付現	折扣3%
20天內付現	折扣2%
最後10天內付款	無折扣

3.交易折扣策略

交易折扣策略的具體說明如表 9-4 所述。

表 9-4　交易折扣策略的具體說明

因素	說明
定義	企業根據各類經銷商在市場行銷中擔負的不同功能所給予的不同折扣
別稱	商業折扣或功能折扣
目的	為了擴大生產，爭取更多的利潤；或為了佔領更廣泛的市場，鼓勵管道分銷商努力推銷產品
折扣方式	交易折扣的多少，根據行業與產品的不同而不同；相同的行業與產品，則因管道分銷商所承擔的商業責任的多少而定
折扣規律	如果管道分銷商提供運輸、促銷、資金融通等功能，對其折扣就較多；否則，折扣將隨功能的減少而減少
舉例說明	給予批發商的折扣較大，給予零售商的折扣較少

4.季節性折扣策略

季節性折扣策略指生產季節性商品的企業，為了擴大銷售而對在銷售淡季購買商品的管道分銷商給予的一種折扣優待，目的是鼓勵管道分銷商提早進貨或淡季採購，以減輕企業倉儲壓力，實質是一種季節差價。

例如，啤酒生產企業對在冬季進貨的經銷商、代理商、批發商、零售商給予大幅度讓利。羽絨服生產企業則為夏季購買其產品的客戶提供較大折扣。

5.返利和津貼

返利指管道分銷商在按規定的價格將貨款全部付給銷售者後，企業再按一定的比例將貨款的一部份返還給經銷商。可將其用在對管道分銷商全年業績進行年終獎勵的情況下。一般在一年銷售結束時，企業會根據銷售管道中不同管道分銷商的業績，按一定比例給予返利。

津貼是企業對管道分銷商積極開展促銷活動所給予的一種補助或降價優惠，又稱推廣津貼。常見的有廣告補貼、倉儲補貼以及直接給管道分銷商銷售員的促銷獎金等。

6.地區定價策略

地區定價策略就是對於不同地區（包括當地和外地不同地區）管道分銷商的某種產品，是分別制定不同的價格，還是制定相同的價格。地區定價策略的常見形式見表 9-5。

表 9-5　地區定價策略的常見形式

形式	操作方法
產地定價	按產品的生產地制定交貨價格，由購買方支付運輸過程中的大部份費用並承擔風險，賣方只負擔貨物裝上運輸工具的費用。在進出口貿易中，這類定價方法也被稱為FOB原產地定價
統一交貨定價	此方法與產地定價恰恰相反，管道分銷商無論來自何方，都可以按同樣的價格進貨
分區定價	根據銷售市場離產地的遠近，企業將整個市場劃分為若干個區域，根據銷售市場離產地的遠近，企業將整個市場劃分為若干個區域，在區域內實行統一定價，而不同的區域之間的定價則根據距離的遠近有一定的差異
基點定價	企業以某個城市作為基準，然後向週邊的城市送貨，並追加從這個基點向其他城市運輸的費用

四、區域市場零售價格的高低管理

　　區域市場的價格管理主要包括兩個方面：一個是對批發市場的批發價格的管理，一個是對零售市場上的零售價格的管理；雖然零售價格不可以明文規定，但站在廠商立場，仍是要設法處理。

　　區域市場價格管理的好與壞，直接關係到市場價格的穩定，關係到經銷商利益的得失，關係到產品品牌的形象。所以說，區域市場的價格管理是銷售人員的一項重要工作。

(一)零售價高於市場指導價的管理

1.表現形式

　　區域市場的零售價高於廠商的市場指導零售價的表現形式主要有：一是廠商的零售價格下調而市場的零售價格仍然維持下調前的價

格;二是零售商沒有執行廠商的市場指導價格,有意將零售價格標高。

如果區域市場的價格高於市場指導價,將造成多種危害。對於廠商降價而零售商不降價來說,首先是降價的目的沒有達到。一般情況下,廠商降價是為了提高銷量,增加競爭力。較高的市場價格將導致銷量增長緩慢,競爭對手會乘機擴大市場佔有率。

2.案例

某牙膏企業 6 月份在對牙膏的價格進行了調整,將原來某暢銷的牙膏品種的零售價從原來的每隻 30 元下調到每隻 25 元。但經過一年以後,A 市場上大多數小型零售店的價格還維持在每隻 30 元。該種牙膏的調價就是針對某競爭品牌的牙膏,該競爭品牌的牙膏的零售價就是調整到了每隻 25 元。但由於該企業沒有將零售價的價格下調,導致銷量在該區域明顯下降,競爭力減弱,品牌市場佔有率下降,經銷商的利益受損。

3.管理方式

(1)將調整後的零售價直接印刷在包裝盒上,讓消費者一目了然。但這種方式很容易受到零售商的抵制。

(2)通過報紙、電視、電台、雜誌等媒體,將價格資訊傳播出去。

(3)銷售人員在零售點張貼 POP 海報,將價格資訊傳播出去。

(4)銷售人員應經常巡訪市場,對於零售價不合規範的零售點,直接通知其更改。

通知零售點更改價格:

　　某廠商銷售總監在巡訪市場時,發現某超市的零售價格還維持在調整以前的價格,當即通知超市老闆,告知廠商的價格已經調整,希望超市能遵守廠商的價格制度,更換價格標籤,將價格調整到現有的零售價。當場,該超市的老闆就更換了價格。

(二)零售價格低於市場指導價的管理

1. 表現形式

(1)超市的促銷價格低於出廠價。特別是那些與廠商直接簽訂供貨協議的大型連鎖超市，經常開展一些令廠商擔憂的促銷活動，以製造轟動的效果。

(2)市場零售價普遍低於市場指導價。出現這種情況主要是由於廠商在某段時間內對消費者促銷而導致的。例如，對於暢銷產品打 8 折促銷，促銷期過後，市場零售價格就再也恢復不到從前的水準了。

2. 危害

(1)超市促銷的危害。超市促銷如不慎，則可能導致該區域市場的價格紊亂，銷量下降，甚至嚴重損害品牌形象。

> 某廠商的一款暢銷護膚品出廠價為每瓶 58 元，零售指導價為 70 元，但某區域的某大型連鎖超市推出了促銷價為每瓶 56 的零售價，大大低於出廠價。由於零售價格大大低於出廠價格，不僅導致二級批發商紛紛退貨給當地的經銷商，直接到該大型連鎖超市購買產品，還導致市場批發價格下跌。雖然那次促銷只經過三天就被制止了，但對市場價格造成的影響是巨大的。整個冬天(化妝品銷售旺季)，在該區域的銷量一直萎縮，該區域經銷商的銷量是歷年以來最低的。

廠商促銷的危害。為支援當地經銷商的銷售工作，提高區域市場的銷量，銷售人員往往通過向公司申請，開展區域市場的促銷活動。對於消費品企業來說，這種情況並不少見。但是，正因為這種原因，導致區域市場價格低於市場指導零售價。不僅使經銷商在當地的銷量下降，而且影響了零售商的利益，使零售商的進貨價與零售價的價差

減少，損害了零售商的積極性，最終導致品牌銷量長期下降，品牌形象嚴重受損。

某消費品為了提高 H 市場的銷售，提高市場佔有率，打擊競爭對手，負責 H 市場的銷售人員特地向公司申請開展為期 1 個月的消費者促銷活動，將原來為每袋 13 元的零售價格，在促銷期間降為每袋 10 元。這個價格，也是經銷商到廠商的進貨價格。促銷期間，銷量是正常情況下的 1.5 倍，但是促銷期結束後，市場的零售價格就再也恢復不到原來的每袋 13 元了，只能在每袋 10 元至 11 元之間波動。由於促銷期結束，經銷商的進貨價格仍然維持在每袋 1 元，經銷商的進貨價與市場上的零售價沒有差價，二批商和零售商因為沒有價差而停止銷售該產品，最終導致該產品在 H 市消亡。

3. 管理方式

(1)對於超市促銷導致的價格下降，有以下幾種管理方式。如果是直接與廠商簽訂供貨合約的連鎖超市，應在簽訂合約時註明促銷時的最低限價。當促銷已經發生時，應在 1 天之內向公司申請，由負責該管道的銷售人員與該超市交涉，立即停止促銷活動。同時，作為負責該區域的銷售人員，也應在 1 天之內，直接到該超市交涉，停止其促銷活動。如果是自己區域內的經銷商供貨的超市，應立即與經銷商一道，前往該超市制止促銷活動。如果是經銷商自己開展的促銷活動，應立即告訴經銷商停止促銷活動。

(2)對於區域促銷導致的價格下降，銷售人員應在促銷期結束後立即協助經銷商恢復市場價格，並通過巡訪市場，現場恢復零售價格。同時，協助經銷商印製《××地區零售價格調整資訊通告》，表揚已經

調整的零售商，並對沒有調價的零售商制定最後期限。同時，建議經銷商或申請廠商對已調價的零售商進行獎勵。

五、區域市場批發價格的管理

1. 表現形式

(1)因竄貨導致的市場批發價格低於廠商制定的市場指導價。對於暢銷產品來說，竄貨無處不在，而竄貨又與低價緊緊聯繫在一起。

(2)因促銷導致的市場批發價格低於廠商制定的市場指導價。這裏主要是指銷售人員為了提高區域市場的銷量，為當地的經銷商申請的針對批發市場的促銷計劃，而這種促銷。又往往導致價格的下降。

2. 危害

(1)因竄貨原因導致的市場批發價格過低，其危害是不可估量的。管道管理的一個關鍵是維護合理的價格體系，確保每個層面價格的穩定，杜絕和限制任何有可能引起價格混亂的行為。而竄貨會從根本上擾亂企業整個經銷網路的價格體系，引發價格戰，導致該區域的市場價格混亂，損害企業的產品品牌形象。

(2)因促銷原因導致的市場批發價格過低，其危害也是很大的。竄貨導致的價格下降對於當地的經銷商來說是被動的，而促銷導致的價格下降對於當地的經銷商來說則是主動的。雖然價格下降有被動和主動之分，但都會影響到管道各成員的利益，對後續的銷量都會產生負面影響。

3. 管理方法

(1)因竄貨導致的價格下降的管理方法。作為負責該區域的銷售人員，應在發生竄貨的 3 天內，找出竄貨的來源，分清竄貨的性質，申

請上級按竄貨的處罰程序進行處理。同時，按「應對竄貨的促銷方法」，減少竄貨對該市場造成的負面影響。

(2)因促銷導致的價格下降的管理方法。在銷售人員申請區域促銷之前，應儘量限制促銷的數量。如在正常情況下，該區域正常銷售該暢銷產品10000件，在開展促銷時，應將經銷商的促銷數量限定在5000件至 10000 件之間，讓產品在市場上的消化速度與廠商的促銷期相同。若不如此，就會導致促銷產品很難在一個月消化完畢。當廠商的供貨價格恢復到正常的價格後，在該區域的市場價格還在消化促銷價格，最後導致市場價格很難恢復。

當促銷期結束後，應儘快與經銷商通過市場走訪，或通過給予批發商一定的促銷贈品，以迅速恢復市場價格。如在促銷期間，二級批商進貨可獲得 5%的價格優惠，當促銷期結束後，為激勵二批商進貨，可以採用贈送價值相當或略低的贈品，並要求恢復到正常價格。

心得欄 ------------------------------

第 *10* 章

針對經銷商的客戶管理工作

案 例

連鎖百貨公司的客戶物流系統

　　1962 年沃爾瑪創業的時候，大城市的商業零售業已經比較成熟，競爭激烈。沃爾瑪創始人另闢蹊徑，提出了以折扣店的形式服務中小城鎮居民購買需求的戰略。然而，商品生產者和批發商大多地處城市，而沃爾瑪的折扣店集中於中小城鎮中，這就導致沃爾瑪的物流配送成本偏高，不符合其「天天平價」的經營策略，開業後一段時間內其運行十分困難。

　　沃爾瑪人面對實務中的困難，認真從事物流管理研究，建立起一個「無縫」的快速高效的現代化的物流管理系統，為商店和顧客提供最為便利的服務。在沃爾瑪的物流管理系統中，其核心是它的

以高科技為支撐的商品配送中心。

配送中心具有商品流功能、信息流功能、資金流功能和交易功能。經過這個平台，沃爾瑪把供應商、分銷商和零售商直到最終用戶連成一個整體的網路結構，進行有效的協調和管理。

沃爾瑪改變了競爭邏輯，對傳統零售企業的經營戰略進行了革命性的轉變，即繞過中間商，直接從工廠進貨，從而大大減少進貨的中間環節，為壓低價格提供更大的空間。沃爾瑪在物流管理中經過充分的調查研究，把握了商品圈的距離規律，即每個商品配送中心都非常大，平均面積約 11 萬平方米。在這樣的商品配送中心，每個月的商品流轉價值超過 2 億美元。為了便於商品的順暢流通，沃爾瑪的商品配送中心一般都是單層的建築物。沃爾瑪每個配送中心每個星期可以處理商品 120 萬箱，可以能動地把商品根據商店的需要，自動地放入不同的箱子中。這樣，員工可以從傳送帶上取得自己所負責的商店所需的商品。每一商品配送中心，可以保持 8000 種商品的轉運配送。由於集中配送，實行「過站式」物流管理，即「統一定貨、統一分配、統一運送」，為供應商們節省了大量費用。沃爾瑪規定供應商也可以分享沃爾瑪物流管理系統節省的費用，這就充分激發了供應商的積極性。

70 年代末期，沃爾瑪的商品配送中心運用了兩項最新的物流技術：電子數據(EDI)及交叉作業。供應商將商品的價格標籤和統一產品碼(UPC)條碼貼好，運到了沃爾瑪的商品配送中心。沃爾瑪商品配送中心根據每個店面的貨物需求量對商品進行就地篩選和重新打包，從「配區」運到「送區」。沃爾瑪商品配送中心配備鐳射制導的傳送帶，貨物成箱地被送上了傳送帶，在傳送過程中鐳射掃描貨物箱上的條碼，這樣貨物依條碼排隊明確將要裝卸的地點。運載工具

在沃爾瑪商品配送中心不會閒存，在 48 小時以內，裝箱的商品從一個卸貨處運往另一個卸貨處，而不在庫房裏消耗寶貴的時間。這種類似網路零售商的「零庫存」做法，使沃爾瑪每年可以節省數百萬美元的倉儲費用。目前，沃爾瑪近 90% 的商品都是由公司的配送中心供應的，而其他競爭對手僅能達到 50% 的水準。

20 世紀 80 年代初期，沃爾瑪的電子數據交換已經建設成為完整科學的系統，特別是在 20 世紀 90 年代初期它購買一顆專用衛星，用來傳送公司的信息。這種以衛星技術為基礎的數據交換系統的商品配送中心，將自己與供應商及自己的各個店面實現有效連接，大大提高了沃爾瑪的物流速度和物流效益。一般企業的商品配送成本佔其銷售額的 5% 左右，而沃爾瑪由於使用了以衛星技術為基礎的電子數據交換系統的商品配送中心，其商品配送成本只佔其銷售額的 3%。僅此一項，沃爾瑪每年比競爭者節省下近 8 億美元的商品配送成本。

沃爾瑪配送中心每週 7 天，每天 24 小時全天候運作。為了保證高效運作，節省物流管理的成本，沃爾瑪採用了一些包括零售技術在內的更加先進的、現代化的技術。在沃爾瑪的所有商店中，都不需要用紙來處理訂單，而採用統一的貨物代碼。所有商品的信息通過掃描商品代碼獲得，不需要任何人進行任何複雜的匯總處理。沃爾碼的物流運輸，有時採用空中運輸，有時採用水路運輸，有時採用鐵路運輸，有時也採用公路運輸。沃爾瑪每一種運載工具都配有一個小型電腦，通過衛星與總部及時聯繫，總部可以通過全球定位系統得知每一單貨所在的位置。據說，沃爾瑪在信息技術方面的投資已經超過了美國五角大樓的信息技術的投資。所以，沃爾瑪的物流管理是世界上最先進的物流管理。

　　沃爾瑪使用以衛星技術為基礎的電子數據交換系統的商品配送中心，不僅大大節省了商品的配送成本，而且使貨物和信息在供應鏈中始終處於快速流動的狀態，大大提高了供應鏈的運作效率。供應商的電腦系統與沃爾瑪的電腦系統連為一體，供應商每天都會從沃爾瑪的電腦系統獲取各種信息數據。任何一個供應商都可以進入沃爾瑪的電腦系統，瞭解他們商品的銷售狀況，進行及時的調整與更新。一般來說，沃爾瑪的電腦系統會向供應商提供此前 100 個星期內供應商提供的商品的銷售記錄，而且這種信息只能讓供應商自己獲得，不同供應商的商品銷售信息是絕對保密的

　　在 20 世紀 80 年代後期，沃爾瑪從下訂單到貨物送達各個店面的時間一般在 30 天左右，現在由於使用了以衛星技術為基礎的電子數據交換的商品配送中心，這個時間只有 2～3 天。這種現代物流技術，大大加快了物流速度，為沃爾瑪贏得了大量的物流利潤。今天，沃爾瑪在美國擁有 3000 多家連鎖店，在海外擁有 1000 多家連鎖店，員工近 90 萬人。2001 年沃爾瑪的銷售額是 2192 億美元。在商業零售帝國，2001 年沃爾瑪一躍成為世界 500 強之首。

工作重點

一、針對經銷商的 ABC 客戶分析法

　　在管理學界有一個熟知的「80/20 法則」，即 80%的價值來自 20%的客戶，其餘 20%的價值則來自 80%的客戶。這一原理同樣適用於市場行銷中的客戶管理工作。無論銷售何種產品，只要將客戶按照銷量大

小進行排名，然後按照排名將最靠前的 20%客戶的銷售量累計起來，就會發現這個累計值佔企業銷售總量的 60%、70%甚至 80%以上。也就是說，企業大部份的銷售量來自一小部份客戶，而這部份客戶就是企業的大客戶。

　　一家食品企業運用 ABC 分類法對行銷活動進行分析，結果發現如下表所示。

表 10-1　ABC 客戶分類

客戶類型	佔總營業額的比率	佔總客戶數的比率	業務支持 （佔總業務人員的比率）
A類	70%	10%	15%
B類	20%	20%	25%
C類	10%	70%	60%

　　經過分析，企業發現了自己的「銷售浪費症」，60%的銷售人員用在營業額僅佔 10%的 C 類客戶上，簡直就是極大的浪費。於是，企業改變「不管有無訂單，訂單多少，只要出去跑就好」的錯誤行銷觀念，將寶貴的時間分配到更重要的客戶上。奇蹟發生了，企業利潤額較調整前得到了大幅攀升。

　　不能一味地把客戶認為是企業的上帝，因為這樣不利於企業的資源用到最有效的地方。專注於最有價值的客戶，把握最有增長潛力的客戶，放棄負值客戶，才是減少企業資源浪費的解決之道。

　　應對不同的客戶採取不同的管理方式，將企業的各項投資與支出都花在最有價值的大客戶身上，才能獲得最佳的投入產出比。

　　基於不同角度，有多種界定和評價大客戶的方法，較為常用的一種 ABC 分析法是根據銷售量和利潤率(盈利性)對客戶進行分類。

根據 ABC 客戶分類圖，我們可以將客戶分為四種 VIP(Very Important Person)客戶(A 類客戶)、主要客戶(B 類客戶)、普通客戶(C 類客戶)與小客戶(D 類客戶)。

1. VIP 客戶(A 類客戶)

VIP 客戶是企業最好的客戶，不僅銷售量大，而且是贏利的，這種客戶是最難得的，是企業利潤的最主要來源。VIP 客戶一般佔客戶總數的 1%左右。

2.主要客戶(B 類客戶)

B 類客戶是需要高度關注的客戶，這類客戶雖然銷售量大，但是企業在這些客戶身上卻是虧損的，而且由於銷售量大，導致的虧損比較嚴重。同時，由於銷售量大，企業對這類客戶有一定的依賴性，如果沒有這些客戶，企業有可能出現產能閒置的情況。B 類客戶一般佔客戶總數的 4%左右。

對 B 類客戶，可以採取以下管理措施。

a.努力降低相關成本

透過降低生產和服務成本，來減少 B 類客戶的虧損或從 B 類客戶身上實現贏利。

b.改變收費模式

對不同客戶採用不同的收費方式，採取基於活動和資源消耗的收費模式。

c.開發新的 VIP 客戶或提高現有 VIP 客戶的銷售量

透過提高 VIP 客戶的銷售量，企業就可能減少對 B 類客戶的依賴，從而採取更加靈活的管理措施，如提高對 B 類客戶的收費或減少服務等。由於 B 類客戶的銷售量比較大，不能輕舉妄動，不能讓這些客戶輕易流失，否則有可能對企業產生較大的不利影響。

3. 普通客戶(C 類客戶)

C 類客戶是一個很好的客戶群，雖然銷售量不高，但它們是很有發展潛力的客戶，應教導銷售人員，對其做好管理。C 類客戶一般佔客戶總數的 15%左右。

對於 C 類客戶，應親自出面或者讓屬下銷售人員認真聽取這類客戶的意見，讓它們感覺到企業是重視它們的。必要的時候，也可以根據不同利潤率適當降低對這類客戶的銷售價格，以提高銷售量。如果有機會，要努力爭取競爭對手的 C 類客戶，以提高企業的贏利水準。

4. 小客戶(D 類客戶)

除了上述 3 種客戶外，剩下的 80%客戶，就是 D 類客戶。這是最差的一類客戶。對於這類客戶，應吩咐銷售人員，對其採取分化措施。應制定政策，基於客戶對銷售成本的消耗來收取費用，讓企業的資源耗費得到適當的補償。

任何企業的資源都是有限的。因此，為了維持低成本並獲得高回報，要將有限的資源向佔企業極少數的大客戶傾斜。為了取悅這些有價值的客戶，為了獲取利潤，為了贏得這些客戶的忠誠，企業這樣做是值得的。

二、優先應對 VIP 大客戶

(一) VIP 客戶的特點

VIP 客戶對公司的發展具有重大的作用，VIP 客戶具有以下特點：

1. VIP 客戶對於公司要達到的銷售目標是十分重要的，現在或者將來會佔有很大比重的銷售收入。這些客戶的數量很少，但在公司的整體業務中有著舉足輕重的地位。

2. 公司如果失去這些 VIP 客戶，將嚴重影響到公司的業務，並且公司的銷售業績在短期內難以恢復過來，公司很難迅速地建立起其他的銷售管道。公司對這些 VIP 客戶存在一定的依賴關係。

3. 公司與 VIP 客戶之間有穩定的合作關係，而且他們對公司未來的業務有巨大的潛力。

4. 公司花費很多的工作時間、人力物力來做好客戶管理。這些 VIP 客戶具有很強的談判能力、討價還價能力，公司必須花費更多的精力來進行人情關係的維護。

5. VIP 的客戶的發展符合公司未來的發展目標，將會形成戰略聯盟關係。當時機成熟，公司可以進行後向一體化戰略，與客戶之間結成戰略聯盟關係，利用 VIP 客戶的優勢，將有利於公司的成長。

(二) VIP 客戶管理的有效手段

VIP 客戶管理，是一項涉及到生產企業的許多部門、要求非常細地工作，VIP 客戶管理工作的成功與否，對整個企業的營銷業績具有決定性的作用。對於企業而言，從以下八個方面做好對 VIP 客戶的工作，是抓住 VIP 客戶的有效手段。

1. 優先保證貨源

VIP 客戶的銷售量較大，企業要優先滿足 VIP 客戶對產品的數量及系列化的要求，尤其對那些在銷售上存在淡旺季的產品，企業要隨時瞭解 VIP 客戶的銷售與庫存情況，及時與 VIP 客戶就市場發展趨勢、合理的庫存量及客戶在銷售旺季的需貨量進行商討。在銷售旺季到來前，協調好生產及運輸等部門，保證 VIP 客戶在旺季的貨源求救，避免出現因貨物斷檔導致客戶不滿的情況。

2.利用一切因素提高 VIP 客戶的銷售量

充分利用客戶中的一切與銷售相關的因素，包括最基層的營業員與推銷員，是提高 VIP 客戶銷售量的一個重要因素。許多企業的營銷人員往往陷於一個錯誤觀念，那就是：只要處理好與客戶的中上層主管的關係，就意味著處理好了與客戶的關係，產品銷量就暢通無阻了，而忽略了對客戶基層營業員、業務員的工作。客戶中的上層主管掌握著產品的進貨與否、貨款的支付等大權，處理好與他們的關係固然很重要，但產品是否能夠銷售到消費者手中，卻與基層的工作人員如營業員、業務員、倉庫保管員等有更直接的關係，特別是對一些技術性較強、使用複雜的大件商品，企業更要及時組織對客戶的基層人員的產品培訓工作，或督促、監督營銷人員加強這方面的工作。

3.及時給予支援或協助

VIP 客戶作為生產企業市場營銷的重要一環，VIP 客戶的一舉一動，都應該給予密切關注，利用一切機會加強與客戶之間的感情交流。例如，客戶的開業週年慶典，客戶獲得特別榮譽，客戶的重大商業舉措等。

4.保持有計劃性地拜訪

一個有著良好營銷業績的公司營銷主管每年大約有 1/3 的時間是在拜訪客戶中度過的，而 VIP 客戶正是他們拜訪的主要對象。

5.共同設計促銷方案

每個客戶都有不同的情況，區域的不同、經營策略的差別、銷售專業化的程度等等。為了使每一個 VIP 客戶的銷售業績都能夠得到穩步的提高，企業應該協調營銷人員、市場營銷策劃部門根據客戶的不同情況與客戶共同設計促銷方案，使客戶感受到他是被高度重視的，他是企業銷售管道的重要因素。

6.制定適當的獎勵政策

適當的激勵措施,如各種折扣、合作促銷讓利、銷售競賽、獎金等等,可以有效地刺激客戶的銷售積極性和主動性,對 VIP 客戶的作用尤其明顯。某汽車公司就曾拿出 40 輛轎車,現金 600 萬元重獎大經銷商。

7.及時、準確地掌握 VIP 的相關資訊

VIP 客戶的銷售狀況事實上就是市場營銷的「晴雨表」。VIP 客戶管理的很重要的一項工作就是,對 VIP 客戶的有關銷售資料進行及時而準確地統計、匯總、分析,上報上級主管,通報生產、產品開發與研究、運輸、市場營銷策劃等部門,以便針對市場變化及時進行調整。

8.以座談會拉近感情

每年組織一次企業高層主管與 VIP 之間的座談會,聽取客戶對企業產品、服務、營銷、產品開發等方面的建議,對未來市場的預測,對企業下一步的發展計劃進行研討等等。這樣的座談不但對企業的有關決策非常有利,而且可以加深與客戶之間的感情,增強客戶對企業的忠誠度。

只有激起企業的一切積極因素,深入細緻地做好各項工作,牢牢地抓 VIP 客戶,才能以點帶面、以大帶小,使企業銷售管道始終保持良好的戰鬥力和對競爭對手的頑強抵禦力,在市場競爭日益激烈的今天穩操勝券。

(三)將焦點放在最賺錢的大客戶身上

很多企業一直有一個誤解,單純地認為進貨量最大的經銷商會給企業帶來最大的效益,其實未必。銷售是一個「鏈」的過程,從廠商庫房到經銷商庫存再到經銷商庫房,這只是庫存轉移,真正的實際銷

量是來源於終端售點(便利店、超市等)的消費者購買量。那麼決定一個區域市場實際銷量的最真實因素是:該市場有多少終端售點在銷售這個產品。換句話說,經銷商的進貨量跟市場銷量關係不大。如果終端售點的鋪貨、生動化表現沒有啟動起來,經銷商進貨量再大,實際銷量也不會因此受益,市場秩序卻往往因此受害。這也就不難理解,為什麼有的經銷商做的銷量不是最大但他卻給企業賺了最多的錢。

不管是降價促銷、日常銷售、售後服務的提高還是有步驟地提高銷售業績,毫無疑問,機會是那些最賺錢的大戶給的,因此,時刻將焦點放在最賺錢的大戶身上,向上銷售(即把銷售工作做到大客戶的高層中去),就像給一扇門的金屬夾塗潤滑油一樣,企業就可以得到更大的商業機會,也可以設立更大的年度銷售目標。

對銷售人員來說,將焦點放在最賺錢的大戶身上的精髓在於,要和重點客戶中的每一個人,包括與大戶高層建立並保持一種合作夥伴關係。幫助銷售人員成功地把銷售工作推進到大戶高層中,最好的培訓方法是:提高他們做好售前策劃的能力;使他們的團隊陳述能力達到更高水準。

三、讓人愛恨不得的大客戶

大戶即銷售量較大的經銷商,簡稱「大戶」。大戶是廠商既愛又怕的「恐龍」。

著名管理學家帕累托的「二八原則」認為,企業 80%的利潤是由20%的客戶創造的,這裏「20%的客戶」一般是指企業扶持起來的大戶。無疑,大戶在企業銷售中佔有舉足輕重的作用,但是在將經銷商扶持成為大戶的同時,企業卻經常碰到大戶欺廠現象,企業想換掉他,又

礙於銷量大,欠款多,投鼠忌器。經銷商則「吃定」企業的這些弱點,變本加厲、步步進逼。

(一)應對大戶的有效策略

隨著企業與經銷商的共同發展壯大,大戶的問題日趨嚴重,越來越多的企業將銷售管道管理重點放在大戶管理上。營銷實踐中,不少企業針對不同資信狀況的經銷商,劃分出其等級,實施不同的管理策略:

1.一類經銷商及應對策略

重合約守信譽,市場推廣能力強,網路覆蓋良好,口碑良好,資金流動順暢,能夠認同生產企業的經營思想,有長遠的發展戰略和規劃。此類經銷商是高質量的也是難得的合作者,是廠商可長期合作逐步升級的經銷商,須重點發展。

廠商應對策略是酌情給予一定的信用額度,例如給一個現付比例,其餘的作為授信額度使用,算是廠商給與的支援。

2.二類經銷商及應對策略

經營實力較差,但信譽度良好,需要廠商重點扶持。

廠商應對策略是廠商應多給予扶持和指導性的幫助,可派銷售代表幫助其一道開發市場,提高其經營能力和信心,在銷售政策上予以傾斜,適當放寬信用賬期或適當降低最低進貨額。

3.三類經銷商及應對策略

該類經銷商經營能力雖強,但信譽度較低,合作時有一定的風險,須按經銷商政策來加以監督和控制。在銷售管道初建時,因憑藉其強大的分銷能力,會提高廠商的市場佔有率,有一定的利用價值,但合作風險較大,所以該類經銷商只可作適當比例的發展,不能當作重心

傾斜。

　　廠商應對策略是結賬方式上要盡可能做到現款交易，但由於此類經銷商經營能力強，其對廠商的競價能力也相應較強，如果現款交易有難度，也可用退而求其次的方法：每一筆貨款必須結清大部份，餘款可拖欠。在每筆貨款數額不大的情況下，可實行滾動結賬法，即在賣給商家第二批貨時，要求必須結清前一筆貨款後才送第二批貨，對於拖欠貨款也要控制在一定範圍內，特別是對無正當理由或特殊原因，連續兩個月拖欠貨款，並在前兩個月已提出警告而無效者，第三個月應停止向其供貨，並採取其他方式催要貨款。

4.四類經銷商及應對策略

　　就是雙低經銷商，即經營能力低，信譽度也低，這樣的經銷商應盡量避免與其合作。否則，可能會出現大量貨款無法回籠，形成死賬呆賬，甚至經銷商會惡意逃債，騙取廠商貨物後突然蒸發，造成經營風險。廠商應對策略是款到發貨，或現金結算，不付清每筆貨款絕不發貨。

(二)避免大戶成為企業軟肋的有效措施

為避免大戶成為企業的軟肋，企業還可以採取以下措施：

1.盡可能掌握大戶的下線網路

　　企業平時要盡可能摸清楚大戶的下線網路，掌握了下線網路，企業就可以迅速樹立新經銷商並利用老經銷商的原有下線網路保住銷量。反之如果企業對經銷商下線網路一無所知，大經銷商就會說：「你敢動我試試，我不做，這個城市你就進不來。」

2.監控大戶銷售網路的均勻性和有效性

　　衡量大戶是否為企業真正的「重點客戶」的只能是其終端「出貨」

水準,而並非直接面對消費者的個別大戶,其出貨雖多,但卻可能大大地損害了整體銷售網路的均勻性和有效性。為此,企業可以通過建立經銷商月別銷售量狀況分析表,隨時關注每個經銷商的月銷量、進貨資料、月銷量佔總體銷量的比率變化情況。一旦發現某個經銷商的月銷量和月進貨數量突然增大,馬上去該市場現場考察,查看終端表現與銷量數字是否匹配,是否有竄貨砸價的苗頭,在問題剛剛出現的時候就及時解決,避免假大戶銷量比率過大,而其他客戶受打擊,銷量減少,進貨頻率下降,死客戶成片的惡果產生。

3.制定銷售政策時注意過程管理

可口可樂公司的管理層有一句口頭禪:過程做得好,結果自然好。一個健康成熟的市場銷售政策在制定時都非常注重過程管理,會考慮約束、牽制經銷商,看重整個市場面的培養,以避免假大戶現象出現。過程管理的獎勵範圍大致包括鋪貨率、生動化、開戶率(與當地零批客戶的成交率)、全品項進貨、專銷等。經銷商不怕銷量小,只要努力做好過程指標,就可得到回報,而如果經銷商心懷叵測,企業對大賣場的市場佔有率、專銷等過程的指標約束則會使其有所忌憚。

4.制定促銷政策時注意激勵的合理性

(1)合理的規劃銷售競賽活動

年度銷售競賽要照顧所有經銷商的利益,不能淪為大客戶的俱樂部。銷量目標設定要結合客戶歷史銷量,要有目的性——主要對那個級別的客戶進行激勵;要有挑戰性和可行性——定下的目標要比這些目標客戶的歷史銷量高,但努力一下也能夠得著!

如某企業推出新品(老品項的換代升級產品),分析歷史銷量發現縣級客戶老品項銷量平均在 5 萬箱左右,市級客戶老品項歷史銷量 20萬箱左右。OK!此次新品銷量競賽定為 6.5 萬箱獎卡車(鼓勵縣級客戶

從 5 萬箱提升至 6.5 萬箱）、28 萬箱獎住宅（鼓勵市級客戶從 20 萬箱提升到 28 萬箱）。

(2)增加促銷活動的程序控制，還可設「最佳增量獎」

把好促銷訂單質量關，結合每個客戶的銷量歷史，對其促銷期接貨量進行分析，發現有訂單異常增大的經銷商先停止發貨，馬上去市場調查看其是否有竄貨砸價行為，再決定是否繼續發貨。

(3)增加經銷商獎勵的機動性和模糊性

儘量不要讓經銷商算出來他的獎金獎勵和「進貨淨價」，如：規定複雜的獎金計算方法，讓經銷商算不清賬；把獎金改名為股票，進 1 車貨配 1 股，年底按股數計算獎金，股值由企業根據當年經營狀況決定，同時在淡季為刺激通路進貨，可宣佈當月供貨股值翻倍，推新產品時又可宣佈新產品進貨股值按 1.5 倍計算等。

此外，為防砸價，獎金要一律滯後兌現，而且要少用現金，多採用獎勵貨品、生活用品、或獎勵國外免費旅行等，如果條件允許，獎勵生財設備、貨車等有助改善經銷商經營條件的生財工具更佳。

(4)慎用坎級銷售獎勵

為防止大戶肆意砸價、竄貨，追逐高額利潤，執行階段性坎級銷售獎勵時要分兩波進行，第一波低坎級（如：規定時間進貨 1000 箱獎勵……）先確保小戶利益；在此基礎上，再進行第二波高坎級獎勵（如：規定時間進貨 2 萬箱獎勵……）。此外，各坎級獎金差異不應差距太大。

5.嚴格企業內部管理

企業內部要加強對銷售人員的管理，明確責任，秉持惡性竄貨亂價先處罰業務人員後處罰經銷商的原則。

銷售人員考核銷量的同時一定要加大對鋪貨率、生動化等過程指標的獎罰力度；杜絕差旅費包乾制，執行差旅標準，施行報銷制；杜

絕市場費用承包制，促銷費用按月提計劃、審批、執行、總結、覆查審核流程執行。

6.向經銷商收取保證金

保證金的作用是防止砸價、保證經銷商的利益、穩定價格。廠商手裏攥住經銷商的保證金，對付大戶就主動得多。廠商一般都以高於銀行利率的標準每年向經銷商支付保證金的利息，同時用合約形式約定，一旦廠商與經銷商停止合作，保證金馬上退還。

分批交保證金：如經銷商第一次進貨廠商鋪底 5 萬元，以後經銷商每次進貨需交納進貨額的 5%做保證金。這樣做經銷商會覺得第一次進貨不用交保證金，而且有鋪底，樂意接受。實際上只要第一批貨銷路順利，經銷商進行第二、第三次進貨，很快廠商從每批貨中扣的保證金就會超過鋪底費用，最終從經銷商欠廠商錢變成了廠商欠經銷商的錢。

四、真的是大客戶嗎

客戶出貨量大就一定是大戶嗎？

錯！實際銷量才對廠商的市場有積極意義，如果這個客戶有終端市場掌控能力，他的區域裏價格穩定、層層通路有錢賺，終端鋪貨率高、生動化表現優秀，那麼這個經銷商的銷量才是實際銷量，這樣的客戶才是真大戶，反之，就是假大戶。

1.假大戶的實質

(1)假大戶的銷量沒有利用價值

表面上看起來假大戶銷量可觀，實際上細想一下，假大戶並非實現實際銷量，他不過是砸價、跨區竄貨搶別的經銷商的市場而已，一

個假大戶「站」起來，週圍幾個甚至十幾個合法經營的經銷商就「倒」下去了（被擾亂市場價格，失去合作意願），這意味著企業的整體銷量實際上是縮小了。

假大戶的銷量對企業沒有價值，甚至只有負作用，砍掉假大戶，重新扶持被他竄貨擾亂的其他經銷商，恢復合作意願，增強經銷信心，銷量只會增加不會減少。

(2)假大戶是紙老虎

假大戶脾氣一般都很大，動不動就揚言要終止合作，甚至揚言要對銷售人員進行人身攻擊。實際上他們沒有想像的那麼可怕，假大戶大多是紙老虎：

揚言要針對銷售人員如何如何，這大多只是氣話，商人求財不求氣，只要業務人員做事合理，極少會有經銷商不顧後果做出衝動行為，那些氣話只是說說而已。

揚言要終止合作，這更是假話。實際上他能成為假大戶，必是出貨量大而且截流不少費用（從這個產品上獲利不少）。除非你的產品競爭力太差，否則你停貨試試看！實踐證明，真正終止合作的經銷商極少，大多數態度會馬上180度轉變，主動要求「澄清誤會、繼續合作」。

2.假大戶當換就得換

拋棄任何經銷商都是不得已的事，誰也不希望這樣，並且，廠商和商家都為此付出轉移成本。企業在更換經銷商時一定要深思熟慮，進行綜合的評估。如果理念不同，應該首先考慮能否通過溝通、培訓等方式調整經銷商的思路；如果實力不夠，則看這個經銷商是否有培養的前途，如果廠商通過支持能夠使他快速成長起來，就不妨多支持他，這樣培養起來的經銷商對企業的忠誠度也會非常大。

能扶持的儘量扶持，因為維持一個老客戶的成本要遠遠低於開拓

一個新客戶的成本。但如果經銷商與企業間理念相差確實很大，不可扭轉，一味地砸價、竄貨、拖欠貨款，而且賬款逐漸攀升，這種經銷商根本就是「毒瘤」，繼續合作只有壞處，企業必須馬上將其「幹掉」，不要因顧忌其賬款較大就不敢輕言換掉，否則這個月他欠 30 萬元企業不敢換他，半年後他就欠企業 50 萬元了。

如果一定要更換一個經銷商，企業要做好以下準備工作：

(1)盡可能多接觸新的經銷商

接觸當地部份比較優秀且符合企業發展要求的經銷商，不進行實質性的談判。這樣可以為迅速找到新的經銷商做好準備，當然，這時應該花較多時間對新的經銷商進行考查並綜合評估，以免出現選擇經銷商的錯誤。

(2)鞏固與下線經銷商的網路關係

接觸現有經銷商的下線營銷網路，增進廠商與經銷商間的感情，維護廠商與管道之間的關係。每個經銷商都有自己不同的銷售管道，包括零售終端和二級批發商。產品要繼續在這個市場上銷售，就必須運用這些銷售管道，我們需要去培養零售商終端和二級批發商對廠商的忠誠，對產品的忠誠。為日後在轉換經銷商時將廠商與經銷商的關係良好地過渡，減少更換商家帶來的損失。

(3)維持與現有經銷商之間的感情

如果你處理不好與現有商家的關係，也許換來的就是經銷商的憤怒，甚至仇恨。商家也許會利用各種手段攪亂你的市場，使企業的產品無法在市場上立足，像利用庫存低價竄貨；通過自身的關係封閉銷售管道等事情常有發生，很多企業也都有被以前的經銷商肆意破壞市場的經歷。

3.把握更換假大戶的時機

要更換現有的經銷商還必須選擇一個適當的時機。時機把握得好與壞，也是更換能否順利展開的重要因素：

(1)將進入旺季和旺季時不要更換經銷商

做市場需要時間，更需要抓住銷售的黃金季節。旺季一旦變動了經銷商，必須會延遲戰機，浪費掉銷售的季節，並且這個時候更換經銷商對原有經銷商的傷害會更大，也許銷售旺季更能夠使你綜合客觀地評估經銷商，找到更換或者不更換的理由。

(2)所押企業的貨款比較多時，不要更換經銷商

因為分手總不會像聯姻這麼愉快，更換勢必給企業帶來更多的呆賬壞賬。

(3)經銷商庫存產品較多時不要更換經銷商

這種情況下，首先很難找到接手的下家經銷商，如果不解決經銷商的庫存，更會傷害與經銷商的關係，造成經銷商的惡意竄貨，低價傾銷等事件的發生。

(4)經銷商企業和產品興趣依然高漲時不要更換經銷商

因為這樣影響你在當地市場上的聲譽，更會帶來經銷商對企業的仇視。

第 *11* 章

針對經銷商的竄貨工作

案 例

戴爾電腦的整合銷售流程

為了理解戴爾的行銷理念，不妨看看戴爾的直銷流程：

第一步，訂貨處理。客戶通過戴爾直銷網站或通過電話在戴爾銷售代表的幫助下，訂購電腦，包括配置好訂購產品、供需雙方簽署訂購單、向客戶的信用卡公司驗證應付的款項。

第二步，預生產。在工廠裏，訂購的電腦的資料表在數據庫中產生並保存。每台訂購的電腦會得到一個條碼，這是這台電腦的永久標誌。在列印出的每台電腦的訂購單上也會印上這個條碼。

第三步，配件準備。實際上，當預生產完成後，用戶訂購的電腦的配件信息就已在相應數據庫中反映出來。戴爾特有的物料需求

管理系統會將產品所有配件信息統計出來，以保證客戶訂貨的生產，而且基本上實現了零庫存。

第四步，裝配。當物料齊備，就開始裝配。

第五步，測試。包括物理測試、軟體預裝、高壓測試等等。

第六步，包裝。通過自動封裝設備將產品包裝完畢，附上貨運文件和地址，等待托運。

第七步，發貨準備。工人用真空提升機等設備將等待發貨的產品按訂單輸送至廠房南門的集結區。

第八步，發貨。戴爾的物流是採用第三方物流模式，其發貨委託了一家發貨公司上門收貨，並承諾在客戶款到 2～5 天內送貨上門，客戶可以通過戴爾的網站查看貨物的發送情況。

戴爾的直銷流程簡單明瞭，有條不紊。在邁克爾‧戴爾創立電腦直銷模式以前，電腦的銷售一般都是通過經銷商這條管道銷售的。但是，戴爾發現，通過經銷商銷售電腦的最大問題在於顧客難以從經銷商處得到相關的技術支援，因為和一般的顧客比起來，經銷商並不比顧客更懂電腦。這樣，通過經銷商銷售電腦肯定會限制電腦的銷售量，從而也就無法滿足廣大的電腦市場需求。戴爾正是出於這樣的考慮才確定了直銷的模式。但是就是這樣一個簡單的考慮，卻創造了戴爾日後的輝煌。

那麼，戴爾的直銷模式的優勢，究竟在那些方面呢？

(1)產品優越的性價比。由於擁有行業內最高效率的採購、製造和配送體系，而且沒有中間銷售環節，客戶可以獲得優越的性價比、優良可信賴的服務及最先進的尖端技術，可以更好地建立自己的互聯網基礎架構。

(2)按需配置。每一台戴爾電腦系統都是根據客戶的特殊要求量

身定制的，在最大程度上滿足了客戶的需要。

⑶服務優良、可信賴。憑藉在售前和售後的直接聯繫中對客戶的認識，戴爾提供了屢獲殊榮的可靠的產品及切合需要的服務。

⑷尖端技術。戴爾能迅速地提供尖端的技術。

⑸市場需求和第一手資料。從每天與眾多客戶的直接洽談中，戴爾掌握了客戶需要的第一手資料。

⑹無成品庫存，原材料庫存居全行業最低‧戴爾的成品都是客戶訂購並付了款的，自客戶下訂單開始，7 天以內的時間，產品就要送到客戶手中。戴爾沒有自己的成品庫存，戴爾公司的產品都直接送入物流公司的卡車集裝箱裏，這極大地避免了高科技企業所共有的高風險，也就降低了相關的成本。戴爾公司歷史上曾因庫存過大，經歷了第一個重大挫折。

1989 年，戴爾公司在市場景氣的時候，買進的記憶體超過了實際所需。隨後，記憶體價格一路下跌。而屋漏偏逢連夜雨，記憶體的容量突然從 256K 提升到 1M，戴爾公司在技術層面上也陷入了進退兩難的窘境。經過多年的努力，戴爾公司在存貨控制上已達到了行業第一的位置。當戴爾公司擁有 8 天的存貨量的時候，其競爭對手卻擁有 25 天的存貨量，外加在產銷通道上的 30 天的存貨量，中間的差距便是 47 天。而在這 47 天內，原材料的成本大約會降低 6%。

⑺以信息代替庫存，依需求來決定供給。在供應鏈中，與供應商緊密連接，通過網際網路與供應商建立虛擬整合，把供應商視為公司體系中的一環；維繫緊密的供應關係，合作研發，與供應商成為科技合作夥伴。戴爾公司充分發揮所掌握的精確信息和供應商在零件製造中的專業能力，開展材料構成清單(Bill of Material，簡稱 BOM)和工程設計方面的合作，為新產品的推出贏得了時間。供應商

與戴爾公司一起從事產品設計，這種方式可節省大約 30%的研發時間，從而變傳統的「依供給來決定需求」的模式為「依需求來決定供給」的新模式，明確地把市場的最新需求適時動態地提供給供應商，開放並自然地在供應鏈中分享計劃與信息，並以信息代替庫存。

(8)對供應商提出全面品質管制的要求。在供應鏈中，客觀、嚴格、全面地對供應商的表現進行評估，優化供應商數量。戴爾公司要求其供應商不僅在效率(產品開發效率、產能效率、庫存效率)上保持領先，還必須保證產品品質，並採用量化的評估方式，對它們提出具體的全面品質管制要求，而且直接引入市場上用戶的反映這一客觀性的數字。這樣，供應商生產的零件就可以直接進入下游公司的生產線而無需進行來料抽樣檢驗。這種要求稱之為「Ship to Line」，即從供應商生產線直接貨運到客戶生產線。

(9)減少供應商數量。維持與眾多供應商的關係，在運營上增添了許多複雜性和成本。因此，戴爾公司站在戰略的高度，嚴格評審供應商的資格，減少了供應商的數量。節約的成本增強了戴爾產品的競爭力。戴爾雖與數百家供應商打交道，但其 90%的零件都是來自 20 家主要的合作夥伴。

戴爾的直銷理念為戴爾的產品找到了一條正確的通往目標市場的通道，同時，從這條暢銷無阻的通道上回饋回來的信息又促使戴爾進一步完善它的分銷管道。戴爾公司似乎從它誕生的那一刻起就一直都處於這樣一個良性循環中。

 工作重點

　　竄貨，一個市場營銷學中沒有的概念，卻是銷售實務中一個讓銷售人員頭痛不已的問題。為什麼有許多產品正在紅紅火火時卻突然銷聲匿跡？為什麼好賣的產品不賺錢，賺錢的產品不好賣？一個重要原因就是市場問題了。目前企業銷售工作中的兩大頑疾是竄貨和降價傾銷。降價傾銷有兩種情況：一是不同區域市場之間的降價傾銷，二是同一區域市場上經銷商之間為爭奪客戶而引起的價格混亂。而不同區域市場間的降價傾銷，都是由竄貨造成的。這就是說，竄貨是導致市場混亂的罪魁禍首。

一、商品竄貨的意義

　　沒有穩定就沒有發展，企業要在市場上站穩腳跟，就必須控制竄貨和傾銷。

　　行銷就是將產品送到消費者手中的過程。行銷要素中，管道就好比人體的血管，價格就是維持血液正常流通的血液因數。

　　產品從行銷的心臟——企業沿血脈輸送到終端，一旦價格出現混亂，將會導致連鎖反應。

　　首先，經銷商會對產品品牌失去信心。經銷商銷售某品牌產品的最直接動力是利潤。一旦出現價格混亂，銷售商的正常銷售就會受到嚴重干擾，利潤的減少會使銷售商對品牌失去信心。銷售商對產品品牌的信心樹立最初是廣告投放，這是空中支持；然後是地面部隊的配

合，就是行銷監控：企業對產品品質、價格的監控。當竄貨引起價格混亂時，銷售商對品牌的信心就開始日漸喪失，最後拒售商品。

其次，混亂的價格和充斥市場的假冒偽劣產品，會吞蝕消費者對品牌的信心。消費者對品牌的信心來自其良好的品牌形象和規範的價格體系。

竄貨現象又會導致價格混亂和管道受阻，嚴重威脅著品牌無形資產和企業的正常經營。在品牌消費時代，消費者對商品指名購買的前提是對品牌的信任。由於竄貨導致的價格混亂會損害品牌形象，一旦品牌形象不足以支撐消費信心，企業通過品牌經營的戰略就將受到災難性的打擊。

在銷售過程中，竄貨現象產生的原因是多種多樣的。

有的經銷商認為，由於各區域市場經濟情況、銷售數量以及市場規模不同，價格之間存在差異，部份實行代理制的商家過分追求利潤空間，這就讓竄貨有隙可鑽。

也有的竄貨行為是出於商業競爭動機，個別商家並不以賺錢為目的，而是有針對性地通過從外區域進貨，採取低價傾銷的手段，擾亂市場價格體系，進而打垮競爭對手，其真正的意圖是借此樹立起自己的品牌。

還有一種是「同行是冤家」型：商家間相互不買賬，有經銷商代理的產品偏偏要從外區調入，決不會幫助對手完成銷售計劃。

競爭加劇是導致竄貨現象滋生的主因，仔細分析不難發現，往往當市場疲軟，價格戰打到窮途末路的時候，竄貨現象也最為嚴重。這從冷氣機市場中可見一斑。當時許多裝機公司競相以低價招攬顧客，這就無可避免地造成了利潤下降：為了彌補損失，許多公司都越區銷售一些利潤較高的產品來謀取利潤，這其中顯然也有打擊競爭對手的

目的,最為常見的就是「以彼之道,還施彼身」。

市場上就曾出現這樣的情況,甲公司竄貨銷售了乙公司的代理產品,乙公司也會不失時機地反戈一擊,從非正規銷售管道進一批甲公司的代理產品低價傾銷,這種過度競爭的結果只會導致兩敗俱傷!

表 11-1　商品竄貨的表現形式

表現形式	詳　解
經銷商之間的竄貨	經銷商制是企業常採用的銷售方式,企業在開拓市場階段,由於實力所限,往往把產品委託給銷售商代理銷售。銷售區域格局中,由於不同市場發育不均衡,甲地的需求比乙地大,甲地貨供不應求,而乙地銷售不旺,為了應付企業制定的獎罰政策,乙地設法完成銷售比率,通常將貨以平價甚至更低價轉給甲地區。為此,企業將咽下苦果:銷售假像使乙地市場面臨著在虛假繁榮中的萎縮或者退化,給競爭品牌以乘虛而入的機會,而重新培育市場要付出巨大代價,乙地市場可能因此而犧牲掉。
經銷商低價傾銷過期或者即將過期的產品	對於食品、飲料、化妝品等有明顯使用期限的產品在到期前,經銷商為了避開風險,置企業信譽和消費者利益於不顧,採取低價傾銷的政策將產品傾銷出去,擾亂了價格體系,侵佔了新產品的市場佔有率。
經銷商銷售假冒偽劣產品	假冒偽劣產品以其超低價誘惑著銷售商鋌而走險。銷售商往往將假冒偽劣產品與正規管道的產品混在一起銷售,掠奪合法產品的市場佔有率,或者直接以低於市場價的價格進行傾銷,打擊了其他經銷商對品牌的信心。

二、構建惡性竄貨防護網

　　危害企業銷售管道的最大隱患，就是惡性竄貨，因為它對已經建立起來的銷售管道具有極強的內部破壞力。要維護銷售管道的正常秩序，保證銷售管道健康穩定的發展並產生出應有的管道效益，就必須制止跨區銷售行為，從管道體系、價格體系、銷售管道管理制度等方面入手，建立起一整套的協調機制。

(一)制定穩固的經銷商制度

　　製造商(廠商)對於經銷商源頭的控制只能是制定嚴密的管理制度，規範總經銷商的市場行為，用制度制止跨區銷售。

　　用制度體系來管理銷售管道的目的，協調廠商與總經銷商以及各總經銷商之間的關係，為各地總經銷商創造平等的經營環境。由於廠商與各地總經銷商，或者說是銷售網路建設和管理者與各地總經銷商之間是平等的企業法人之間的經濟關係，銷售網路管理制度不可能通過上級管理下級的方式來實施，只能通過雙方簽訂的「總經銷合約」來體現，即用合約約束總經銷商的市場行為。

　　首先，在合約中明確加入「禁止跨區銷售」的條款，將總經銷商的銷售活動嚴格限定在自己的市場區域之內；其次，為使各地總經銷商都能在同一價格水準上進貨，應確定廠商出貨的總經銷價格為到岸價，所有在途運費由廠方承擔，以此來保證各地總經理商具備相同的價格基準；再次，在合約中載明級差價格體系，在全國執行基本統一的價格表，並嚴格禁止超限定範圍浮動；最後，將年終給各地總經銷商的獎金與是否發生跨區銷售行為掛鈎，如發生跨區銷售行為，其年

終獎金將被取消。要使獎金不僅成為一種獎勵手段，而且成為一種警示工具。

(二)合理劃分經銷區

保持區域內經銷商數量的合理性，經銷商能力和經銷商區域均衡。要及時清掃竄貨土壤，讓竄貨沒有寄生環境。

1.合理劃分銷售區域，保持每一個經銷區域經銷商疏密度合理，防止整體競爭激烈，產品供過於求，引發竄貨；對難於劃分銷售區域的地區犧牲部份利益。例如：實行區域專賣，專門為這些區域商家開發專銷產品，且專銷商只經營一種品牌產品，與其他經銷商的產品區別開來，使經銷商與企業結成利益共同體，經銷商對產品的熱情高，對企業的忠誠度也會提高，企業比較好管理；再例如，為某一產品開闢一個零經銷商區，在該區域的市場經銷商，把該區域作為週邊各經銷商調整和緩衝區域，允許週邊經銷商在該區域自由競爭。

2.保持經銷區域佈局合理，避免經銷區域重合，部份區域競爭激烈而向其他區域竄貨。

3.保持經銷區域均衡。按不同實力規模劃分經銷區域、下派銷售任務。對於新經銷商，要不斷地進行考察和調整，防止對其片面判斷。

(三)合理配置網路資源

有時迫於銷售的壓力，廠商會忽視對網路的建設和管理，只顧發展經銷商，拿訂單，出成績。而不去考慮經銷商是否合理，是否會衝擊市場，經銷商的管理是否到位等。因此，為了減少竄貨現象的發生，就要合理配置網路資源。企業可以參考如下形式：

以「板塊市場」為中心，一級經銷大戶為核心，依靠一級經銷商

及各級營銷人員的參與，對經銷大戶的經銷商予以管理、控制、服務和指導。同時在原有網路結構的基礎上優化整合部份一級經銷商。

1. 突出以大戶為中心，構建較為完善的板塊市場。結合公司營銷戰略佈局，吸納轉化部份一級經銷商為週邊實力強、網路全的一級經銷大戶的地級經銷商。同時在優化整合階段，給予其享受一級經銷商的部份銷售政策。

2. 考察經銷商網點區域佈局是否合理時，要綜合考慮經銷商的經濟實力，軟硬體措施及城鄉交通等因素。

3. 要求經銷商全年形成平衡銷售，具體要求在板塊市場網路內的經銷商的銷售時段分佈，與公司銷售目標、序時進度一致，要符合產品的淡、旺季規律，呈現平衡發展。

4. 各級營銷人員對板塊市場的網路管理、控制、服務，要及時、到位、有效。

5. 幫扶一部份有實力的經銷商構建佈局合理、健全完善的營銷網路體系。

通過合理佈局，一方面可增強市場競爭實力，另一方面也能有效地預防竄貨現象的發生。

(四)制定價格體系

價格政策，應當具有一定地彈性，方便市場運作，企業不僅要考慮出廠價、批發價、終端零售價，還要嚴格執行監控體系，並制定對違反價格制度的處理辦法。消除竄貨誘因產生的條件，消除可能引致價格差的因素。

企業要在縱橫兩個方向確定合理的價格體系：

1. 橫向，注意不同區域間價格差別的合理性。要做好這一點，可

以：

⑴採取全國統一價。到岸同一價，由企業承擔運費。

⑵採取不同區域不同價，把運輸成本等因素進行綜合考慮，使各區域商的價格差不足以引起竄貨。

2.縱向，這主要是針對三級分銷定價的企業而言。首先確定各級之間價格差的合理性。例如，將銷售網路內的經銷商分為總經銷、二級經銷和三級零售商，分別制定出廠價、總經銷價、批發價、團體批發價和零售價，要求其嚴格按規定價格出貨，並限制出貨對象，嚴禁跨級出貨，尤其嚴禁一級經銷商做終端。

3.為了保證縱橫兩方面的價格制度順利執行，對於非經銷商客戶到企業拿貨，授予價格應當高於直接在當地向經銷商拿貨的價格，保護經銷商的利益。另外，剝奪一些人的定價權，防止腐敗產生。

(五)制定合理的獎罰制度

合理的獎罰政策從一定程度下也可以控制竄貨。如：

⑴年終獎金不要呈幾何基數增加，如果年終近利幅度大於正常銷售利潤水準時代理商就可能竄貨，一般應該低於 5%。

⑵多用過程獎金，少用銷量獎金：例如鋪貨率、售點生動化、全品項進貨、安全庫存、遵守區域銷售、專銷(不銷競爭品)、積極配送和守約付款等等。過程獎金既可以提高經銷商的利潤，從而擴大銷售，又能防止經銷商的不規範運作。

⑶年終獎勵不獎貨物。年終獎金比例不宜超過 5%。

⑷激勵不能變相降價或者本質上的降價。

⑸不給經銷商直接操作廣告，以防其用此費用降價。

例如，某藥業的獎金政策：

①經銷商完全按公司的價格制度執行銷售，獎金 1%。

②經銷商超額完成規定銷售量，獎金 1%。

③經銷商沒有跨區域銷售，獎金 1%。

④經銷商較好地執行市場推廣與促銷計劃，獎金 1%。

處罰政策如：

(1)當月處罰法：一般可以先不動聲色，在下月回款後，拿出確鑿證據，扣押竄貨保證金和部份貨款，並在全國予以通報。

(2)年終模糊獎勵法：即暗返扣方式，獎勵的比例可以很高，也可以沒有，大家事先設定標準。把這一做法事先公佈，把竄貨作為考核的最重要指標之一，並告知中間不通報，但年終獎金時把竄貨證據拿出來，將發的獎金扣回、降低信用、減少對該市場的支持投入。

(六)建立有效的預警機制

各市場營銷人員在執行公司貨物預警機制政策下，根據市場每一個經銷商的市場組織能力，分銷週期、商業信譽、支持習慣、經營走勢及現實容量、競爭程度等多項綜合指標，制定應收賬款紅燈、黃燈、綠燈警戒線，防止銷售管道商存貨太多形成沖、竄貨的功能。

如何弄清貨物流向：

1. 通過經銷商的採購、配送、批發人員瞭解。

2. 通過經銷商的人員來瞭解，或者親自到倉庫去查。

3. 學會電腦，定期親自察看經營銷商的進銷存賬目。

4. 通過銷售管道促銷活動掌握批發(非連鎖配送)貨物流向。例如，針對小藥店和週邊地區藥店批發的經銷商可以進行持續兩個月的進貨有獎銷售活動，拿獎品時登記單位名稱。

5. 手段：物流流向費用、準確上報物流及時發貨、送給經銷商最

新的貨物進銷存管理設備和軟體。

(七)限定地區編碼識別

企業防竄貨技術手段要求做到：

1. 竄貨預警系統，對潛在的竄貨經銷商是個巨大的心理威懾，使他們認識到一旦竄貨，企業便能立刻自動查到，從而減少竄貨的發生；

2. 假如有了竄貨，就可以知道誰在竄貨、什麼時候竄的、竄貨量多大，竄的什麼貨等等，為教育、處罰竄貨商提供可靠證據，可方便、快捷地平息竄貨矛盾，制止竄貨行為的擴大，把竄貨控制在最小範圍，穩定市場；

3. 讓竄貨在控制下進行，充分利用竄貨的有利作用；

4. 不易被破壞。採用的技術手段受法律保護，竄貨商採用普通手段不易破壞，且提高竄貨商的破壞成本。

基於以上需求，企業可採用帶有防偽防竄貨編碼的標籤，對企業產品最小單位進行編碼管理，許多先進生產企業已經率先採用了這種技術。這種技術手段的特點，主要借助通訊技術和電腦技術，在產品出庫、流通到經銷管道的各個環節中，對編碼進行銷售區域、真假等資訊載入，並通過一定的技術手段，追蹤產品上的編碼，監控產品的流動，對竄貨現象進行適時的監控。

消費者不在意是否竄貨，但在意產品真假，而這種技術把防偽竄貨結合起來，可以充分利用社會資源，進行全民動員，拓展防竄貨管道，加強防竄貨力度，在聲勢上給不法分子巨大威懾；利用消費者對真假資訊的查詢，建立竄貨預警平台，企業在經銷商剛開始竄貨時，就能及時知道那個經銷商、何時竄貨、竄貨比例有多大；企業可以根據預警平台提供的證據，迅速採取對策，在矛盾激化前平息問題，避

免經銷商之間、經銷商和企業的感情傷害。確保整個銷售體系的和諧、平順。

(八)優化產品結構

公司的市場訊息部門應加強對產品銷售資訊的收集與研究，對暢銷的產品要研究其銷售態勢，對部份產品進行歸類經營。

某公司通過對產品分析發現，一部份老產品實際上只在個別區域暢銷，例 A 產品在 B 市場的年銷售總額佔公司 A 產品銷售總額的 70% 以上，針對這種情況，為了保證市場秩序，該公司就將 A 產品收回，只交給 B 市場的一級經銷大戶 C 銷售，其他市場的經銷商要想銷售 A 產品也要從 C 手中拿貨，銷售額算作 C 的銷售，年終參與獎金。這樣有效的防止了老產品由於價格透明而導致市場不好操作，同時也有效地防止了竄貨等不正當的市場行為的發生。提高了經銷大戶的銷售積極性。

(九)加強銷售人員的管理

很多市場沖、竄貨都與市場營銷管理人員相關，前期調查不透，或後期市場監管不力，實際上都是責任心不強，要防止市場人員的技術性竄貨，首先製造商(廠商)應建立良好的企業文化環境，做到尊重人才，理解人才，使他們感到在這裏工作是一種榮耀，離開是一種巨大損失；其次要為每一個營銷人員設計一個完善的事業發展規劃；同時要制定有合理的酬賞制度，還要有一個合理的淘汰機制。如管理上千人的營銷團隊時，首先灌輸營銷行業是當今最好的行業，公司的平台能讓營銷人員離成功更近，公司的產品能讓營銷人員加速成功；其次每一個人都能看到光明的前景，只要跳一下就能完成「員工→主管

→銷售部長→市場部經理→總部主管」的整個提升過程；還要加強人情化管理，讓優秀的營銷人員沒有後顧之憂；但強調經理一定是幹出來的，不管三七二十一，只在市場上見高低，在平時的管理上灌輸「能者上、平者讓、庸者下、腐者懲」的心態。

三、建立竄貨識別碼體系

身份證記載著每個人的姓名、性別、居住位址等資訊，是個人身份的標示，是對公民進行管理的一種手段。與身份證類似，經銷商識別碼記載著該產品所銷售的區域、時間、類別等資訊，是廠商防竄貨所採取的措施之一。

如同身份證號碼，經銷商識別碼是獨一無二，沒有重覆的。在發貨時用掃描器對標籤進行掃描，並與經銷商一一對應。在貨物進入流動管道後，通過對市場上的貨物進行檢查，將防竄貨標籤上的數碼發回防竄貨管理系統，系統就會查詢其所屬經銷商，從而判斷產品的銷售管道是否正常、有無竄貨。

沒有經銷商識別碼，將無法確認違規的經銷商是誰。所以，在產品上打上經銷商識別碼，是有效、公平、迅速、準確處理竄貨的基礎。

(一)經銷商識別碼的種類
經銷商識別碼按照廠商編制識別碼的方法可劃分為數字識別碼、顏色識別碼、規格識別碼、文圖區分碼等。
1.數字識別碼
數字識別碼是生產廠商通過對數字進行有規律的或沒規律的編排組合來編制經銷商識別碼。

⑴有規律的數字識別碼是指通過對有規律、有順序的阿拉伯數字、郵遞區號、電話區號、生產批號等數字進行編排而成的經銷商識別碼。此類數字識別碼因為遵循某種固定的規律或是順序，也被稱為固定數字識別碼。

如表 11-2 所示，某公司把它在廣東省的經銷商一一對應，有規律地編排了經銷商識別碼。

表 11-2　某公司編制的固定數字識別碼

經銷商名稱	識別碼	經銷商名稱	識別碼
××批發部	01	××貿易公司	06
××公司	02	××貿易商行	07
××經營部	03	××有限公司	08
××公司	04	××批發	09
××批發部	05	××公司	10

在產品的包裝上，廠商會列印上這些識別碼（銷往××經營部的產品會被打上 03，去往××貿易商行的則被標上 07），以監控產品的流向，防止經銷商竄貨行為。

⑵無規律的數字識別碼。這種識別碼是採用亂數碼，給每個產品編號，形成產品身份碼，如條碼。

2.顏色識別碼

對銷往不同地區的同種產品，在保持其他標識不變的前提下，採用不同的顏色加以區分，例如銷往 H 市的外包裝採用紅色，銷往 P 市的外包裝採用藍色，如表 11-3 所示。

表 11-3 某公司編制的顏色識別碼

經銷商名稱	識別碼	經銷商名稱	識別碼
××批發部	紅色	××貿易公司	紫色
××公司	白色	××貿易商行	橙色
××經營部	藍色	××有限公司	黃色
××公司	黑色	××批發	綠色
××批發部	無色	××公司	青色

這種方式的防竄貨技術低，竄貨成本很高，不易破壞，能夠較好地起到防竄貨作用。但這也帶來了一些問題：

首先，產品外包裝的生產有個規模化問題。如果產品規模不大，或者銷售區域劃分過細的情況下，會使包裝成本增大。

另外，產品的外包裝和產品性質、定位有很大關係。如果銷售區域劃分細，會破壞產品的定位和品味，也會給消費者留下不良印象，對於提升品牌美譽度產生不良影響，得不償失。

3.規格識別碼

對銷往不同地區的同種產品，在保持其他標識不變的前提下，採用不同的規格加以區分。例如銷往 B 市的外包裝採用盒裝，銷往 K 市的外包裝採用單位裝；或者銷往 B 市的採用 20cm×10cm×5cm 規格，內裝 20 袋，銷往 K 市的採用 30cm×12cm×8cm 規格，內裝 36 袋。

這種方式技術低，但竄貨代價大，也能夠較好地起到防竄貨作用。但隨之也帶來了一些問題：除了包裝成本增加、擾亂定位外，還會引發一些與產品特性有關的問題。這樣雖然起到了防竄貨的作用，但卻不利於銷售，就傷到了企業的根本。

4.文圖區分碼

即使用文字、字母、圖形區分、標明銷售區域。

通過文字標示，即在每種產品的外包裝上印刷「專供某某地區銷售」的字樣，或者標示代理商的名字，或者印上「南」表示銷往台南，「高」表示銷往高雄，「蘋果」圖案代表 K 市，「香蕉」代表 P 市等。

有的企業為防止竄貨商對圖案、字母進行破壞，對多種形式綜合利用，例如在盒裏標註圖案，盒外又標註數碼。

5.其他

上述的是廣為廠商採用的編制識別碼的方法。但道高一尺，魔高一丈，在竄貨和反竄貨的過程中，廠商和經銷商總是不斷鬥法，不斷發展出一些不常用但行之有效的土辦法。例如在包裝箱上隱蔽地刺上刺針孔，經銷商從外表上難以看出，但廠商自己有方法辨別此產品是歸屬於那個地區的經銷商，是否屬於違規竄貨。

(二)標示識別碼的途徑和部位

對於生產型企業來說，編制經銷商識別碼並不難，難就難在採用合適的途徑，有技巧地把這些識別碼標示在產品的恰當部位，以利於對竄貨的管理。

1.識別碼標示途徑

識別碼標示途徑包括粘貼帶有文字的標籤，橡皮章蓋碼，鋼印打碼，打碼列印，噴碼設備噴印，鐳射打碼，貼標籤，等等。

廠商應結合自身的實際情況和需要，綜合考慮成本、易識別、不易被毀壞等因素，選擇合適的識別碼標示途徑。

2.識別碼標示部位

識別碼標示部位主要在盒裏、盒外封口，正面、側面、外箱、中

包、小盒(小瓶)、膠囊箔片等。

單純在箱體表面蓋個記號起不了多大的作用,「膽大妄為」的經銷商會用抹布抹去或乾脆用小刀割去有記號的一部份。於是,有的企業在內外箱都蓋印。外箱被抹去了,但內箱記號沒那麼容易抹去。即使內箱也能花精力去抹,那也是一項浩大的工程。何況在產品包裝的封口處、中包、小盒(小瓶)、箔片這些更細微的地方,只要經銷商破壞識別碼,就很容易被識別出來。

(三)標示識加碼的技巧

標示經銷商識別碼大大增加了企業產品的生產難度,增加了產品的生產成本。為了既在產品上標示識別碼,同時又儘量節省標示成本,需要有技巧地標示經銷商識別碼。但以下標示技巧需要嚴格保密,不可以讓基層銷售人員知道,更不可以讓經銷商知道,以免降低防竄貨的效果。

識別碼標示技巧體現在以下幾個方面:產品暢銷情況、每次進貨量、不同時間段、不同銷售區域、不同類型經銷商等。

1. 產品暢銷情況

在企業的所有產品線中,只有那些暢銷產品的竄貨才需要控制。所以,企業只需要對暢銷產品標示識別碼,而那些非暢銷產品、新產品,竄貨往往可以增加銷量,企業不需要表示識別碼。如某化妝品企業所生產的「美白」產品非常暢銷,但從 2005 年開始推出的新品「潤膚」產品銷量則一直不大。該企業從 2008 年開始,對其暢銷產品「美白」標示了經銷商識別碼,且制定了嚴格的防竄貨制度,對竄貨者進行嚴厲的處罰。而對新產品沒有標示經銷商識別碼。利用竄貨,「潤膚」打開了市場。截止到 2008 年底,新產品的銷量從 2007 年佔銷售額的

5%增加到 20%。到了 2009 年，更是增加到了 40%，已經接近老產品的銷量了，新品也變為了暢銷品。但暢銷品竄貨就會嚴重影響到產品的價格體系，因此在未來幾年，企業應該在其產品上標示經銷商識別碼，以確保其銷量持續穩定的增長。

2.每次進貨量

根據經銷商每次進貨數量的大小，確定是否需要打碼。如對於某酒類產品來說，如果經銷商進貨數量平均每次在 100 件以上，則可在內部規定，每次進貨低於 80 件的，由於進貨數量少，即使竄貨影響也不大，可以不在產品上標示經銷商識別碼，以節省標示成本。

3.不同時間段

企業可根據其產品的生產忙閑情況，決定是否表示經銷商識別碼。在忙的時候，可以不標示識別碼；在生產任務不緊張的時候，可以安排標示經銷商識別碼。

4.不同銷售區域

由於在不同銷售區域竄貨的嚴重程度不一樣，企業可以規定：在某些竄貨嚴重區域的經銷商，必須在產品上標示經銷商識別碼；而在竄貨不嚴重的區域，或即使竄貨也不會產生負面影響的區域，可考慮不標示經銷商識別碼。

5.不同類型經銷商

對一個企業來說，竄貨的經銷商總是那幾個。企業可以把經銷商分成三類：經常竄貨的經銷商、偶爾竄貨的經銷商和從不竄貨的經銷商。企業應把重點放在前兩者身上。

上述識別碼標示的原則、途徑、技巧，一方面雖然說明竄貨的防範工作越來越難做，但同時也被事實證明的確是具有良好的效果，尤其對市場稽查人員在證據收集方面非常有幫助。而且在現在的這種市

場狀況之下，也只能不得已而為之了。

四、惡性竄貨的處理

對待竄貨的問題上，廠商應該以防為主，爭取從根源上來杜絕惡性竄貨產生的可能性，創造一個良性的流通管道。但是一旦市場上出現了竄貨問題，廠商應如何來處理呢？

(一)表明態度

對於竄貨，最敏感的肯定是被竄貨區域的經銷商。通常實力較弱的經銷商會向區域經理(或大區經理)反映竄貨情況，再由區域經理(或大區經理)向公司主管(或分管竄貨工作的部門負責人)彙報。實力較強的經銷商會直接找公司銷售老總要說法。不論廠商從何種管道得知竄貨問題，都應該作出快速反應。首先要表明廠商堅決查處竄貨的態度，並對經銷商表示理解並給予安慰。

這一步非常關鍵，可以避免問題的進一步惡化。但是，由於許多廠商對竄貨持曖昧的態度，因此大多沒有充分意識到這一點。

某食品集團一位經銷商抱著竄貨產品坐在銷售管理部辦公室不走，銷售管理部也是滿腹怨言，調研報告及處理意見早就提交公司了，但是，由於竄貨方是公司的大客戶，與總經理關係不錯，報告遲遲審批不下來；即使有了回覆，也是簡單地短期斷貨而已，只能敷衍了事。

上述做法，是許多公司處理竄貨的縮影，很具有代表性。事實上，這種做法是非常錯誤的，長此下去，必將帶來如下後果：

1. 被竄貨區域價格混亂，經銷商利益受損，對公司產品失去信心，最終可能被競爭對手挖牆腳。

2. 被竄貨區域經銷商以牙還牙，向其他區域報復性竄貨。

3. 滋長了竄貨區域經銷商的不良想法，更讓其他經銷商產生效仿心理，以後更難駕馭。

4. 消費者對產品及品牌產生不良印象，想一想，昨天剛花 100 元買的產品，今天售價降到 80 元。消費者會怎麼想，這個品牌的美譽度會如何？

5. 被竄貨區域經銷商的利潤空間（經銷商前期的各項投入往往沒人考慮）會暴露出來，導致其銷售管道各成員會對該經銷商的商業信譽產生懷疑，以後將不利於該經銷商開展工作。

(二)瞭解現狀

向經銷商瞭解竄貨產品名稱、數量、市場流通分佈及當地接受竄貨的經銷商的基本情況等資料；要責成該地區營銷人員進一步收集相關資料；安排市場督查人員赴該地進行實地市場調研，取得竄貨證據。

(三)因症施治

當市場督促查人員將調研報告提交上來以後，公司就要根據實際情況進行處理。

五、廠商如何防止竄貨

防止竄貨需要一個過程，在逐步形成的過程中，必須同時採取治標的方法。

1. 雙方簽訂不竄貨亂價協定

該協議是一種合約，一旦簽訂，就等於雙方達成契約，如有違反，

就可追究責任。關於處罰方式，對本公司業務員，廠方應加大內部辦事處的相互監督和處罰力度，一經查出不斷惡意竄貨，可就地免職，廠內下崗。

實際上，除了個別情況(如某經銷商不經銷甲廠商品，但該經銷商在經過某個地區時順路帶甲廠商品回到自己地區，從而導致竄貨。因為該經銷商沒有銷售甲廠商品的網路，所以最簡捷的方法是低價向該地區的甲廠經銷商網路銷售)，廠方業務人員對自己所負責的客戶是否具有竄貨行為，是非常清楚的。

由於相當多的企業對業務人員的獎勵政策是按量提成，從而導致本公司業務員的屁股坐在經銷商身上，因為只要他所負責地區的經銷商的銷量增加，自己的提成就增加。因此，這種制度安排，決定了廠方業務員對自己負責地區客戶的竄貨行為，不可能去認真監督防治。但是，可以通過簽訂不竄貨協定，為加大處罰力度奠定法律基礎。

對所竄貨物的價值，可累計到被侵入地區的經銷商的銷售額中，作為獎勵基數，同時，從竄貨地區的業務員和客戶已完成的銷售額中，扣減等值銷售額。

2.外包裝區域差異化

即廠方對相同的產品，採取不同地區不同外包裝的方式，可以在一定程度上控制竄貨亂價。主要措施是：一是通過文字標識，在每種產品的外包裝上，印刷「專供××地區銷售」，可以在產品外包裝箱上印刷，也可以在產品商標上加印。這種方法要求這種產品在該地區的銷量達到一定程度，並且外包裝必須無法回收利用，才有效果。問題是，如果在該地區該產品達到較大銷售量，就為制假竄貨者提供了規模條件。二是商標顏色差異化，即在不同地區，將同種產品的商標，在保持其他標識不變的情況下，採用不同的色彩加以區分。

　　該方法也要求在某地區的銷量達到足夠大時，廠方才有必要採取該措施。但同樣，只要達到一定銷售量，成為該地區暢銷的主導商品，竄貨就有可能制假商標（某些商品除外，例如啤酒等）。三是外包裝印刷條碼，不同地區印刷不同的條碼，這樣一來，廠方必須給不同地區配備條碼識別器。

　　這些措施，都只能在一定程度上，解決不同地區之間的竄貨亂價問題，而無法解決本地區內不同經銷商之間的價格競爭。

3.發貨車統一備案，統一簽發控制運貨單

　　在運貨單上，標明發貨時間、到達地點、接受客戶、行車路線、簽發負責人、公司負責業務員等，並及時將該車的資訊通知沿途不同地區的業務員或經銷商，以便進行監督。

4.建立科學的地區內部分區業務管理制度

(1)定區

　　依據所在地區的行政地圖，將所在地區，根據道路、人口經濟水準、業務人員數量，劃分若干個分區。依據城市地圖，按照街道分區，將終端零售店，全部標記出來。根據兩張地圖，將自己負責的業務地區，細化為若干個分區。然後，通過與競爭對手的比較分析，發揮自己的競爭優勢，以此找準突破點，以點帶面。

(2)定人

　　每個分區，必須有具體負責的業務員。

(3)定客戶

　　業務員必須儘快建立起客戶檔案。一是職能部門與新聞部門顧問檔案，包括：單位、姓名、職務、電話、家庭成員及其偏好，家庭主要成員的父母、對象、孩子等的生日。二是零售商與批發商檔案，包括客戶名稱、地點、聯繫方式、品種、規模、經驗、負責人及其信用，

行為偏好、負責人家庭成員及其偏好，客戶主要成員的父母、對象、孩子等的生日，客戶購買週期、每次購買量、客戶的網路及其檔案。

(4)定價格

所有分區，作為內部業務管理制度，必須實行價格統一。實際上，對客戶來講，保證或增加盈利的最重要的措施，並不是價格高低，而是保持地區的價格穩定。

(5)定佔店率

分區業務員必須將所在分區的零售商準確標記在分區圖上，在規定時間內，佔領一定比例的零售店。考核佔店率，比考核銷量好，實際上，佔店率提高，銷量就提高，但不會導致竄貨。如果只考核銷量，為了簡單地完成評估，還必須控制累積鋪貨額。例如，對啤酒客戶，對於廣大中小零售客戶，只要建立了客戶檔案，進行有效的信用評估，鋪貨控制在 300 元以內，基本上可以保證貨款安全。要求業務員上午送貨，下午查看銷量並取貨款。

(6)定激勵

一是針對業務員開展評選星級業務員和四大天王活動。評定星級業務員從單一的銷量指標轉到 7 項綜合指標，包括任務完成率、市場佔有率、回款率、客戶開發、社會資源開發、市場控制、同區業務員的協作等。綜合考核，劃分一星級、二星級、三星級、四星級、五星級。根據星級，進行物質和精神獎勵、職務和職稱的傾斜。所謂四大天王，即增長率最高(風)、佔有率最大(調)、銷量最大(雨)、銷售額最多(順)。

二是針對客戶，採取 5 項指標，獎勵五等星級客戶。包括：合約銷量完成率、價格控制、銷售量增長率、銷售盈利率、是否竄貨。將每個指標都分成 5 個等級，每個等級有不同的分值，經過綜合評價，

得出總分值。

　　根據總分數，從高到低分成：五星（鑽石）級；四星（藍寶石）級、三星（紅寶石）級、二星（赤金）級、一星（白銀）級。不同星級的客戶，除了頒發括弧內的等級紀念獎勵外，還將有不同的物質和精神獎勵措施。

　　從單一的折扣、獎金，轉到綜合獎勵，主要是為了更公平、更公開地獎勵客戶的努力。從多年來的實踐看，各個企業都推行的單一折扣或獎金，不僅操作複雜，而且難以做到公平、公開，結果是傷害了很多客戶的利益和積極性。因此，很多客戶一再要求公司取消折扣，取消獎金，以實現公平競爭。

　　(7)定監督

　　主要監督竄貨與價格。一是企業內部必須成立市場監督部，直接對銷售總經理負責。成員來自一線優秀業務員，負責監督地區業務員。二是分區業務員，監督客戶的客戶。區域市場的銷售網路是：一級批發客戶→二級批發客戶→終端零售。因此，要監督價格是否穩定，必須反向監督，即終端零售→二級批發客戶→一級批發客戶。

六、簽訂《市場秩序管理公約》

　　按照《經銷商協議書》，本著「確保經銷商利益」，加大市場管理力度，維護市場流通秩序，提高品牌形象的原則，特制定本市場管理政策，作為年度《經銷商協議書》的附件：

　　一、總則

　　(1)本年度所有產品的市場管理獎勵不計入銷售。

　　(2)公司建議經銷商流通產品的批發價格在公司出廠價基礎上上浮

1%。

⑶經銷商同意公司對市場違規行為的以下處理標準：自願接受行會會長的協調、處理、管理和監督；自願接受公司督察的監督和處理；同意「如協調不成，在出現違規現象 2 日內，收購竄貨產品，提出投訴申請，填寫《竄貨投訴狀》；如出現違規，同意按市場收購價格，在通知後 2 天內，從被竄貨經銷商中回購所竄貨的產品，或補償差價，並在違規事件處理完畢之前，接受公司的停貨處理；接受公司「對所有違規行為，均全省通告」的規定。

⑷下述政策的任何變動或修改以公司的正式書面通知為準，任何口頭承諾均不發生任何效力，亦不作為任何結算的依據。

⑸經銷商同意及確認公司對下述政策具有最終解釋權。

⑹本銷售政策為《經銷商協議書》的附件，與《經銷商協議書》具有同等法律效力，且僅適用於 2017 年的銷售。

二、市場管理獎勵政策

1. 口腔護理品

表 11-4 顯示了口腔護理品市場管理獎勵辦法。

表 11-4　口腔護理品市場管理獎勵辦法

月	年度 年累計「違規全省通告」次數	獎勵百分比
月銷售額的 1.4%	0 次	年度銷售額的 1%
	1～3 次	年度銷售額的 0.5%
	4 次及以上	0

2.化妝品

表 11-5 顯示了化妝品市場管理獎勵辦法。

表 11-5　化妝品市場管理獎勵辦法

月	年度 年累計「違規全省通告」次數	獎勵百分比
月銷售額的 4%	0 次	年度銷售額的 1%
	1～3 次	年度銷售額的 0.5%
	4 次及以上	0

說明 1：月市場管理獎勵，是指給予未違反《經銷商協議書》及本市場管理
　　　　政策的規定低價或竄貨銷售的經銷商的獎勵。低價是指低於公司出
　　　　廠價。

說明 2：市場管理獎勵實現方式：按月結算，按季發放。在下一季(年)度的
　　　　第一個月，經銷商進貨時在發票票面額中扣除。經銷商不得自行從
　　　　貨款中扣除。

三、市場管理處罰政策

對於違反市場管理規定的經銷商，除了扣發「市場管理獎勵」，還
必須按市場管理處罰政策進行處理。

1. 唯一處罰方：公司市場督察部

2. 違規案件來源：經銷商的投訴狀，督察巡訪

3. 低價銷售的認定

(1)價格：低於公司出廠價。

(2)責任：違規經銷商、違規經銷商所屬行會會長負完全責任。

4. 處罰規定

(1)凡出現市場違規事件，均全省通告。

(2)每通告一次，處罰如表 11-6 所示。

表 11-6　處罰規定

處罰成員	違規經銷商	所屬行會會長	所屬業務員	所屬銷售主管
竄貨處罰標準	1. 取消市場管理獎勵 2. 按每件竄貨5000 元標準處罰	1. 會長在經銷商投訴狀上簽字，不予扣罰 2. 凡直接由督察處理的，或拒絕或不在規定時間內在《投訴狀》上簽字的，扣罰5000 元/次	1000 元/次	2000 元/次
低價銷售處罰標準	取消市場管理獎勵	扣罰5000 元/次	1000 元/次	2000 元/次

5. 經銷商投訴程序

(1)經銷商在發生竄貨事件後，由行會會長協調處理，在協調不成的情況下，在 2 日內，由經銷商收購竄貨證據，並填寫《投訴狀》。

(2)投訴經銷商行會會長在收到《投訴狀》的 2 日內，簽上處理意見，並立即傳真給公司督察或另一行會會長。

(3)被投訴經銷商行會會長在收到對方行會會長傳來《投訴狀》的 2 日內，簽上處理意見，並立即傳真給公司督察。

(4)公司督察在收到《投訴狀》的 2 日內處理完成，並立即發放《竄貨裁決書》。

(5)竄貨方必須在《竄貨裁決書》發出後的 2 日內，按市場收購價回購所竄貨物，或經雙方協商，由竄貨方補償被竄貨方回購竄貨產品的市場差價。否則，公司將停止供貨，直到事件解決為止。(對經銷商實施「停止供貨和恢復供貨」的決定，由公司市場督察以書面形式通

知內勤）

　　⑹公司每月將市場違規經銷商名單，進行「全省通告」。

　6. 督察巡訪發現違規案件處理程序

　　竄貨事件處理程序：

・ 發現竄貨案件；

・ 收購竄貨產品；

・ 在發生竄貨事件後的當日內通知竄貨經銷商，並發放《竄貨裁
　決書》；

・ 竄貨方必須在《竄貨裁決書》發出後的 1 日內，按收購價，回
　購所竄貨物，否則公司將停止供貨，直到事件解決為止；

・ 公司每月對市場違規經銷商進行「全省通告」，並記入市場違規
　檔案。

　　低價銷售處理程序：

・ 在批發市場上收購低價貨物；

・ 如屬竄貨，按竄貨程序處理；

・ 如屬於區域內經銷商的產品，二批商或經銷商本人低價銷售，
　則按「低價銷售處理標準」進行處罰，並發放《低價銷售裁決
　書》；

・ 經銷商必須在《低價銷售裁決書》發出後的當日內，按收購價
　回購所收購的低價銷售的貨物，否則公司將停止供貨，直到事
　件解決為止；

・ 公司每月對市場違規經銷商進行「全省通告」，並記入市場違規
　檔案。

第 12 章

針對經銷商的獎勵工作

案 例

重賞之下，必有勇夫

大半年過去了，銷售計劃只完成了 1/3，怎麼辦？

作為食品公司行銷經理的李某，一直為銷售不暢苦惱著。於是他請示老總，決定執行一次大規模的促銷活動，以激勵零售商大量進貨，方法就是每進一件產品，獎勵現金 50 元。這招還真靈!零售商們見有利可圖，進貨積極性高漲，只一週時間，上半年落下的任務就超額完成了。李經理看著銷售表，長長地舒了口氣:「真是有錢能使鬼推磨，重賞之下，必有勇夫啊!」

然而，讓李經理萬萬沒有想到的是，沒出一個月，市場就發生了意外:公司在市場上一直平穩的價格莫名其妙地一個勁地往下

滑。各零售點，無論大商場還是小食雜商店都競相降價甩貨，不但造成零售價格混亂，也直接影響了公司的市場形象。老總火了，公司急忙派出人員出面調查制止。零售商們當面說得好聽，一轉身，仍然低價出售。公司焦頭爛額，無可奈何。原來，在高額促銷費的驅動下，零售商們進貨量猛增，表面上看，公司的庫存降下來了，而市場上消費者的消費量是相對有限和固定的，貨雖然到了零售商手裏，但並沒有順利地賣到消費者手中。

由於零售商都進了大量的貨，一時又銷不出去，為儘快處理庫存積壓，回籠被佔用的資金，他們便競相降價甩賣。結果市場上賣什麼價的都有，而且是越賣價越低。低價甩賣，零售商不賠錢嗎？他們當然不會做賠本的買賣，因為還有高額的促銷費用墊底，只不過少賺一點罷了。

食品公司的損失卻要大得多了。公司形象受影響不說，而且產品的價格一旦降下來，再想拉上去幾乎是不可能的。因為消費者一旦接受了更低的零售價格，若再漲上去，他們肯定是不買賬的。於是，該種產品的售價越賣越低，零售商的利潤越來越薄，最後，零售商乾脆不賣這種產品了。沒人再進貨，這產品也就壽終正寢了！而這時只有食品公司叫苦不迭。李經理也因此引咎辭職，痛苦地離開了這家公司。

工作重點

　　管道激勵是管道管理的重要內容，是企業與管道成員之間良好合作的「潤滑劑」。企業只有充分、準確認識管道激勵的重要性，才能制定出科學的、可執行的管道激勵計劃。

　　目前商品市場已逐漸進入「管道為王」的時代，企業合理的管道激勵計劃與方式，有利於其佔領和鞏固有限的管道資源，對競爭對手形成管道壁壘，從而幫助企業建立分銷管道排他性，獲取管道競爭優勢。

　　「胡蘿蔔加大棒」策略，是眾多製造商管理銷售管道成員的方法，但要注意的是，「胡蘿蔔」儘量多一些，「大棒」只有在不得已的情況下才使用。

　　激勵管道成員的措施一般分為直接激勵和間接激勵。直接激勵，是通過給予物質或金錢獎勵來肯定管道成員在銷售量和市場規範操作方面的成就。間接激勵，是通過幫助管道成員進行銷售管理，以提高銷售效果和效率來激發中間商的積極性。

一、獎勵的目的

(一)獎勵的定義

　　對生產廠商來說，是希望最大限度地刺激經銷商銷售自己產品的積極性，通過經銷商的銷售、網路，加速產品的銷售，以期在品牌、管道、利潤等諸多方面取得更高的回報。獎勵對經銷商來說，則是廠

商對自己努力經營其產品給予的獎勵。

獎勵是指廠商根據一定的評判標準，以現金或實物的形式對經銷商的獎勵。獎勵系統的設計與竄貨有著直接的關係。獎勵是把雙刃劍，如果運用得當可以激勵經銷商，有不少生產廠商也正是借此在市場上獲得了巨大的成功。一旦用不好，就會成為經銷商竄貨亂價等短期行為的誘發劑。

如果企業的手中沒有熱銷的產品和良好的利潤，經銷商會立刻離開，並找別的企業合作，故而這把雙刃劍又不得不用。但值得注意的是，經銷商往往會將企業的獎勵當成降價傾銷，而其傾銷又是為了獲得更多的獎勵。這種惡性循環很容易破壞整個市場的價格體系。因此在制定獎勵系統時，一定要考慮週全。

(二)獎勵的功能

獎勵具有兩種特殊功能，即激勵和控制。這兩種功能是相輔相成的，二者之間是一種互動關係。

1. 激勵功能

激勵能使被激勵者按時或提前完成之前制定的目標。由於獎勵對經銷商而言是一種額外收入，而且門檻不高，只要實現了銷售就會有相應的獎勵，所以能夠起到激勵經銷商的作用。

2. 控制功能

經銷商獲得獎勵，並不是一件輕而易舉的事情，特別是高比例的獎勵。除了對經銷商有銷量方面的要求之外，企業一般還會要求經銷商不能有嚴重市場違規行為，否則將受到扣減獎勵甚至取消獎勵的處罰。

(三)獎勵的目的

企業常常通過給予實物或現金獎勵來肯定經銷商在銷售量和市場規範操作方面的成績。在實務中，企業多採用獎勵形式獎勵經銷商。對於經銷商來說，自身的利潤肯定是第一位的。在企業高獎勵的誘導下，經銷商會盡一切努力把銷量沖上去，爭取拿下高的獎勵。

而大多數企業通過獎勵來激勵經銷商，卻忽視了其控制功能，而使市場趨於不規範化，竄貨現象氾濫。所以在設定獎勵促銷時，應明確獎勵的目的。

1. 以提升整體銷量為目的

促使經銷商提升整體銷量是獎勵最主要的目的。獎勵也因此常常與銷量掛鈎，經銷商隨著銷量的提升而享受更高比例的獎勵。

2. 以完善市場為目的

實際上，這是獎勵發揮其控制功能的一種形式。除與銷量掛鈎之外，獎勵還將與提高市場佔有率、完善網路建設、改善銷售管理等市場目標相結合。

3. 以加速回款為目的

將獎勵直接與回款總額掛鈎的一種獎勵方式。

4. 以擴大提貨量為目的

這種獎勵往往採取現返的方式，類似於價格補貼。大多數時候，此類獎勵分為兩部份，一部份採用現返方式兌現，另一部份則是一段時期之後根據這段時期總的銷量再進行獎勵。

5. 以品牌形象推廣為目的

此類獎勵有時被稱為「廣告補貼」，與銷量掛鈎，並參照補貼市場的實際廣告需求確定獎勵比例。需要說明的是，此類獎勵與銷量獎勵並存，不同市場的兩部份獎勵的比例關係不是一致的。

6. 以階段性目標達成為目的

　　為配合企業階段性銷售目標的完成，特別制定的階段性獎勵。例如，企業為促使經銷商進貨、增加庫存，可採取階段性獎勵政策。經銷商若超過此期限進貨則不再享受此項獎勵政策。

(四)獎勵引起竄貨

　　獎勵在產生激勵的同時，常常會成為經銷商竄貨亂價等短期行為的誘發劑。特別是當廠商的產品佔領市場後，廠商銷售工作的重點就會轉向穩定市場。這時，根據銷量獎勵的政策的缺點就表現得越來越明顯。

　　銷量越大，獎勵越高。這必然會使經銷商不擇手段地去增加銷售量。各經銷商在限定的區域內無法在限定的時間完成一定的目標時，他們很自然地實行跨區竄貨。經銷商會提前透支獎勵，不惜以低價將產品銷售出去，平進平出甚至低於進價批發。結果，你竄貨到我的區域，我竄貨到你的區域，最後導致價格體系混亂甚至崩盤。

　　事實上，只要企業善於利用獎勵來控制經銷商，竄貨問題就很容易解決。

二、獎勵的種類

(一)按兌現時間分類

　　通常獎勵是滯後兌現，而不是當場兌現的。所以從兌現的時間長短上來分，獎勵可分為以下幾類：

1. 月獎勵

　　月獎勵是每一個月給予獎勵，月獎勵有利於對經銷商進行即時的

激勵，讓經銷商隨時可以看到獎勵的誘惑，相當於給業務人員配備了一把有力的武器。而且，也比較容易根據市場的實際情況、淡旺季等來制定合理的任務目標和獎勵目標底線，操作起來非常靈活。但這種獎勵方法對公司財務核算有比較高的要求，而且月獎勵金額往往較小，誘惑力不夠，還容易出現投機心理，導致市場大起大落等不穩定現象。例如經銷商往往為了追求本月的高獎勵而拼命壓貨，而導致下月的銷售嚴重萎縮。

2. 季獎勵

這種獎勵方法既是對經銷商前三個月銷售情況的肯定，也是對經銷商後三個月銷售活動的支持。這樣就促使廠商和經銷商在每個季結束時，對前三個月合作的情況進行反省和總結，相互溝通，共同研究市場情況。季獎勵一般是在每一季結束後的兩個月內，由廠商選擇一定的獎勵形式予以兌現。

3. 年度獎勵

這種獎勵方法是對經銷商完成當年銷售任務的肯定和獎勵。一般是在次年的一季內，由廠商選擇一定的獎勵形式給予兌現。年度獎勵便於企業和經銷商進行財務核算，容易計算營銷成本，且便於參照考慮退換貨等政策因素，及制定明確的銷售任務目標，而且年度獎勵賬面金額往往比較大，對經銷商有一定的誘惑。年度獎勵能夠有效緩解流行的分期付款和按揭貸款給企業結算造成的壓力，同時有利於企業資金週轉。但是，對經銷商來說，年度獎勵週期比較長，對其的即時激勵性不夠，制定的銷售任務目標難以及時進行調整。而且，如果經銷商在經營的前幾個月中經營不善發現獎勵無望後，就可能會對獎勵失去興趣。

2003 年上半年，由於非典(SARS)的肆虐，很多食品、服裝行業的

代理商根本無法如期完成企業制定的銷售目標，使他們的獎勵減少，嚴重影響了他們下半年經銷的積極性。但製藥等行業則因為非典意外地迎來了銷售高峰。某連鎖大藥房銷售的抗病毒口服液，僅上半年就完成了三倍於其與廠商簽訂的全年銷售任務。按其與藥廠簽訂的年度獎勵合約，2003年經銷商可以從藥廠狠狠地賺一把獎勵。

4. 及時獎勵

這種獎勵方法是在購貨時即進行獎勵，一般採用票面折扣的方式。其優點是計算方便，缺點是影響市場價格。

(二)按兌現方式分類

依據兌現的方式不同，獎勵可分為：

1. 明獎勵

明獎勵是指明確告訴經銷商在某個時間段內累積提貨量對應的獎勵數量，是廠商按照與經銷商簽訂的合約條款，對經銷商的回款給予的定額獎勵。明確的按量獎勵，對激起經銷商積極性有較大的作用，但需要有配套的考核體系，對經銷商比較熟悉和瞭解。但明確的按量獎勵，也容易陷入惡性循環。例如，你有10個代理商，有兩三個控制不住，經常竄貨，就有可能導致市場崩潰，陷入惡性循環。而模糊獎勵在控制竄貨方面效果要好一些，因為代理商有心理壓力，不敢輕易違規。

明獎勵的最大缺點在於，由於各經銷商事前知道獎勵的額度，如果廠商稍微控制不力的話，原來制定的價格體系很可能就會因此瓦解。為搶奪市場，得到獎勵，經銷商不惜降價拋售，惡性競爭。最終，廠商的獎勵完全被砸了進去，不但沒起到調節通路利潤的作用，反而造成了市場上到處都是亂價、竄貨的惡果。

2.暗獎勵

暗獎勵是指對經銷商不明確告知，而是廠商按照與經銷商簽訂的合約條款，對經銷商的回款給予的不定額獎勵。暗獎勵不公開，不透明，就像常見的年終分紅一樣，在一定程度上確實消除了一些明確獎勵的負面影響，而且在實施過程中還可以充分地向那些誠信優秀的經銷商傾斜和側重，比較公平。但是，暗獎勵在實施過程中是模糊、不透明的，可是當實施的那一瞬間，模糊獎勵就變得透明了。經銷商會根據上年自己和其他經銷商的模糊獎勵的額度，估計自己在下一個銷售年度內的獎勵額度。

暗返的技巧在於：暗獎勵只能與明獎勵交叉使用，而不能連續使用。否則，暗獎勵就失去其模糊的意義。

(三)按獎勵目的分類

1.過程獎勵

有技巧地設計獎勵系統，應根據過程管理的需要綜合考慮獎勵標準。既要重視銷量激勵，更要重視過程管理。這樣既可以幫助經銷商提高銷量，又能防止經銷商的不規範運作，還可以培育健康有序的市場環境。廠商可以針對營銷工作的一些細節來設立獎勵。獎勵範圍可以涉及鋪貨率、售點生動化、全品項進貨、安全庫存、遵守區域銷售、專銷、積極配送和守約付款等。

(1)鋪貨陳列獎

在產品剛進入目標市場時，為了迅速將商品送達終端，廠商給予經銷商鋪貨獎勵作為適當的人力、運力補貼，並對經銷商將產品陳列於最佳位置給予獎勵。

(2)管道維護獎

為避免經銷商的貨物滯留和基礎工作滯後導致產品銷量萎縮，廠商以「管道維護獎」的形式激勵經銷商維護一個適合產品的有效、有適當規模的管道網路。

(3)價格信譽獎

為了防止竄貨、亂價等不良行為的產生，導致最終喪失獲利空間，廠商設定了「價格信譽獎」，加強對經銷商的管控。

(4)合理庫存獎

廠商考慮到當地市場容量、運貨週期、貨物週轉率和意外安全儲量等因素，設立「合理庫存獎」，鼓勵經銷商保持適當庫存。

(5)競爭協作獎

為經銷商的政策執行、廣告與促銷配合、資訊反饋等設立協作獎，這樣能強化他們與廠商的關係，又能淡化他們之間的利益衝突。

2. 銷量獎勵

經銷商在銷售時段內(或月、或季、或年)完成廠商規定的銷售額，按規定比例及時享受廠商支付的獎勵。這種獎勵形式對廠商而言，優點在於容易操作，易於管理，缺點在於銷量越大，獎勵越高，必然會使經銷商不擇手段地去增加銷售量。當各經銷商在限定的區域內無法在限定的時間完成一定的目標時，他們很自然地實行跨區竄貨。經銷商還會提前透支獎勵，不惜以低價將產品銷售出去，平進平出甚至低於進價批發。結果，惡意竄貨導致價格體系混亂甚至崩盤。

(四)按獎勵內容分類

1. 產品獎勵

產品獎勵應包含主銷產品、輔銷產品、新產品等不同的產品系列

獎勵。企業通過對不同的產品線實現不同的獎勵標準，實現產品的均衡發展，鼓勵經銷商積極銷售非暢銷產品。例如，某企業設置的產品獎勵標準如下：珍品獎勵為 2%，精品獎勵為 1.5%，佳品獎勵為 1%。

2.物流配送補助

隨著經銷商職能的變化，經銷商由原有的「坐商」變為「物流配送商」。

產品的運輸費用成為經銷商的主要費用開支。這些開支包括車輛折舊費、汽油費、過橋費、司機薪資等。如果這些費用不能從產品的獎勵中得到補償，將會影響經銷商銷售這些產品的積極性，產品的銷量將會下滑。所以，在獎勵系統中，設置「物流配送補助」項目，將有利於經銷商積極開展產品的鋪貨和分銷工作。在設置「物流配送補助」項目時，要根據產品的銷售特性來確定。如「特效中藥牙膏」，屬於流通性產品，分銷網點多，需要做好配送工作，則該產品可以設置「物流配送補助」。根據產品的銷量，給予一定百分比的「物流配送補助」比率，如 2%。而「160g 全效牙膏」屬於終端產品，各超市商場是其主要銷售的場所，對於這類產品，可以不設置「物流配送補助」。因為其銷售區域大多集中在經銷商所在地的城鎮，所花費的運輸費用很少。

3.終端銷售補助

終端銷售，主要是指需要進場費、陳列費、堆頭費、DM 費等各種名目的費用的連鎖超市、商場等 KA 大賣場。由於這些費用名目繁多，手續複雜，企業審核的工作量大，其真假難辨。同時，這些費用的多少沒有絕對的標準。對於同一個項目的費用，不同的人談判可能有兩種截然不同的結果。因此，應設置「終端銷售補助」，將這些費用折合成比率，獎勵給經銷商，以補償所需要支付的費用。適合終端銷售的

產品，應與適合流通銷售的產品分開。終端銷售補助主要是對適合終端銷售的產品的補助。另外，還可以根據經銷商所在地的 KA 大賣場的數量，經過經銷商申請，對所申請的 KA 大賣場所產生的銷量進行「終端銷售補助」。這樣就可有效地避免拿了「終端銷售補助」，卻不在終端銷售的情況。

4.人員支持

為支持經銷商在當地開展工作，有些企業會為經銷商在當地聘請銷售人員。然而，企業要實現對這些銷售人員的管理和監控是很困難的。為了充分發揮企業對經銷商實現人員支援的效率，經過經銷商的申請，企業審核，企業每月給予經銷商所核定的人員編制的薪資。

5.地區差別補償

由於產品在不同區域的市場基礎不一樣，產品知名度、美譽度也就不一樣。有的區域市場基礎好，產品銷量自然要高，有的區域市場基礎差，產品銷量自然要低。同樣的獎勵標準，顯然對市場基礎差的經銷商是不公平的。為公平起見，企業應設置「地區差別補償」，以提高市場基礎差的經銷商的積極性。並通過經銷商的積極推薦，儘快使市場基礎差的區域成為市場基礎好的區域。

6.經銷商團隊福利

將一盤散沙的經銷商組織起來，企業應成立經銷商公會、團隊或互利會，並給予會員二定的獎勵作為會員福利，如給予經銷商銷量的1%作為加入行會的福利。

7.專銷或專營獎勵

專銷獎勵是經銷商在合約期內，專門銷售本企業的產品，不銷售任何其他企業的產品，在合約結束後，廠方根據經銷商銷量、市場佔有情況以及與廠商合作情況給予的獎勵。

　　專營獎勵是經銷商在合約期內，專門銷售企業的產品，不銷售與企業相競爭的產品，在合約結束後，廠方根據經銷商銷量，市場佔有情況以及與廠商合作情況給予的獎勵。

　　在合約執行過程中，廠商將檢查經銷商是否執行專銷或專營約定。專銷或專營約定由經銷商自願確定，並以文字形式填寫在合約文本上。

三、選擇獎勵的兌現形式

　　獎勵不僅只是一種激勵手段，更是一種控制工具，因為獎勵獎勵常常不是當場兌現，而是滯後兌現的。換言之，經銷商的部份利潤是掌握在企業手中的。如果生產商獎勵用得好，就可使獎勵成為一種管理控制經銷商的工具。

　　獎勵兌現的常用形式包括現金、產品和折扣。企業在選擇兌現方式時，可根據自身情況進行選擇，以起到激勵和控制的作用。

1. 現金

　　獎勵可以根據經銷商的要求，以現金、支票或抵貨款等形式兌現。如現金金額比較大，企業可要求用支票形式兌現。現金獎勵兌現前，企業可根據事先約定扣除相應的稅款。

　　使用現金來兌現，無論是激勵還是加以控制都能起到非常好的效果。但如果只是通過考核銷量來返還現金，將很容易引起竄貨的出現。可是當企業運用類似這樣的政策，將有效控制並激勵經銷商。

2. 產品

　　以產品形式獎勵，就是企業用經銷商所銷售的同一產品或其他適合經銷商銷售的暢銷產品作為獎勵。需要注意的是，產品必須暢銷，

否則獎勵的作用就難以發揮。

　　供貨限制短期內對控制企業的竄貨現象有立竿見影的成效。但在使用供貨限制時，必然同時會對經銷商的銷量熱情有負面的影響。而如果配合使用產品獎勵的兌現形式，就可以大大降低這種負面影響。

3. 折扣

　　這是目前最為常見的一種模式。其特點就是獎勵不以現金的形式支付，而是讓經銷商在下次提貨時享受一個折扣。廠商主要是通過這種模式減少自身的現金壓力。同時，這種模式還可以對通路的獎勵拉力上形成環環相扣的局面。

四、確定獎勵的水準

　　一些已形成一定生產規模的廠商紛紛推出對商家獎勵的促銷手段。最初是年銷售額的 0.5%、1%，後來逐步擴大到 1%、3%。隨著時間的推移，市場競爭的需要，這種由生產企業向商業企業提供的獎勵，逐步由年銷售額的 3%，提高到 5%、8%、10%，更有甚者提高到了 15%以上。

　　隨之而來，一些企業也不甘寂寞，紛紛打出了低於廠價銷售的大旗，將生產企業提供的獎勵扣率部份或全部貼到了商品的售價上。一時間，出廠價成了最高價，商品的市場批發價一般都低於出廠價。這是目前市場上很盛行的一種現象——價格戰。

　　價格紊亂了，企業何以生存下去呢？企業在一味打擊對手的同時，是不是也要考慮一下自己的盈利，甚至是生存呢？

　　獎勵作為額外的獎勵，首先，必須具有一定的誘惑力。對於以利為先的商人來說，獎勵的力度必須能刺激經銷商努力去提高銷量，以

獲取儘量多的利益。其次，必須在嚴格財務核算的基礎上確定獎勵點數的範圍。不同行業的利潤率是不同的，所以，點數的選擇需謹慎。畢竟，獎勵是營銷成本的一部份，在確定前要充分考慮同行業的水準、產品的利潤水準、產品類別和競爭對手的獎勵水準等。

(一)不同行業的獎勵水準

不同的行業獎勵標準肯定是不同的，像建材、家電、汽車等整體規模較大的行業，其獎勵標準肯定比服裝、食品等品類的獎勵標準要低。例如日本夏普(SHARP)音響的獎勵政策是(針對專賣加盟商)：經銷商首次拿貨 10 萬，當即獎勵 5%用於廣告、促銷費用；以後每滿 10 萬，即獎勵 5%；年度拿貨達到 100 萬，則再獎勵 8%。這個獎勵點相對而言是比較高的，因為音響行業整體利潤率是比較高的。飛利浦家電在某一年針對國內經銷商的獎勵政策是：月獎勵，經銷商月拿貨 100 萬以上，獎勵 1%；季獎勵，經銷商季拿貨 500 萬以上，獎勵 0.5%；年度獎勵，年度拿貨 1500 萬，再獎勵 0.5%。

(二)產品利潤率水準

不同產品的利潤率不同，如化妝品的利潤率就明顯要比牙膏的利潤率高。

(三)產品類別

產品獎勵的大小在一定程度上要根據產品的類別來決定。

1. 主銷產品獎勵比率

由於主銷產品的銷量大，產品流通速度快，產品知名度高，在設置獎勵比率時，應處於較低的水準。

2. 輔銷產品獎勵比率

由於輔銷產品的銷量小，產品流通速度慢，產品知名度底，需要經銷商或推銷人員大力推薦，為提高經銷商銷售輔銷產品的積極性，在設置獎勵比率時，應處於較高的水準。

3. 新產品獎勵比率

表 12-1　某牙膏企業的產品返利比率

產品名稱	產品規格	產品分類	返利比率
特效中藥牙膏	105g	主銷產品	3%
全效牙膏	180g	輔銷產品	5%
香薰沐浴露	110g	主銷新產品	6%
含氟牙膏	105g	輔銷新產品	10%

對於剛剛上市的產品，經銷商的大力推薦對於產品成功上市起著重要的作用。提高新產品的獎勵比率，是提高經銷商積極性的重要手段。一般情況下，新產品上市的 6～12 個月，為新產品推廣期，應採用新產品獎勵標準來刺激銷售。新產品又可分為主銷新產品和輔銷新產品。在設置產品獎勵比率時，輔銷新產品的獎勵比率應高於主銷新產品的獎勵比率。

(四)競爭對手的獎勵水準

營銷戰略講究知己知彼。企業所制定的獎勵政策必須和主要競爭對手相比有一定的優勢，才能佔據更多的主動，發揮獎勵的推動力。

五、獎勵系統的關鍵點

經銷商經營產品的最終，目的是最大地獲取利潤。而廠商的獎勵也的確可以成為控制經銷商、爭取管道暢通的一種直接而有效的手段。那麼，如何才能很好地利用獎勵這種方式，同時又能將其負面作用降至最低呢？建立一個科學的獎勵系統應特別注意產品生命週期、經銷商隊伍穩定情況、銷售淡旺季和市場掌控度。

1. 產品生命週期

不同的產品生命週期，獎勵側重點不同。在產品導入期，消費末端拉力不足，須倚仗經銷商的努力方可進入市場。此時不妨提高獎勵額度，鼓勵市場鋪貨率、佔有率、生動化等指標的完善和提貨量的完成。而在成長期，重在打擊競品，要加大專銷、市情反饋、配送力度、促銷執行效果等項目的獎勵比例，同時輔以一定的銷量獎勵。到了成熟期，末端拉力強勁，銷量較為穩定，就應重視通路秩序的維護。獎勵應以守區銷售、嚴格遵循價格體系規定出貨為主，銷量獎勵起輔助作用。此時廠商的精力應放在培養自己的銷售隊伍去做無孔不入的鋪貨率、生動化、滲透率以及開發邊遠週邊空白區域等工作上。

2. 經銷商隊伍穩定情況

對於企業來說，具體採用那種方式要根據自身的實際情況來決定，不同的行業特點，不同的市場環境宜採用不同的方式。對於市場變數較多、經銷商隊伍不穩定的行業來說，採用週期較短的獎勵方式比較合適。這樣有利於迅速刺激經銷商加大對本品牌的資金和精力投入，有利於市場的迅速壯大，也利於公司及時調整銷售政策。而在經銷商隊伍穩定或者雙方合作長久默契相互信任的情況下，則可以採用

較長週期的獎勵方式。

3.銷售淡旺季

對於淡季旺季比較明顯的行業，也適宜採用短週期的獎勵方式，以刺激淡季經銷商業績的增長。

4.市場掌控度

掌控市場能力比較強的企業會採用年度獎勵和月獎勵等相結合的方式。這種方式既有短期的業績獎勵，又有長期的目標任務促進，更能有效達到激勵效果。但這種方式對營銷管理和財務管理有比較高的要求。

六、設計你的獎勵系統

(一)確定獎勵項目、獎勵水準和獎勵時間

表 12-2 為用以確定獎勵項目、獎勵水準和獎勵時間的設計表。

在制定獎勵政策時，要特別注意在不同的市場階段，獎勵的側重點應各不相同。

用獎勵來激勵或控制經銷商，企業首先要清楚現階段激勵或控制經銷商要達到的具體目標是什麼。只有具體目標清楚，才能根據目標制定有針對性的獎勵方案，才能通過獎勵獎勵得到企業真正想要的東西。而在不同的市場階段，企業的重點目標是不同的，所以不同階段獎勵的側重點也應不同，如此才能做到激勵目標與廠商目標的統一。

例如，在產品導入期獎勵獎勵的重點很顯然是鼓勵經銷商鋪貨率、開戶率、生動化等指標的完善和經銷商銷量的完成和提高。而在產品成長期獎勵獎勵的重點則應該重在打擊競品、加大專銷、市情反饋、配送力度、促銷執行效果等項目的獎勵比例，同時輔以一定的銷

量獎勵。在產品成熟期獎勵獎勵的重點應該是重視通路秩序的維護，防止竄貨行為的發生，或者是治理竄貨行為，獎勵則應以守區銷售、遵守價格規定出貨和守約付款為主，銷量獎勵只是起到輔助作用。

表 12-2　返利系統設計表

	返利項目	現返利	月返利	季返利	年度返利	返利合計
產品類	暢銷產品					
	非暢銷產品					
	新產品					
市場類	鋪貨率					
	售點生動化					
	全品項進貨					
	專賣或專銷					
	無竄貨					
	無低價銷售					
銷售支援類	安全庫存					
	守約付款					
	物流配送					
	終端銷售					
	人員支援					
	地區差別					
	經銷商團隊福利					
合　計						

(二)確定獎勵兌現方式

如何確定獎勵兌現方式？結合所介紹的內容，再判斷性地回答以下幾個問題，就很容易作出決定。

(1)企業現金流是否允許？

(2)竄貨現象是否嚴重？

⑶經銷商的積極性高不高？

⑷產品是否為暢銷產品？

⑸與經銷商的關係是否穩定？

⑹是否有新產品推廣？

百事可樂公司的獎勵政策

百事可樂公司對獎勵政策的規定細分為五個部份：季獎勵、年扣、年度獎勵、專賣獎勵和下年度支持獎勵。除年扣為「明返」外(在合約上明確規定為1%)，其餘四項獎勵為「暗返」，事前無約定的執行標準，事後才告知經銷商。

⑴季獎勵：既是對經銷商前三個月銷售情況的肯定，也是對經銷商後三個月銷售活動的支持。這樣就促使廠商和經銷商在每個季合作完後，對前三個月合作的情況進行反省和總結，相互溝通，共同研究市場情況。且百事可樂公司在每季末派銷售主管對經銷商業務代表培訓指導，幫助落實下一季銷售量及實施辦法，增強相互之間的信任，兌現相互之間的承諾。季獎勵在每一季結束後的兩個月內，按一定比例進貨以產品形式給予。

⑵年扣和年度獎勵：是對經銷商當年完成銷售情況的肯定和獎勵。年扣和年度獎勵在次年的一季內，按進貨數的一定比例以產品形式給予。

⑶專賣獎勵：是經銷商在合約期內，在碳酸飲料中專賣百事可樂系列產品。在合約結束後，廠方根據經銷商的銷量、市場佔有情況以及與廠商合作情況給予的獎勵。在合約執行過程中，廠商將檢查經銷商是否執行專賣約定。專賣約定由經銷商自願確定，並以文字形式填寫在合約文本上。

⑷下年度支持獎勵：是對當年完成銷量目標，繼續和百事可樂公司合作，且已續簽銷售合約的經銷商的次年銷售活動的支持。此獎勵在經銷商完成次年第一季銷量的前提下，在第二季的第一個月以產品形式給予。

因為以上獎勵政策事前的「殺價」空間太小，經銷商如果低價拋售造成了損失和風險，廠商是不會考慮的。且百事可樂公司在合約文本上還規定每季對經銷商進行如下項目的考評：

⑴考評期經銷商實際銷售量；

⑵經銷商銷售區域的市場佔有率情況；

⑶經銷商是否維護百事產品銷售市場及銷售價格的穩定；

⑷經銷商是否在碳酸飲料中專賣百事可樂系列產品；

⑸經銷商是否執行廠商的銷售政策及策略；

⑹季獎勵發放前，經銷商須落實下季銷售量及實施辦法。

為防止銷售部門弄虛作假，公司規定考評由市場部、計劃部抽調人員組成聯合小組不定期進行檢查，以確保評分結果的準確性、真實性，做到真正獎勵與廠商共同維護、拓展市場的經銷商。

(三)獎勵累積定位

獎勵就是針對一定期限內的累計銷量或銷售額而制定的。但隨著市場競爭進一步加劇，經銷商要求縮短獎勵期限的呼聲越來越強烈，同時他們又想通過更長時間累計銷量或銷售額來獲得更高比例的獎勵。為此，一些企業採取了「現返＋季返＋年返」或「季返＋年返」的方式，滿足了經銷商多方面的要求，並有效促進了產品銷售。

白酒獎勵政策

白酒區域市場經銷商無論什麼級別，要嚴格按照白酒公司統一制定的獎勵體系執行獎勵。

1. 季折扣獎勵政策。所有白酒系列經銷商在每季達到年度銷售總量的 25％均享受該項政策。按照不同產品品種，珍品的季獎勵為 2％，精品的季獎勵為 1.5％，佳品的季獎勵為 1％，其他季節性或細分產品不在季獎勵之列。季獎勵在第二季的第一個月兌現，獎勵採用實物的形式給予。

2. 年度折扣獎勵政策。完成全年銷售總量後，珍品按照 3％的獎勵，精品按照 2％的獎勵，佳品按照 1.5％獎勵，其他低端產品按照 1％的獎勵，其他細分按照 2％獎勵。所有獎勵在第二個銷售年度的第一個月以現金的形式返還。

3. 及時回款獎勵政策。公司保持區域市場倉儲中心 150％的產品庫存率，超出部份區域市場經銷商以現金結算。當月及時結清貨款的區域市場經銷商享受月銷售總量 1％的回款獎勵，連續 180 天無應收賬款的區域市場經銷商享受 180 天銷售總量 0.5％的回款獎勵，全年無應收賬款的區域市場經銷商額外銷售總量 0.5％的回款獎勵。以上獎勵為累加獎勵，經銷商可以重覆享受。出現一次拖欠貨款行為即取消回款獎勵優惠。

4. 專賣獎勵獎勵政策。如果經銷商自願只銷售本公司產品白酒，並在全年的銷售中得到貫徹實施，即享受該項目獎勵，並在第二個銷售年度初以現金形式兌現。經銷商中途經營其他產品，該獎勵項目自動取消。珍品白酒專賣獎勵為 3％，精品白酒專賣獎勵為 2％，其他產品專賣獎勵為 1％。

5. 新產品推廣獎勵政策。在公司推廣白酒新產品系列時，經銷商積極配合的，新產品上市除了享受常規獎勵外，額外享受新產品推廣 3% 的獎勵。新產品推廣獎勵在年終結算，在第二個銷售年度初以新產品的形式返還。

以上獎勵政策為累計獎勵，達到各個項目的標準即可享受。

季獎勵、年度獎勵、及時回款獎勵、專賣獎勵、新產品推廣獎勵從不同的角度對經銷商的全年銷售產生驅動力。季獎勵注重對經銷商短期銷售能力的促進，有利於前期的鋪貨和分銷網路的建設。年度獎勵是在季獎勵的基礎上對於經銷商一年銷售工作的肯定和獎賞。及時回款獎勵是保證公司資金快速回籠，保證資金安全的有效手段，防止資金被經銷商佔用。專賣獎勵特別具有攻擊性。

一般來說，區域市場的經銷商常常經營兩個或兩個以上的白酒品牌。對於這種情況，作為廠商是無法控制的——雖然在合作前期會一再強調，但是在實際執行中，排擠競品，只經營你的品牌對於經銷商來說是不現實的。解決這個問題的唯一辦法就是給經銷商以正面的引導，讓經銷商在經營一個品牌中賺取兩個或者多個品牌的利潤。專賣獎勵就是引導經銷商排擠競品的誘餌。如果一個品牌具備了良好的市場潛力，擁有強大的品牌支援和銷售支持，還不定期地給予各種優惠政策，作為經銷商，他們肯定會認同這個品牌，更加賣力地銷售這個品牌。至於新產品推廣獎勵，主要是為未來考慮，讓白酒系列的每一個新產品在推廣的時候就得到經銷商的大力支持。

一個品牌在進入市場的前期表現是否活躍，除了品牌魅力的表現、營銷技術的運用外，能否得到區域市場經銷商的大力協助、

大力推廣是成功的關鍵。很多品牌在市場上總是叫好不叫座，就是因為管道不認可，經銷商、零售商不願意推廣！鑑於這些，獎勵系統不僅要規劃週密，而且在市場發展的每個階段，都能夠對經銷商產生驅動作用，從而產生銷售的助力。

(四)成熟產品獎勵政策

當產品處於成長期時，我們有時會鼓勵竄貨；當產品處於成熟期時，我們堅決要制止竄貨行為。同樣的，在不同階段，獎勵的政策也應該不同，這樣才有利於激勵並控制經銷商。

當產品處於成熟期，企業仍然沿用成長期時的獎勵制度，就好像是放一顆糖在小朋友的手中卻禁止他吃一樣。在這個階段，企業要防竄貨，就可以變換方式讓經銷商自我約束。

企業在這種階段制定獎勵政策時，可以多用過程獎勵，少用銷量獎勵。企業對經銷商既要重視銷量激勵，更要重視程序控制管理。企業在獎勵政策的制定上，不能以銷量作為唯一的獎勵標準，而應根據過程管理的需要綜合評定獎勵標準。

企業可以針對營銷過程的種種細節設立獎勵獎勵，例如獎勵範圍可以包括鋪貨率、售點生動化陳列、全品項進貨、合理庫存、遵守區域銷售規則、專銷積極配送和守約付款等。過程獎勵既可以提高經銷商的利潤，從而擴大銷售，又能促使經銷商規範運作，還可以培育一個健康的市場，保證明天的利潤目標。

七、激勵經銷商的十一種方法

圖 12-1　企業對經銷商激勵的分類

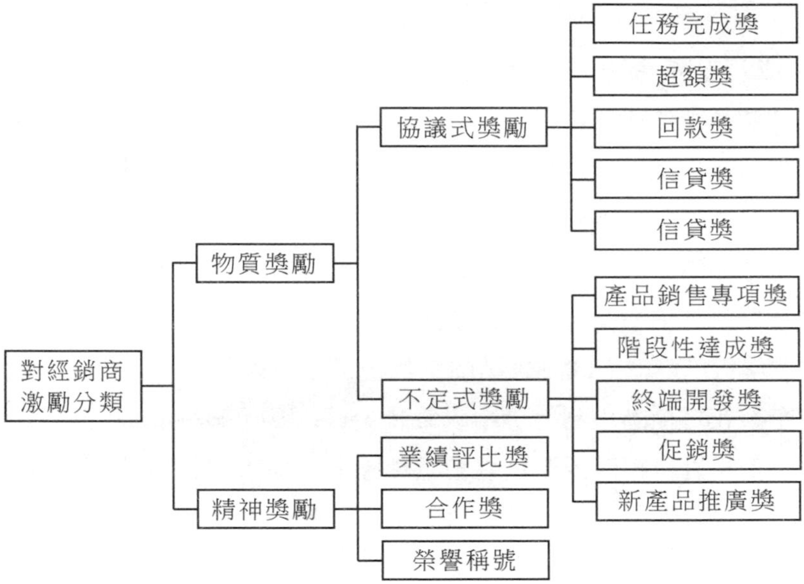

```
                                            ┌─ 任務完成獎
                                            ├─ 超額獎
                               ┌─ 協議式獎勵 ─┼─ 回款獎
                               │            ├─ 信貸獎
                               │            └─ 信貸獎
                  ┌─ 物質獎勵 ──┤
                  │            │            ┌─ 產品銷售專項獎
對經銷商           │            │            ├─ 階段性達成獎
激勵分類 ─────────┤            └─ 不定式獎勵 ─┼─ 終端開發獎
                  │                         ├─ 促銷獎
                  │            ┌─ 業績評比獎  └─ 新產品推廣獎
                  └─ 精神獎勵 ──┼─ 合作獎
                               └─ 榮譽稱號
```

1.批量折扣獎

銷售批量的大小決定了廠家運營成本，供貨廠家總是希望經銷商訂貨要有計劃、不要太散，從而有效地生產和運輸。

透過批量折扣獎的設定，可以有效地調整經銷商的訂貨數量和訂貨時間。操作中可以透過設定不同批量享受不同的價格，或折讓、批量贈品數量不同等方式來實現。

2.階段性達成獎

廠家進行階段性的銷售衝刺或季節性產品銷售通常會採用階段性達成獎來激勵經銷商。

　　具體做法是在一個銷售年度的特定階段，給予經銷商較銷售協定議定的獎勵方式更為優惠的獎勵措施，確保達成階段性的銷售目標。

　　階段性達成獎的內容可以是多方面的，如銷量、促銷、細分市場開發等。時間持續的長短通常是廠家按照市場需要制定，目前很多廠家每季都會選擇不同的產品和主題開展工作，引領經銷商為企業目標而實施行動。

3.任務完成獎

　　在年度協定中，都會為經銷商制定當年度的銷售任務指標，會包含銷售總指標、不同產品的銷售分解指標、終端的覆蓋、分銷的要求等。為激勵經銷商實現上述目標，廠家通常會制定經銷商達成目標的獎勵措施，多採用年終統一返利、階段性返利、獎勵國內外旅遊、獎勵培訓的方式。

　　透過對任務完成獎的設定，確保任務完成，或是經銷商雖未完成任務，但也可透過提前訂貨實現任務目標。

4.回款獎

　　經銷商通常會經營多個產品，在目前終端回款不好的狀況下，回款就成為廠家對經銷商資金資源的一種爭取，經銷商通常為了長期合作會將大品種、優勢品種、品牌品種等作為優先回款的對象，透過設定按時回款的獎勵、可以有效保證廠家資金的回籠。

　　回款獎設定與回款的時間掛鈎.如現款、30 天、60 天採用不同的結算價格，也可以採用同樣的價格，按照貨款到賬的時間執行不同的銷售折扣。

5.超額獎

　　激勵經銷商超額完成指標，是每一個廠家的共同願望。為激勵經銷商的超額，通常協議中會對超額完成的部份制定特殊的獎勵，如對

超額部份提高返利的比例、下一年度給予更多的市場費用支援等。

超額獎通常採用梯度設置，梯度越高獎勵越大，鼓勵能超額的經銷商實現更多的銷量。

6.產品銷售專項獎

廠家通常都是多產品銷售，為促進銷售，設定產品銷售的專項獎，可以有效地保證企業的推廣重點。

可透過增加專銷產品的返利比例、提高銷售折讓、增加市場（廣告）費用投入、增配銷售人員、給予經銷商專項市場推廣費用等方法實現。

7.信貸獎

對於長期合作、有一定銷售量基礎的經銷商，廠家通常都會給予一定數額的信用額度。信用額度既是對經銷商的一種激勵措施，也是對廠家貨款風險的一種保障。

隨著經銷商銷量的提高，透過提高信用額度可以有效地激勵經銷商擴大市場，同時對於銷售量下滑的經銷商透過減少信用額度，可以縮減回款的時間，有效地進行資金控制。

8.促銷獎

廠家激勵經銷商進行產品的終端促銷，提供相應的促銷禮品、贈品，並對於促銷的結果給予相應的獎勵，如終端促銷會上訂貨量的獎勵、促銷活動費用的支持獎勵等。

9.新產品開發獎

新產品的銷售難度，遠遠高於成熟品種，廠家在新產品上市的初期都會對新產品採用專門的獎勵方案，主要在激勵經銷商對新產品的關注。

10.經銷商評比獎

沒有比較就沒有差距，沒有差距，就沒有壓力和動力。廠家會透

過年度經銷商會議的方式，對上一年度的經銷商進行評比，頒發各種獎勵，以便讓經銷商在比較中認清差距，明確努力的目標。

企業可以按照企業的實際情況決定，最常見到的是業績達成獎、業績增長獎、終端開拓獎、促銷獎等。經銷商評比獎可以獎盃、獎牌、牌匾、證書等方式。

11.合作獎勵

廠家關注經銷商的銷售業績和能力，還關注經銷商與廠家的契合度，和諧合作、對企業有一定忠誠度的經銷商也是企業進行獎勵的主要方面，如精誠合作獎、五年(十年)合作獎、最佳配合獎等。

八、經銷商銷售競賽

經銷商與銷售人員一樣，同樣需要定期獲得達到某一目標的動力。在短期的銷售競賽中，獲勝給予的獎勵和認可能夠提供直接的動力。雖然經銷商獲利的多少與讚賞同等重要，但獲利並不能帶來讚賞──你不能炫耀它們。只有以獨特的獎品而不是金錢的方式給予的讚賞才能有助於推動經銷商創造更加的業績。更重要的是，讚賞不僅來自廠商，而且還來自家庭和朋友，因為，獎品能夠帶回家。事實證明，「勝利」以及成為「最好」等榮譽能夠對經銷商提供真正的激勵。開展經銷商的銷售競賽有以下好處：

⑴激情──經銷商通常獲勝之後十分興奮。

⑵關心──銷售競賽能夠提供個性化獎勵從而顯示出公司對經銷商個人的關心。

⑶凝聚力──在經銷商所處的環境較為惡劣的情況下，銷售競賽能夠幫助廠商增強對經銷商的凝聚力。

⑷團隊合作──為了在銷售競賽獲勝，有利於增強經銷商的團隊合作意識，當發生竄貨等事件時，可以促使經銷商之間主動解決竄貨所帶來的影響。

⑸競賽目標──經銷商會將關注重點放在競賽目標上，便於廠商達到總體的銷售目標。

表 12-3　經銷商銷售競賽目標與獎勵方法

銷售競賽目標	競賽方法
1.增加銷售額	a. 獎勵銷售額(或百分比)比過去時期(同期或上期)增加的經銷商 b. 附帶獎品的兩份定額：如果經銷商達到第一個定額將獲獎勵；如果經銷商達到第二個定額，其配偶將獲獎勵(例如旅遊) c. 表現最好的經銷商將獲得最昂貴的獎品，表現略遜者也得到差一些的獎品
2.增加淡季銷售額	a. 在淡季期間達到銷售定額者獲得獎勵。兩個定額獎品：第一個給經銷商，第二個給配偶(例如旅遊)
3.促進滯銷品的銷售	a. 獎勵在銷售滯銷品方面等分最高的經銷商
4.全品項銷售	a. 在一定時期對於保持所有產品銷售最均衡記錄者給予獎勵
5.銷售新產品	a. 在新產品銷售中保持最佳記錄者獲得獎勵 b. 對達到購買新產品的客戶定額者給予獎勵
6.提高單位銷售量	a. 為平均銷售(以過去平均銷售為基礎)之上的數量設置分值，分值最高者獲獎
7.刺激獲得更多的訂單	a. 獎勵所有獲得訂單定額的經銷商，給每份訂單設置分值，達到最高分值者獲獎
8.提高銷售訂單	a. 達到要求的拜訪(訪問)和產品演示定額者獲獎 b. 完成拜訪(訪問)最多或做產品演示最多者獲獎 c. 達到另一定額者獲附加獎

續表

9. 增加客戶（分銷網點）	a. 達到新客戶定額者可獲得獎勵
	b. 增加客戶最多者可獲獎勵
	c. 為每位新增客戶設定分值，分值最高者獲得獎勵
10. 獲得潛在客戶	a. 為每一新增的潛在客戶設定獎勵值，同時為在規定時期每位成為客戶的潛在客戶設定附加分值
11. 啟動沒有聯繫的客戶	a. 對重新啟動最多老客戶的經銷商給予獎勵
	b. 對從以前沒有聯繫的客戶中產生最大銷售量的經銷商給予獎勵
12. 使用戶轉向你的品牌	a. 使以前採用競爭性產品的用戶轉而採用你的品牌的經銷商獲得獎勵
13. 增進展示或拜訪	a. 對達到展示或拜訪定額的經銷商給予獎勵
14. 鼓勵經銷商配合	a. 對完全配合廠商的廣告計劃（政策者）的經銷商給予獎勵
15. 強化培訓	a. 培訓結束後考核分數最高者獲得獎勵

第一步　確定銷售競賽目標

經銷商銷售競賽的目的僅僅是為滿足具體的、短期的目標提供激勵。它們應與當前的市場環境和當前公司需求相協調。銷售競賽要求額外的、「超乎尋常」的努力，但競賽時間期限不宜過長。廠商不應該無限制地期望經銷商會繼續這種努力。

在設計目標時，最重要的一點是禁止經銷商：在銷售期間集中兜售以損害賽前和賽後的銷售額；存貨過多；竄貨；低價銷售。

1. 與公司當前市場目標相結合。每個階段，公司的市場目標都有所不同：有時需要開展新產品的推廣活動，有時需要消化廠商的庫存滯銷產品，有時需要完善銷售網站的建設，有時需要增加經銷商全品項銷售的能力，等等。在設計經銷商銷售競賽的目標時，一定要與公司的市場目標緊密聯繫在一起。

2. 可以達到的。目標設定一定要是經過經銷商努力後能夠達到的。否則，目標太高，經銷商會放棄，目標太低，沒有刺激性。

3. 與公司的宗旨和目標相結合。在設定目標時，一定要注意與公司的宗旨相符合。如公司需要建立一個相對穩定的銷售網路，則在進行銷售競賽時，應要求經銷商一定要遵守市場管理秩序，凡發現竄貨或低價拋售者，均取消獎勵的資格。

4. 易於經銷商理解與執行。目標要簡單，易於經銷商的理解和執行。不要將規則弄得過於複雜以至於經銷商感到它們需要獲得進一步的解釋。

5. 經常提示參賽者擺正位置以滿足成為贏家所需的條件。

6. 一旦競賽結束，最好在慶功宴上宣佈競賽結果，頒發獎品。

7. 將結果公開化。讚賞比獎品更加重要。

第二步　確定優勝者獎賞

儘管獎賞有無數多種，但是他們大體上可以分為五類：獎品、現金、贈券、商品和旅遊。不管選擇什麼樣的獎品，要記住三點：

①常改變獎賞。每個人不可能被同一件事情所激動。旅遊、商品、獎品和現金在不同的時間對不同的人發揮不同的效用。

②選擇讓獲勝者有感覺自己像贏家的獎賞。

③別具一格的獎賞通常具有強有力的激勵效果。

1. 獎品

競賽並不一定需要昂貴的獎賞。它們可以是小型、即興的事情。如相對廉價的勳章如果經過雕刻成為代表最高榮譽的獎品，也能夠激勵參賽者付出巨大的努力。尤其是在經銷商因額外銷售而獲得額外獎金的情況下尤為有效。

另外，獎狀、旌旗、卡片等也會經常使用。

2.現金

儘管人們普遍認為現金並不是競技獲勝的最好獎勵，但有近 53%的公司在競賽中採用現金激勵。對於收入不多的經銷商，現金尤受歡迎。採用現金及具有明顯的優點，也具有一定的缺點。

優點：假設廠商在競賽開始之前只有很短的準備時間，現金則是最簡單的激勵方式；有些人偏好現金，因為他們可以用現金換取所需要的一切東西；如果現金分期支付，並且附帶一封祝賀信直接送到經銷商的家中，則這種方式更為有效。

缺點：現金不具有持久價值；給人很小的想像空間，沒有任何炫耀價值。

3.贈券

贈券的優點在於它們能夠由獲勝者自由選擇。其缺點在於它們很難起到激勵作用，雖然它還是可以使用的。

4.商品

同現金和旅遊相比，商品獎勵具有獨特的魅力。每次獲勝者看著該物品就會回憶起當初贏得該物品的情形，會有一種成就感。每次，當其他朋友羨慕該獎品時，經銷商就能講述當時獲獎的故事，自豪之情油然而生。

5.旅遊

在美國的調查，29%的公司將旅遊作為一種競賽激勵獎。許多公司發現，激勵性旅遊的無形報酬具有特別的激勵效用，到異國旅遊更是經銷商的一種夢想。從某種意義上說，這是從枯燥的工作中得以擺脫的最佳方式。

旅遊包括海外遊、國內遊。廠商可根據經濟實力和競賽所獲得的

價值高低來確定旅遊形勢。

全球頂級經銷商獎勵計劃

時間範圍：2017 年 1 月至 12 月

獎勵計劃的目的：

⑴使經銷商感覺到他們是這個全球性公司中最優秀的一員。

⑵激發經銷商積極性，鼓勵他們達到全年銷售目標。

選拔條件：

⑴所有簽訂《經銷商產品經銷合約》的經銷商，且合約有效期限在 10 個月以上。

⑵享受這一待遇時仍然是與公司簽約的經銷商。

獎勵計劃內容：

完成全年銷售計劃的前三名將被評為全球頂級經銷商。

獎勵：

優勝者將被邀請參加位於美國的公司總部的全球頂級經銷商頒獎大會，並可攜帶一名成年客人參加優勝者旅行團遊覽三藩市。

第三步　制定競賽規則

為了保持興趣和激情，必須讓每位經銷商相信「沒有暗箱操作」，他有著公平、公開的機會獲取獎品。

1.競賽規劃者要明確以下問題

⑴目標是具體的、切實可行的嗎？

⑵規則給予所有參賽者的機會是均等的嗎？

⑶規則是可以理解的、非主觀的嗎？

⑷所有規則詳細列舉出來了嗎？

2.經銷商銷售競賽規則

⑴競賽的起止日期。一般而言，銷售競賽持續 2～6 週最為有效。
競賽時間越長，相應的獎賞應該越大。

⑵參賽對象、資格或條件。

⑶獎勵標準。贏得獎勵必須做那些工作？包括何時銷售、運輸產
品或服務？何時入賬？

⑷如何彙報和證實銷售業績。

⑸如何、何時頒發獎品？如果包括旅遊的話，何時進行旅遊？

制定競賽規則注意事項：

⑴任命一位熟悉所有細節的員工管理該計劃。

⑵不要讓參與者參與文字工作。

⑶通過郵件、電話、海報或內部通訊，適時公佈業績排行榜。

⑷時間跨度以 1 月為宜。

第四步　確定競賽主題

確定競賽的主題非常重要。因為，競賽的主題決定競賽的氣氛。
設計具有良好氣氛的競賽主題應該符合以下條件：

⑴智慧的。

⑵激發想像力的。

⑶具有挑戰性的。

⑷富有戲劇性的，能吸引注意力的。

⑸輕鬆活潑的。

⑹意味著能帶來奢侈品。

⑺與銷售目標相關。

第五步　制定競賽費用預算

在為經銷商銷售競賽制定預算的過程中，廠商應明確以下問題：

⑴通過經銷商競賽想實現什麼目標？假定銷售額為 1 億元，可能銷售額增加 5%的目標是確實可行的，則增加的銷售額為 500 萬元。

⑵從額外銷量中應該產生多少正常利潤？如 16%，則產生的正常利潤為 80 萬元。

⑶利潤的百分之幾投資於競賽？假如 25%，則用於競賽的投資為 20 萬元。

⑷開展競賽將會有那些費用？費用項目包括獎勵、競賽過程管理費用、偕同配偶旅遊費用，假如這些費用合計為 8 萬元。

⑸為了獲得獎勵，是否應該達到指定的定額？如果是，實際上有多少經銷商達到銷售定額？假定有 40 位經銷商達到指定的定額。

⑹每位勝利者可以得到多少預期獎金？應為 3000 元[(20－8)萬元÷40]。

⑺則每位獲勝者除了可以偕同配偶旅遊外，還可獲得 3000 元獎金。

第六步　在各地區召開經銷商動員

經銷商銷售競賽的準備工作做好之後，就可以召開經銷商銷售競賽動員大會。宣佈競賽正式開始。然後，就是促銷、激勵、經銷商目標完成情況的資訊發佈。

經銷商家屬參加：

⑴將有宣傳資料送到經銷商家中。

⑵將經銷商家屬作為閱讀對象。

⑶介紹經銷商家屬如何幫助其達到目標。

⑷自始至終讓經銷商家屬瞭解業績的進展情況。

⑸可以安排個別經銷商的家屬作為代表參加大會。

第七步　頒獎大會

銷售競賽有助於激勵經銷商滿足短期目標，啟動他們滿足長期目標的熱情。銷售競賽結束後，應儘快召開慶功宴，宣佈競賽結束，頒發獎品。如有旅行，應安排送行。

銷售競賽平均能提高總目標的 12.6%。競賽令人興奮，能夠激發興趣和對於工作的熱情。競賽有利於快速、頻繁的強化公司的目標。最重要的是，大多數競賽，能夠為經銷商帶來被認同感。

但是，競賽最大的缺點在於薄弱的管理。競賽能夠激勵參與者盡自己可能奪取勝利，如果有必要甚至不惜採用欺騙手段或違規手段，通過大量竄貨和低價拋售產品，以達到目標。所以，在競賽過程中，嚴密的監管和制定獲勝的嚴格的條件是必不可少的因素。

心得欄 _____

_____

_____

_____

_____

_____

第 **13** 章

針對經銷商的促銷工作

案 例

蘋果電腦公司的分銷策略

　　蘋果電腦公司的銷售管道與分銷策略在進入專業人員和企業用戶市場中有著重要的作用。該公司與 750～800 家獨立零售商建立了密切的聯繫，並向用戶提供免費軟體熱線、月報、雜誌等，向用戶介紹電腦的應用。此外，公司還與經銷商開展合作廣告活動，根據經銷商購買額的多少，給予廣告補貼。這種方式使蘋果電腦公司得以保持很高的利潤收入和較低的直接銷售成本。

　　後來，蘋果電腦公司通過自己的區域輔助中心，直接向零售商銷售，減少了中間環節。其目標是實施更有效的存貨控制，使公司產品更接近最終用戶。公司通過舉辦銷售研討班，直接對經銷商進

行培訓，向他們提供產品說明，以便於指導最終用戶。此外，公司還向經銷商提供必要的條件，使之能及時向用戶提供維修和免費換件服務。

工作重點

一、經銷商的促銷

市場推廣，不能簡單地理解為是對經銷商開展的一次促銷活動或促銷競賽。市場推廣目的有很多種，例如達到一定的鋪貨率、增加銷售量、更替新舊產品、處理庫存、產品的季節性調整等。從管道穩定運營的角度，市場推廣應該是與市場成長階段相結合，同時要站在維繫銷售管道關係的角度來看待推廣。

(一)企業對經銷商促銷的重要性

生產企業通過經銷商來銷售自己的產品，目的是擴大產品的銷售，因此，如何鼓勵經銷商銷售產品經常是企業冥思苦想的問題。

對經銷商的促銷，就是向經銷商提供與產品經營或銷售有關的輔導，主要目的是為了改進經銷商的經營，加強其銷售力量，同時提升公司的企業形象，增加企業產品在市場上的滲透力，最終達到擴大市場上佔有率，提高銷售額的目的。生產企業對經銷商的促銷也會引導經銷商對企業採取積極協助的態度，刺激他們的銷售熱情，有利於增進生產企業和經銷商的共同利益。

為了有效推行「推」的促銷策略，企業要向經銷商提供各種獎勵

與輔導，例如高折扣、高利潤等，以激發經銷商的經營積極性。在運用「拉」的促銷策略時，生產企業較少依賴經銷商的促銷支持。企業主要是利用廣告和自己的銷售隊伍來創造強大的消費者需求。

(二)企業對經銷商促銷的目的

很多企業管理者認為，只要能使產品從生產企業轉移到批發商的倉庫或者零售商的貨架上，這樣的促銷就可以稱之為成功的促銷。實際上，在以下情況下，企業對經銷商的促銷才算是有效的。

第一，企業向經銷商銷售了更多的產品，經銷商又將這些產品成功地銷售給了最終消費者。

第二，企業通過對經銷商的促銷，增加特定品牌產品的銷售數量，或者增加了它的貨架空間。

企業對經銷商促銷的目的很多，概括起來可分為以下幾種：

1.爭取經銷商的銷售支持

經銷商直接與消費者打交道，他們為目標市場上的消費者提供需求的商品，直接影響企業產品價值的實現。因此，在很大程度上，經銷商影響企業營銷活動的實施效果。企業只有取得經銷商的配合，才能順利地開展促銷活動，進而取得預期的營銷目標。由此可見，爭取經銷商的銷售支持是對經銷商促銷的首要目的。

2.鼓勵經銷商增加存貨

企業運用促銷手段鼓勵經銷商增加一次進貨的數量或進貨的批量，這樣，不僅降低了自己的存貨水準，而且減少了經銷商缺貨概率，有利於消費者及時購買到本企業的產品。

3.與經銷商建立良好的合作關係

生產企業與經銷商建立良好合作關係的意義是不言而喻的。生產

企業與經銷商之間存在共同的利益，同時也有各自獨立的利益存在，他們相互合作的結果必然有利於共同利益的獲得和各自獨立利益的增加。

(三)針對不同產品週期階段的經銷商促銷策略

一種新產品從進入市場到退出市場，要經過導入期、成長期、成熟期、衰退期四個階段。在產品市場生命週期的不同階段，銷售管道促銷的重點目標是各不相同的，因此，企業所採用的銷售管道促銷策略也應根據產品的不同生命週期，選擇合適的促銷工具。

1. 導入期

在導入期階段，消費者對新產品的性能、特點等都還不瞭解，該階段促銷的重點目標是儘快地讓消費者瞭解認識新產品獨特的性能，其促銷策略應採用各類形式的廣告。

在促銷方面需要多種形式的宣傳活動，加深理解。

⑴對促銷人員給予積極的援助活動，如培訓、製作促銷手冊、準備促銷用具等輔助設施。

⑵對零售店，提供從業人員培訓、公司內刊、POP 廣告、店內促銷(展示)，增加零售店業績。

⑶對消費者的促銷有廣告、店內展示、發佈會、樣品、宣傳冊派發、免費試吃、試用。

2. 成長期

⑴對銷售人員的培訓。必須達到預期目標，促銷工具必須能夠應付競爭型態。

⑵配銷通路的促銷。為確保店面空間及排除其他競爭對手，確保產品陳列店面佔有率等，可採用折扣等方法促進產品採購量及優先訂

貨。

⑶對消費者促銷。用大規模的廣告宣傳吸引消費者並提升企業及品牌形象，用店內展示、利用附贈品等方法刺激消費者購買。

3.在成熟期

在成熟期，企業促銷的重點是維持現有市場佔有率，並逐步擴大現有市場。給予促銷銷售人員技術上的支援、促銷用具、資料等，利用公司內部刊物，在配銷通路上對從業人員進行教育及培訓。

4.衰落期

在衰退期，有些消費者由於對該項產品產生偏愛，還會繼續購買，但是，對於相當一部份的消費者來講，就會換用新產品，促銷的重點目標是讓消費者對該產品產生信任感並使消費者能繼續購買。其促銷策略的實施，都應該盡力消除消費者的不滿意感，並針對不同消費者來進行說明或解釋，做好售後服務，不斷提高、維護企業和產品的優秀形象。

(四)針對經銷商的促銷手段

生產企業除了以廣告和個人推銷的形式來促進銷售活動外，在與經銷商交易中也會使用各種各樣的促銷手段。對經銷商促銷的核心是利益，如何把利益讓得巧妙，刺激經銷商的進貨熱情和銷貨積極性，對提高銷量至關重要。生產企業對經銷商的促銷手段主要有：折讓、批量折讓、交易折扣、展示津貼、實銷津貼和零售店獎勵。

1.折讓

如果零售單位向公眾發放了優惠券，那麼，在該券的有效期內，生產企業在向發行優惠券的零售單位出售產品的時候，要對客戶進行補償。

2.批量折讓

批量折讓是指生產企業與經銷商之間或是批發商與零售商之間，按購買貨物數量的多少，免費給予一定的同種商品。例如每購買 10 箱某種商品，即無償贈送一箱的做法，就是批量折讓。批量折讓的目的是激勵經銷商增加購買量。

3.交易折扣

企業與經銷商之間或批發商與零售商之間的交易中，還時常使用一定比例的價格上的折扣，這種折扣因為是銷售管道內部的折扣，所以稱為交易折扣。

4.展示津貼

企業向經銷商提供一定量產品特定的金額以獎勵經銷商給予的特殊支持，如陳列支援、特價、廣告支持等，可以採取從發票中扣除或交易後另行支付的方式進行。這種方式的優點在於對經銷商的支持給予明確回報，以激勵經銷商進一步促銷的熱情。

5.實銷津貼

在一段特定的時期，企業按經銷商銷售的商品數量給予津貼。實銷津貼強調商品必須是銷售出去而非存貨才能得到津貼，因此，它推動經銷商迅速銷售商品，減少存貨，減輕了經銷商存貨方面的壓力。但是這種促銷手段也存在缺陷，它通常很難得到零售商的支援，並且銷售總部執行起來比較困難。

6.零售店獎勵

零售店作為直接面對消費者的環節受到企業的很大關注，企業可對特別配合銷售自己品牌的零售店給予商品作為鼓勵。這種促銷方式對大零售企業很有效，它可以創造以消費者為導向的銷售管道訴求，激發零售商將本企業的商品陳列得更醒目。

二、協助經銷商開展各式促銷活動

經銷商是一個經營實體，為了促進自身銷售，提高自己的銷售額，增強競爭力，經銷商必須開展促銷活動，以適應本區域市場特殊情況的要求。然而，經銷商的素質參差不齊，促銷能力差別很大，為了使經銷商積極有效地開展促銷活動，銷售人員必須予以協助。

銷售人員不僅要協助經銷商制定促銷計劃，還要協助其實施促銷計劃，以達到促銷的目的。銷售人員協助經銷商開展促銷活動的理由有很多，其主要理由如下：

(1)有助於完成和超額完成銷售任務。銷售人員每月都有其銷售任務，且銷售任務的完成情況常常與自己的銷售獎金掛鈎。協助經銷商開展促銷活動，有利於消化經銷商的庫存產品，增加經銷商的進貨批次和進貨數量。因此，提高經銷商的銷售額，有利於完成和超額完成自己的銷售任務。

(2)有助於提高經銷商的銷售能力。通過協助經銷商開展促銷活動，讓經銷商對促銷活動的目的和意義有一個比較清醒的認識。同時，經銷商對促銷的技能和促銷的全過程有一個詳細的瞭解和運用，增強銷售能力。

(3)有助於培養與經銷商的感情。通過協助經銷商開展促銷活動，讓經銷商感覺到你非常關心他，便於你與經銷商的感情溝通。

協助經銷商開展促銷活動，主要包括以下幾個方面：

(一)協助開展 KA 大賣場的堆頭促銷

由於 KA 大賣場的堆頭有限，要向 KA 大賣場提前申請開展促銷活

動。所以，能夠有機會獲得堆頭的銷售機會實在難得，應好好珍惜。做堆頭就必須有促銷，沒有促銷的堆頭不僅不會帶來較大的銷量，反而還要支付高額的堆頭費。所以，堆頭的銷量與是否有促銷有很大的關係，應通過制定好的促銷活動來提高堆頭的銷量。

1. 堆頭促銷方法

堆頭促銷的目的主要是提高銷量。堆頭促銷有很多方法，但最有效最直接的方法主要有「買贈」和「折價」兩種促銷方式。

(1)買贈促銷。採用買一送一等促銷形式，如買一瓶 400ml 洗髮露，送 120ml 護髮素，買 1 瓶洗潔精，送 1 瓶礦泉水，等等。

(2)折價促銷。折價促銷是最直接最有效的一種方式，如「7 折銷售」，或「原價 48 元，現價 40 元」等。

2. 堆頭促銷注意事項

(1)注意隨時補貨。因堆頭促銷的銷量較大，要隨時補充，以免出現斷貨的現象。

(2)製作精美的 POP 海報。有些廠商習慣用手寫 POP 海報，但會出現字跡不工整，模糊不清，不美觀的問題，建議用電腦製作 POP 海報。

(二)協助開展鋪貨促銷

有時，廠商只要求經銷商要達到多少鋪貨率，至於如何增加鋪貨率，怎樣做才能收到好的鋪貨效果，一般情況下，廠商不會進行具體指導，具體怎麼執行由經銷商自己決定。為提高鋪貨效果，銷售人員應協助經銷商，設計出能夠吸引下游客戶(包括批發市場和零售客戶)的促銷方案。

1. 鋪貨促銷方式

(1)優惠禮包。將下游客戶經常銷售的品種組合在一起，以一定的

優惠價格銷售給客戶,以達到鋪貨的目的。例如,將零售商需要的產品「黑妹牙膏、高露潔牙膏、佳潔士牙膏、飄柔洗髮露、立白洗衣粉」組合在一起,原價為 280 元,鋪貨價 260 元,以吸引客戶購買。

(2)贈送。例如,贈送掛曆、試用裝、正常產品等。

2. 鋪貨促銷注意事項

(1)由於鋪貨促銷會牽涉到鋪貨費用,銷售人員應事先與經銷商溝通,費用由誰承擔?如費用由廠商與經銷商共同承擔,則費用承擔的比例各是多少?

(2)鋪貨的路線安排。鋪貨線路要具體安排到每一天。

(3)鋪貨目標。每天鋪貨的家數和鋪貨的銷量。

(4)鋪貨人員獎勵計劃。鋪貨是一件很辛苦的工作。為提高鋪貨人員的積極性,應制定鋪貨人員的獎勵計劃。如每成功鋪貨一家,獎勵 1 元;超過鋪貨目標後,每鋪貨一家,獎勵 20 元。

(三)協助開展會議促銷

對於季節性較強的產品,在產品銷售旺季到來之前,為使自己所經銷的產品塞滿管道成員的倉庫,佔據競爭優勢,應與經銷商溝通,協助經銷商開展會議促銷。通過召開產品訂貨會,把經銷商的網路成員召集在一起,通過強有力的促銷政策,吸引下游客戶大量進貨。

1. 會議促銷方式

(1)遞增式促銷,即進貨量越大,獲利越多。如進貨 100 件,贈送某產品 1 件(即 100 送 1);進貨 200 件,贈送某產品 3 件(即 100 送 1.5);進貨 200 件,贈送某產品 4 件(即 100 送 2);……

(2)現扣。現場進貨,則優惠一定百分比,例如,倒扣 2 個點,即產品按 9.8 折銷售。

(3)聯合促銷。由於經銷商大多代理多家產品，通過對各個廠商提供的促銷資源進行整合，以獲得良好的促銷效果，如「購花露水，送爽身粉」。由於這兩者產品都屬於暢銷產品，這種促銷對下游客戶會產生巨大的吸引力。

2. 會議促銷注意事項

(1)為參加會議的下游客戶報銷路費。

(2)每位參會者發放禮品一份。

(3)會議時間半天，選擇下午最好。

(4)會上有抽獎活動。

(5)提供晚餐。

(6)晚餐後送客戶回家。

(7)廠商經營者參與並講話。

(8)樣品展示，以便產品訂購。

(9)會議費用由廠商與經銷商共同分擔。

(四)協助開展新產品推廣促銷

新品促銷，是經銷商必須具備的能力。只有廠商所有的經銷商都具備了新產品的促銷能力後，廠商推出的新品才能獲得市場的認同，否則，經銷商只會一味地推銷暢銷產品。一旦暢銷產品出現竄貨現象引起的價格波動，或暢銷產品將進入衰退期，將會影響經銷商的利潤，給經銷商很大的打擊。所以，銷售人員幫助經銷商開展新產品的促銷，讓經銷商逐漸學會推廣新產品。幫助經銷商獲得推廣新產品的豐厚利潤，是銷售人員的重要工作。

1. 新產品促銷方式

(1)買贈。即買新產品，贈送暢銷產品。

(2)樣品試用。通過現有的管道，將新產品的樣品發放出去，讓顧客有機會免費試用。

(3)禮包促銷。將新產品放在禮包內，其促銷方法同上。

2.新產品促銷注意事項

(1)不能急於求成。銷售人員應與經銷商溝通，讓經銷商明確：新產品都有一個投入期，要有耐心。要有至少半年的市場推廣計劃，每月都要有推廣新產品的促銷方案。在這方面，廠商不會做得這麼細，需要經銷商在當地市場對新產品慢慢培育。產品培育需要過程，但一旦新產品被市場接受，就會得到豐厚的回報。這是因為，廠商對於新產品的支援力度會比老產品大，獎勵也會高一些，同時，由於新產品的竄貨少，市場價格穩定，利潤率高，獲利自然就高。

(2)用暢銷產品帶動新產品。由於顧客在購買新產品時會擔心有一定的風險，所以，應採用在市場上有一定知名度的暢銷產品來帶動新產品的銷售。

三、協助經銷商編定促銷方案

透過與經銷商的溝通，在確定促銷類別的基礎上，要開始進行促銷前的各項準備工作。其中，協助經銷商填寫《促銷方案制定表》是一項很重要也很細緻的工作。這份表格包括促銷的各個方面，需要認真填寫有關的內容，只有在完整地填寫這張表格的基礎上，才能開展促銷活動。

表 13-1　促銷方案制定表

促銷主題：					
促銷時間：從＿＿年＿＿月＿＿日起到＿＿年＿＿月＿＿日止					
促銷會議	經銷商員工促銷前動員會議時間：＿＿月＿＿日＿＿時				
	促銷後總結會議時間：＿＿月＿＿日＿＿時				
促銷類別	在所選擇的促銷目的後面打「√」				
	堆頭促銷		會議促銷		應對競爭對手促銷	
	鋪貨促銷		新產品促銷		應對竄貨促銷	
促銷目標	在所選擇的促銷目標後面填寫具體促銷目標				
	銷量目標	市場佔有率目標	鋪貨數量目標		
	清理庫存目標	新產品銷售目標	增加新網點目標		
	減少竄貨危害	削弱競爭對手的影響	其他目標		
促銷管道	在所選擇的促銷管道後面打「√」				
	KA 大賣場	批發市場	中小零售店		
促銷形式	在所選擇的促銷形式後面打「√」				
	免費贈送		聯合促銷		折扣券	
	抽　獎		連帶促銷		特　價	
	會員積分		定量促銷		刮刮卡	
	打　折		限量促銷			
促銷方案描述					

	甲組計劃	單位	乙組計劃	單位	丙組計劃	單位
促銷目標分解	甲組員工 1 計劃		乙組員工 1 計劃		丙組員工 4 計劃	
	甲組員工 2 計劃		乙組員工 2 計劃		丙組員工 2 計劃	
	甲組員工 3 計劃		乙組員工 3 計劃		丙組員工 3 計劃	
	甲組合計		甲組合計		甲組合計	
	促銷目標合計：_____					
員工獎勵計劃						
	項目	元	項目	元	項目	元
促銷費用	電視廣告		宣傳單頁		折　扣	
	報紙廣告		易 拉 寶		餐　飲	
	POP 海報		條　幅		員工獎勵	
	郵 寄 費		贈　品		加 班 費	
	運 輸 費		禮品包裝費		其他費用	
	促銷費用合計：					
費用分攤	廠商與經銷商費用分攤的比例為：					
	其中廠商應負擔：　　　　　　　　　經銷商應負擔：					

四、協助經銷商進行終端管理

　　針對負責某個經銷區域的經銷商，廠商要加以協助。尤其對於終端管理能力弱的經銷商，銷售人員應花更多的精力協助經銷商進行終端管理。對廠商來講，只有在零售終端完成的銷售才是銷售的最終實現。對銷售人員來講，經銷商零售終端做得好，銷售目標完成得就好。

因此，對零售終端的規範和管理是經銷商銷售工作中最基礎的工作內容，也是銷售力最基本的體現。

銷售人員協助經銷商進行終端管理，主要包括以下兩個方面：協助經銷商制定產品陳列標準；協助經銷商管理終端銷售隊伍。

(一)協助制定產品陳列標準

1.與狼共舞原則

將產品與其他競爭品牌放一處，易於被消費者選取。並且要盡可能與領導品牌在一起陳列，越靠近領導品牌越好。

2.垂直集中原則

垂直集中陳列不僅可以搶奪消費者的視線，而且容易做出生動有效的陳列面，因為人們的視覺的習慣是先上下，後左右。垂直集中陳列，符合人們的習慣視線，使商品陳列更有層次、更有氣勢。

3.全品項原則

盡可能多地將產品全品項分類陳列在一個貨架上，既可滿足不同消費者的需求，增加銷量，又可提升公司形象，加大商品影響力。

4.重點突出原則

在有限的貨架空間內，一定要突出主打產品的位置。這樣才能主次分明，讓顧客一目了然。除了主打產品之外，需要在某一時期內重點突出的產品還包括新產品和促銷裝。

5.價格醒目原則

標示清楚、醒目的價格牌，是增加購買的動力之一。既可增加產品陳列的宣傳效果，又讓消費者買得明白。可對同類產品進行價格比較，還可以寫出特價和折扣的數字以吸引消費者。如果消費者不瞭解價格，即使很想購買產品也會猶豫，從而喪失一次銷售機會。

6.陳列動感原則

利用展架、POP 等助銷工具，對產品陳列展示進行售點生動化處理，使其對進入售點的顧客形成一種強烈的視覺刺激，進而促成顧客的購買決定。

陳列要能吸引各個方向而來的消費者目光，尤其是端架陳列應盡可能做到三個面。

(二)協助管理終端銷售隊伍

由於銷售工作的特殊性，終端銷售代表 70%以上的工作是在辦公室以外進行的，經銷商很難進行現場監督。同時，終端銷售代表日復一日地在固定的零售終端之間巡迴，容易產生厭倦情緒以致喪失工作興致。一旦經銷商對終端銷售代表的管理失控，消極怠工、自由散漫的工作作風就會隨之生成和蔓延。這不僅會使零售終端管理流於形式，而且會嚴重影響整個銷售團隊的工作風氣。因此，協助經銷商對終端銷售代表進行有效管理是零售終端管理中的首要環節。經銷商對終端銷售代表的管理表現在以下幾個方面：

(1)報表管理

運用工作報表追蹤終端人員的工作情況，是規範終端銷售代表行為的一種方法。嚴格的報表制度，可以使終端銷售代表產生壓力，督促他們克服惰性，使終端人員做事有目標、有計劃、有規則。主要報表有：經銷商直供網點一覽表(表 13-2)、銷售代表直供網點拜訪日報表(表 13-3)、週報表、月總結表、競爭產品調查表、終端崗位職責量化考評表、樣品及禮品派送記錄表、終端分級匯總表等。

表 13-2　經銷商直供網點一覽表

銷售代表：

編號	直供網點	點名	店主	店面面積	電話	手機	網點登記日期

表 13-3　銷售代表直供網點拜訪日報表

銷售代表：

拜訪日期	網點類型	店名	拜訪時間	拜訪時所做的工作	店主代表簽字

(2)終端人員的培養和鍛鍊

一方面加強崗前、崗中培訓，增強終端銷售代表的責任感和成就感，放手獨立工作；另一方面，廠商銷售人員應與經銷商的終端銷售代表協同拜訪，並給予其理論和實踐指導，發現問題及時解決，使終端銷售代表的業務水準不斷提高，以適應更高的工作要求。這種培養同時可增進廠商銷售人員對經銷商終端人員各方面工作情況的瞭解，從而對制定經銷商銷售代表的培訓計劃有不可忽視的作用。

(3)終端監督

廠商銷售人員要定期、不定期地走訪市場，對市場情況做客觀的記錄、評估，並公佈結果。終端市場檢查的結果，直接反映了終端人

員的工作情況。同時,建立健全競爭激勵機制。對於成績一般的人員,廠商銷售人員應與經銷商一道幫助他們改進工作方法,另一方面要督促他們更加努力地工作;對那些完全喪失工作熱情,應付工作的人員,要向經銷商建議辭退;對於成績突出的人員,要充分肯定成績並鼓勵他們向更高的目標衝擊。

(4)終端協調

廠商銷售人員應告訴經銷商重視終端銷售代表所反映的問題,摸清情況後盡力解決,這樣既可體現終端人員的價值,增強歸屬感、認同感,又可提高其工作積極性,同時也可鼓勵他們更深入全面地思考問題,培養自信心。

(三)對零售終端的工作內容

經銷商擁有一套完善的終端人員管理制度,通過它來約束終端銷售代表的行為,終端管理的首要環節才能有所保證。終端銷售代表對零售終端網路的管理,可採取以下三個步驟:

(1)終端分級

根據各終端所處位置、營業面積、社區條件、營業額、知名度等情況,把個人所管轄區域內的零售終端進行分級。各方面條件最好的為 A 類終端,至少要佔終端總數的五分之一,作為工作重點。條件一般的為 B 類終端,至少要佔終端總數的三分之一,作為工作次重點。其餘為 C 類終端。

(2)合理確定拜訪週期

根據終端類別設置拜訪週期,突出重要的少數,提高工作效率。A類終端每週至少拜訪一次,B類終端每兩週至少拜訪一次,C類終端每月至少拜訪一次。

⑶明確目標、具體任務

單純的終端工作不像商業銷售工作那樣,可以根據銷售量和回款額的多少來直觀地評價,但這並不說明終端工作就沒有標準可循。一個優秀的終端銷售代表,應該明確自己的工作目標。例如,每天拜訪多少家終端,每家的產品陳列要做到那種水準,各類終端產品鋪貨率要達到多少,等等。每日總結自己的工作,評價目標完成情況,不斷積累經驗,提高工作能力。

廠商銷售人員應協助經銷商明確其終端人員在零售終端所需完成的具體工作。一般情況下,零售終端所需完成的具體工作大致包括產品鋪貨、產品陳列、POP 促銷、價格控制、通路理順、客情關係、報表反饋等七項。

①產品鋪貨。終端銷售代表要把產品鋪貨工作放到首位,因為產品放在倉庫永遠沒有展示在店頭所得到的銷售機會多。特別是通過中間商向終端鋪貨的廠商,其終端銷售代表在工作中更要重視產品鋪貨率,不能因為自己不直接和終端發生商業關係而忽視產品鋪貨情況。只有保證了較高的終端鋪貨率,產品銷量持續穩定增長才能得到保障。

②產品陳列。在固定陳列的空間裏,使經銷商所經營的每一種產品都能取得盡可能大的銷量和廣告效果,這是產品陳列工作的最終目的。零售終端銷售代表在每一個零售終端都要合理利用貨架空間,在保持店堂整體陳列協調的前提下,向店員提出自己的陳列建議,並盡述其優點和可以給店家帶來的利益。得到允許後,要立即幫助終端營業員進行貨位調整,用自己認真負責的工作態度和飽滿的工作情緒感染對方。如果對方有異議,先把他同意的部份加以調整,沒有完成的目標可在以後的拜訪中逐步達成。

③ POP 促銷。終端銷售代表應充分利用廠商給經銷商配送的各種

POP 工具營造吸引顧客的賣場氣氛，讓經銷商的產品成為同類產品中消費者的首選。終端銷售代表在放置宣傳工具時，應先徵得終端同意，並爭取他們的全力支持，以避免宣傳工具被其他同行掩蓋。如果好的位置已被其他同行佔用，並且終端不支援替換，可先找稍次的位置放下，以後加強和終端的溝通，尋找機會調整。能夠長期放置的宣傳工具，放好之後要定期維護——注意其變動情況並保持整潔，以維護企業形象。終端銷售代表要珍惜企業精心設計的 POP 工具，合理利用，親手張貼或懸掛，放置在醒目的位置，並儘量和貨架上的產品陳列相呼應，以達到完美的招示效果。用於階段性促銷的 POP 工具，促銷活動結束後必須換掉，以免誤導消費者，引起不必要的糾紛。

④價格控制。在每次終端拜訪過程中，廠商銷售人員應要求經銷商的終端銷售代表密切注意企業產品售價的變動情況，如果遇到反常的價格變動，要及時追查原因，並告訴經銷商和廠商銷售人員。監督企業產品市場價格的穩定情況，是終端工作不可缺少的內容。

⑤通路理順。維持順暢、穩定的銷售通路，是銷售活動順利進行的一項基本保障。消費品經營便利，中間商數量眾多，通路混亂現象經常發生。區域之間竄貨、倒貨乃至假貨橫行等問題的出現，不但危及銷售通路中各環節的利益，直接削弱了企業對市場的控制能力，因此必須理順各終端的進貨管道。對於沒有從經銷商處進貨的零售終端，要向他們言明利害，使他們充分意識到，從非正規管道流入的貨物，因得不到廠商售後服務、易出現劣質產品等問題而帶來的損失。

⑥客情關係。和各零售終端客戶之間保持良好的客情關係，是終端銷售代表順利完成各項終端工作的基本保證。長期維持良好的客情關係，能使本企業的產品得到更多的推薦機會，同時可以在客戶心目中保持一種良好的企業、產品、個人形象。在零售終端，營業員的推

薦對產品的銷售起著舉足輕重的作用，因此終端人員在和營業員進行交流和溝通時，要對他們的支持表示感謝。尋找機會巧妙運用小禮品，對加深客情關係很有益處。

　　⑦報表反饋。報表是經銷商瞭解其員工工作情況和終端市場訊息的有效工具。同時，精心準確地填制工作報表，也是銷售人員培養良好工作習慣、避免工作雜亂無章、提高工作效率的有效方法。工作日報表、工作週報表、月計劃和總結等，要根據實際情況填報，工作中遇到的問題要及時記錄並向經銷商反饋。

　　經銷商要求定期填報或臨時填報的、用於反映終端市場訊息的特殊報表，終端銷售代表一定要按時、準確填寫，不得編造，以防止因資訊不實而誤導經銷商決策。

五、設法快速消化庫存品

　　賬面顯示賺錢的企業，稍不慎常會因內部庫存太多而週轉不靈。而其中，「賒銷貨款」與「庫存品」是造成中小企業資金不足、週轉不靈的兩大因素。

　　如何剔除過多存貨，以便加速商品流通呢？其中重要的一環是消化庫存。消化庫存的步驟有：

　　‧瞭解庫存有那些？　　‧為何商品會滯銷？
　　‧設法消化庫存。　　　‧檢討產銷計劃。

1.瞭解庫存品有那些

　　欲從事健全的行銷計劃，必須使產銷二者相互呼應。不僅要掌握市場動態，推出受歡迎的產品，更要跟催企業內的庫存動態，以便配合企業戰略，快速出清庫存。

2.為何商品會滯銷

在行銷導向時代裏，重要問題已不是「銷售所生產出來的商品」，而是要「生產可以銷售出去的商品」，因此為消化庫存品，首先要徹底作市場現狀調查，瞭解滯銷原因，再提出可行的解決辦法。

調查「產品滯銷原因」，必須深入瞭解真正原因，一再的詢問「為什麼」例如豐田汽車社長大野耐一曾舉個例子，說明「如何找出機器停止運轉的真正原因」：

問題一：為什麼機器停了？

答案一：因為機器超載，保險絲燒斷了。

問題二：為什麼機器會超載？

答案二：因為軸承的潤滑不足。

問題三：為什麼軸承的潤滑不足？

答案三：因為潤滑幫浦失靈了。

問題四：為什麼潤滑幫浦會失靈？

答案四：因為它的輪軸耗損了。

問題五：為什麼潤滑幫浦的輪軸會耗損？

答案五：因為雜質跑到裏面去了。

經過連續五次不停地問「為什麼」，才找出問題的真正原因和解決方法，如果沒有這種追根究底的精神來發掘問題，他們很可能只是找到表面原因就草草了事，而真正的問題還是沒有解決，未來仍會重覆犯錯。例如商店發覺有滯銷商品時，要立即瞭解滯銷原因，並採取處置方法。

3.設法消化久滯庫存品

⑴瞭解庫存狀況，包括：

①企業內部庫存

‧生產現場的成品、原料、半成品，數量多寡。

‧已訂購而尚未交貨者。

‧總公司倉庫存量。

‧全國各分公司倉庫存量。

②企業外部庫存

‧批發商殘存數量。

‧各零售商店存貨。

⑵為庫存品依每年、每月，或商品別、客戶別、地區別做交叉分析，作庫存統計表。

⑶為各種久滯庫存品尋求促銷對策，並專人負責處理，列表管制其執行效果。

⑷稽催久滯庫存品處理狀況：有無處理？庫存品有否減少？績效多廣？

⑸產銷單位互相協調，研擬更有效的促銷方法，限期執行。

4.檢討產銷計劃

⑴根據產品庫存，檢討產銷計劃：包括生產計劃、銷售計劃、促銷計劃(出清存貨)、新產品推出計劃……等。

⑵瞭解產品銷售傾向，釐訂產銷數量與時程的協調。

六、店面陳列獎勵辦法

第一條　　獎勵對象：本公司全體經銷店。

第二條　　獎勵期間：＿＿＿年＿＿月＿＿日至＿＿＿年＿＿月＿＿日止。

第三條　　獎勵條件：

1.陳列本公司品牌家電產品，其陳列面積須佔全店總陳列面積

2/3 以上。

2. 其中至少須陳列洗衣機 8 台以上，電冰箱 6 台以上，彩色電視機 5 台以上。若陳列商品已出售，須立即進貨補充，以保持最低陳列台數。

3. 須陳列或懸掛本公司宣傳海報。

4. 新經銷店至少須有 3 個月以上的創收。

第四條　評核方式

1. 印製經銷店狀況檢評表。

2. 由業務員每半個月評分一次。經分公司最高主管簽字確認後，於每月 2 日、17 日前將評分表寄交企劃部。

3. 另由營銷部業務員每月評分一次，經營銷部經理簽章確認後，於每月 2 日前將評分表寄交企劃部。

4. 企劃部人員不定期分赴各經銷店抽查評分。

5. 業務員評分不實者，酌情處理。

6. 凡於××年 12 月份以前，有一次評分(含：業務員、企劃部的評分)不符規定者予以警告，應立即改善。若兩次評分不符規定或××年的評分不符規定，取消獎勵金。

第五條　獎勵方式

1. 合乎陳列獎勵條件的本公司經銷店，按獎勵期間的累積進貨淨額 1%發給陳列獎金。

2. 經銷店如設有分公司或分店者，其分公司或分店亦應按規定陳列佈置，原則依其合乎陳列獎勵店數佔總店數的比例發給獎金。

3. 獎金預定××年 2 月底發放。

七、經銷商年度獎勵辦法

第一章　總則

第一條　獎勵期間

自××年×月×日至××年×月×日止。

第二條　獎勵對象

凡從本公司進貨(電子及電化製品)的立約經銷商,均屬於獎勵預備對象。

第三條　獎勵種類

1. 電子製品:電腦、電視機、答錄機、收音機、汽車音響等。

2. 電氣製品:電冰箱、冷氣機、洗衣機、吸塵器、果汁機等。

第四條　獎勵計算標準

1. 根據前列電子及電氣製品種類,以各製品批發價總金額(不包括保證金)綜合計算。

2. 特價銷售製品,不適用本辦法。

第二章　獎勵項目

第五條　年度進貨完成獎勵

1. 獎勵規定(如表 13-4 所示)。

2. 發放日期:××年×月×日

第六條　進貨促銷獎勵

1. 獎勵辦法(如表 13-5 所示)。

⑴以××年×月×日起至××年×月×日止的進貨金額為 M_1。

⑵以××年×月×日起至××年×月×日止的進貨金額為 B_1。

⑶$B_1 = M_1 \times 150\%$以上者，一律以 E 級計算。

⑷若為新開發經銷商，一律以 A 級獎勵率 X_0 乘以全年度進貨金額計算。

⑸各級獎勵率：暫不公佈。

表 13-4　獎勵規定表

級別	年度進貨完成金額/萬元	應得獎金/元
特級	36	3600
A	60	7200
B	120	16800
C	180	28800
D	240	43200
E	300	60000
F	360	79200
G	420	100800
H	480	124800
I	600	168000
J	720	188000
K	960	208800
L	1200	360000

13-5　獎勵核算表

級別	全年度批發價進貨完成利潤	獎勵率	應得獎金
A	$B_1 = M_1 \times 100\%$以上	X_0	$B_1 \times X_0$
B	$B_1 = M_1 \times 100\%$以上	X_1	$B_1 \times X_1$
C	$B_1 = M_1 \times 100\%$以上	X_2	$B_1 \times X_2$
D	$B_1 = M_1 \times 100\%$以上	X_3	$B_1 \times X_3$
E	$B_1 = M_1 \times 100\%$以上	X_4	$B_1 \times X_4$

2. 發放時間：××年×月×日。

第七條　專售獎勵

1. 凡向本公司進貨，且不經銷其他公司品牌製品者，給予各商品批發價進貨總金額的 1%的獎勵，但公司無生產的製品不在此列。

2. 凡專售者，給予進貨金額 0.5%的獎勵。

3. 發放日期：××年×月×日。

第八條　月份增長獎勵

1. 本年當月進貨金額較去年當月進貨金額，其增長率增加 10%以上者，給予 0.5%的獎勵金。

2. 本年當月進貨金額較去年當年進貨金額，其增長率增加 15%以上者，給予 0.7%的獎勵金。增長率計算公式：

$$增長率 = \frac{××年當月進貨金額 - 上年當月進貨金額}{××年當月進貨金額} \times 100\%$$

3. 新經銷商(無去年當月進貨金額)按每月進貨金額給予 0.3%的獎勵金。

4. 但當月進貨逾期付款或當月未進貨而預付款者，不予獎勵。

第九條　付款獎勵

1. 付款日期：每月月底結清當月全部貨款，於當月的前 7 天付款。

表 13-6　票期及獎勵

票期	獎勵率	票期	獎勵率
1 天～10 天	2.5%	26 天～30 天	0.6%
11 天～15 天	2.2%	31 天～35 天	0.4%
16 天～20 天	1.8%	36 天～40 天	0.2%
21 天～25 天	1.0%	41 天～45 天	0%

2. 獎勵率：

⑴票期及獎勵：見表 13-6。

⑵凡超過 46 天以上者，則每天以 0.04%計算，減發年度獎金。

3. 獎金的發放：於當月貨款內扣除。

第十條　不動產抵押獎勵

1. 獎勵對象：

凡向本公司提供不動產擔保的經銷商。

2. 獎勵方式：

⑴每年最高可得擔保額 3%的獎金。

⑵月份平均進貨金額不得低於擔保額的 1/3，如低於此標準者，則以平均月份進貨金額的 3 倍為計算標準。

⑶發放日期：××年×月×日。

第十一條　同類價保證金

1. 凡本公司製品按批發價加收保證金為收款價格，保證金則為同類價保證金。

2. 發放日期：分兩期。

第一期：××年×月×日。

第二期：××年×月×日。

第三章　附則

第十二條　本獎勵辦法內獎金發放時須以統一發票或合法收據領取。

第十三條　本獎勵辦法內的進貨，是指向本公司進貨(電子及電氣製品)，依批發價金額(不包括保證金)為計算標準。

第 *14* 章

針對經銷商的培訓工作

工作重點

一、培訓，再培訓

企業管道管理的成功依賴於經銷商的訓練有素，依賴於廠商相互之間的配合，依賴於共同的運營規則。

而實際的工作中，經銷商的素質差異較大，廠商之間的配合總是難以協調，習慣性地遵循各自的價值理念、規則而行事，要改變此現狀，培訓是唯一可行的方法，培訓是理念、政策、目標、方法、產品、信任交流和信息傳遞的最好方式。

惠普是全球知名的電腦設備生產銷售公司，自 1939 年成立起至今一直在行業中佔據著穩定的地位。在數十年間，惠普數次經歷了行業的低迷期，之所以能夠經久不衰，與其令人稱道的管道管理是分不開

的。

惠普在業界中享有「管道船長」的美譽，特別重視對經銷商的培
訓和引導。無論新加入的經銷商實力是強是弱，都必須接受惠普提供
的系統性培訓。而且，隨著行業的發展和新需求的誕生，還要隨時更
新培訓內容。

惠普還專門設立了經銷商大學，該機構始終關注著經銷商的成長
與建設，並為經銷商提供培訓。後來，隨著網路的普及，惠普又開創
了經銷商培訓新模式——在線培訓，對經銷商實行更快捷、更大範圍的
針對性培訓。

惠普公司透過經銷商培訓，不僅增強了經銷商的管道開發與銷售
能力，更重要的是加強了雙方的文化、理念溝通，使雙方的關係更加
緊密，合作更加協調。

企業對經銷商的培訓，實質上也是一種銷售，只是其銷售的東西
不是公司的產品，而是企業的理念、思路、想法和政策。因此經銷商
培訓的實施過程也同樣包括了四個階段(如圖 14-1)。

圖 14-1 經銷商培訓的 AIDA 模型

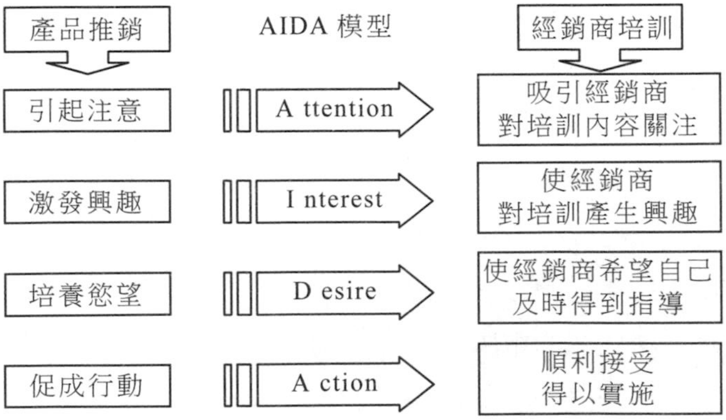

　　經銷商培訓常常難以順利開展，它不同於企業內部培訓，原因是多數經銷商經營理念不同、背景經歷不同、知識水準不同、年齡差距較大以及對於新事物接受程度參差不齊，這都使經銷商培訓很難做到放之四海而皆準，難以有的放矢，難以真正激發出經銷商的共鳴。

　　經銷商培訓 AIDA 模型為解決此問題提供了思路，要求在培訓內容上力求新穎、實用，具有吸引力，足以引起經銷商的關注和渴望；在培訓安排上企業要力求讓參訓者對培訓本身產生興趣，因此要注重形式的選擇、講師的選擇等；培訓中要理論聯繫實際，至少能解決一到兩個工作中的問題；培訓後要形成落地的制度，用於日後的實際行動。

二、要獲取經銷商店員的協助

　　零售商店員是第一導購員，是直接架構在產品與消費者之間的橋梁，在產品的流通過程中處於最前沿的地位，其對產品的銷售起著顯著的影響，可以說決定產品在終端的命運。因此，零售商店員作為在商品流通中的一個重要環節，應當引起企業的高度重視。

　　把經銷商、零售商的店員培養成企業的業餘導購員，是切實穩固掌控產品終端的前提之一。因此，企業從分銷政策及策略上要充分重視對零售商店員促銷力的利用，並制定相應的措施以及提供相關的資源支持。

　　如何才能提升零售商店員的促銷力呢？零售商店員的促銷力主要取決於二大因素：第一，零售商的店員願不願意向顧客推薦你的產品；第二，零售商的店員會不會向顧客推薦你的產品。

　　零售商店員願不願意推薦，主要看廠商與店員的情感溝通，店員

會不會推薦，主要看企業對店員的培訓和教育，讓店員瞭解產品，掌握豐富的產品知識和科學的推銷方法，同時，還要幫助店員提高銷售能力和技巧。這樣，才能提升店員的促銷力，增加產品的推薦率。

1.與店員進行良好的溝通

據數據表明，產品陳列在最佳位置上能促進銷售量增長 20%；產品佔據最大陳列面能促進銷量增長 30%；有最佳的宣傳品配合能促進銷量增長 20%；而店員的直接推薦能促進銷售增長 60%。可以看到，與店員關係的良好協調是所有售點工作的基礎，對促進銷售具有立竿見影的效果，必須爭取他們對產品的完全認可和各種工作的有力支持。

要與店員進行良好的溝通，使其成為企業的朋友，對企業產生好感，從而使其更努力地推銷產品，以最大程度地提高企業在終端的認知率和美譽度。

要適當採取措施對店員促銷：如送小禮品、銷售競賽、銷售返利等充分調動店員的熱情，贈送《導購手冊》，提高店員的銷售技巧等。逢年過節，可不定期地給店員贈送一些小禮品，禮品要方便實用、有新意，不要總是送同一種禮品。遇到店員生日時，以個人名義送上一份賀卡和問候，最好將禮物送給本人，切記不要漏送。

2.要獲得店員的推薦

金獎、銀獎不如店員的誇獎，店員的推薦對產品的終端銷售起著舉足輕重的作用。

貨架上的商品琳琅滿目，新產品又層出不窮，消費者面對眾多的商品常常感到無所適從。市場調查結果表明：當店員向消費者推薦某種產品時，約有 74%的消費者會接受店員的意見；除了電視廣告，店員對消費者購買的產品的影響大於其他各種廣告媒體。由此可見，在產品銷售中，店員確實能起到很大的作用。

　　有些產品的技術含量高，普通消費者很難憑自己的經驗和知識對商品的好壞、質量的優劣作出判斷；絕大多數消費者對產品及其相關知識不懂或知之甚少，希望得到店員的指導與推薦。

　　店員直接面對消費者，他們的意見對顧客帶有較強的引導性，也就是說，產品的推銷權掌握在店員手中。店員是企業與消費者之間的紐帶，企業的信息需要店員傳遞給消費者。

　　因此，在購買現場，當顧客面對眾多的商品猶豫不決時，顧客往往將店員當成專家和顧問，店員的一兩句評價，或一句簡單的提示和介紹，就可能對顧客的購買行為產生決定性的影響。

　　越來越多的企業把店員當成自己的「第一推銷員」，都設法提升店員的促銷力，爭取把自己的產品作為店員的第一推薦目標，讓自己的產品爭取到更多的推薦機會。為此，企業要經常性對店員是否積極推薦產品進行審視。

3.對店員的促銷激勵

　　零售商店店員，除了從雇主處得到應得的正常薪金之外，還可以獲取企業的銷售獎勵。銷售獎勵是企業為了提升店員的士氣，鼓勵零售商店員的努力銷售而加以設計的，由企業負擔獎勵支出。

　　啤酒行業對酒店服務員進行激勵，比較常見的做法就是給服務員回扣獎勵（一般稱之為開瓶費），每銷售一瓶給予一定金額的回扣，以提高其推銷產品的積極性。

　　例如：「虎牌」啤酒開展了針對酒店服務人員的促銷獎勵活動，只要服務人員向消費者推薦售賣了「虎牌」啤酒後，服務員可憑收集的瓶蓋向虎牌公司兌換獎品。如12個瓶蓋可換價值5元的超市購物券一張，瓶蓋愈多，收穫愈豐富。

三、要對經銷商店員加以培訓

店員教育是指將產品的相關信息傳遞給店員，使店員熟悉產品知識，以期在櫃檯銷售中增加該產品推薦率的一種促銷方法。

店員培訓，主要是把產品知識通過廣告傳播時受眾的無意注意轉為店員有針對性的有意注意，充分利用店員的注意力和時間，讓其記住你產品的特點、優點和利益點，並學會把產品介紹給其他潛在顧客。

以在藥局販賣的 OTC 藥品的銷售為例，由於藥品是一種特殊的商品，具有一定的功效作用和適用範圍，在用法和用量方面也有明確的規定，這就要求藥店店員熟悉並掌握這些產品知識，從而準確解答消費者的詢問並能將產品正確推薦給消費者。店員對某產品的特點和宣傳要點則主要是通過店員教育來認知的，店員教育成為店員獲取產品知識的重要途徑，可見藥店店員教育是 OTC 藥品重要的藥店促銷工作。

店員教育的方式多種多樣，可由藥店代表在對藥店日常拜訪中採取「一對一」或小規模店員教育會來進行店員教育；也可以一個區域市場為單位（通常是在一個城市內），採取電影招待會或店員聯誼會（或店員答謝會）的方式開展店員集中教育；還可以有獎問卷的方式逐店進行店員教育。為使店員樂於接受店員教育並取得良好效果，無論採取何種形式的店員教育，要求做到場面活躍、氣氛熱烈、內容精簡、重點突出，時間以控制在 30 分鐘內為宜，並要發小禮品。

店員產品知識的培訓是一項長期系統的工作，非一朝一夕可以作出效果，而且不能孤立地看待店員培訓，它應該是一個連續的營銷行為，一環緊扣一環並緊密地嵌在營銷計劃之中，必須和其他營銷活動緊密結合。

店員教育的目的是為了融洽公司與零售店的關系，使店員熟悉產品的知識，以提高產品的店員推薦率。

四、要想提升銷售業績，需要經銷商培訓

銷售培訓的第一步，是說服經銷店經營者認同銷售培訓是值得付出的。這個不容易。經銷商老闆需要被說服，認同培訓將會帶來更大的利潤、收益和效能。銷售經理需要知道，培訓將會提高銷售業績、銷售技巧以及客戶與員工的接觸率。銷售團隊需要知道，培訓能增加他們的報酬，使得工作更為有趣，並能使他們的工作更容易。

把培訓變得有趣一些。組織一些積極的練習、小組活動，備有茶點，建立令人愉悅的學習氣氛。讓培訓與他們日常和客戶之間的互動有相關性。要培訓每一位與顧客有接觸的人員，包括櫃台人員和內部銷售人員。

⑴把培訓的目標，置於經銷商的事業目標之上。

⑵將培訓與最困難的銷售情形聯繫起來，例如處理價格上的異議、銷售的獨特性或差異化的優勢。

⑶一個一年期的培訓計劃；不要一次銷售一部份培訓計劃。當銷售一份年度培訓計劃時，要保持靈活性，以能符合經銷商的時間要求，培訓要簡短、頻繁，不要弄成少數幾次長時間的培訓。

⑷在培訓中建立激勵因素，這樣經銷商就知道培訓成果會被追蹤，這樣激勵也能夠達成。

⑸建立起一系列小的成功。很少有培訓計劃在被提供的第一年就會有全部人員參與。培訓計劃通常需要花費幾年時間才能被接受，甚至受到歡迎。建立培訓計劃可信度的途徑之一，是利用參加過培訓並

獲得成功的學員的現身說法。

⑹邀請在經銷商銷售人員中有信任度的銷售培訓師。

對經銷商的銷售人員而言，什麼類型的培訓會議才最有價值並且最具有激勵性呢？簡短、信息量大且頻繁的培訓效果最好。經銷商非常忙碌，能夠用於培訓的時間有限，每次培訓會應該只聚焦於一個或兩個議題即可。

五、零售店員的培訓項目

常見的幾種店員培訓形式有，店員集中授課培訓、有獎問卷、一對一店員培訓、新產品認知推廣會，或通過店員聯誼會來進行店員培訓。

1. 店員培訓項目

店員集中授課培訓操作細節如下：

①企業介紹，可以放映介紹本企業歷史、未來和經營理念等情況的碟片或幻燈片以及其他宣傳資料；

②產品介紹；

③針對零售市場銷售品種，進行公司產品及相關背景知識介紹，強調產品最重要的若干賣點(有兩三個就足夠了)；

④店員如何做好終端工作。如：怎樣讓進店的顧客都有所消費？怎樣增強店員推薦的信服力？怎樣佈置櫃檯上的產品陳列等；

⑤零售商管理知識；

⑥產品促銷活動的操作辦法。

如能在培訓之前將所要培訓的內容和部份店員事先溝通，明白他們的需求，會取得更好的效果。

2.產品知識培訓

產品知識培訓的關鍵是讓店員記住產品知識，可把本企業產品知識創造性地編成店員容易記憶的方式，方便店員記住培訓內容。下面幾點可以借鑑：

①生動活潑有趣是首要條件。把產品知識編成順口溜，在培訓時進行現場記憶比賽。把產品功能和特點通過圖片來進行說明。

②最好是用手提電腦配上電腦投影儀，把授課內容編排成幻燈片來講課，編排生動有趣，可提高店員興趣。

③通過與店員一起分析產品特點、優點，最後把產品賣點（利益點）總結出來。關鍵是用普通消費者就能明白的語言來說明產品的賣點（即消費者購買的理由和購買後得到的利益）。

3.培訓技巧

在培訓活動中，為能調動店員的參與積極性，在形式上可採取有獎問答、競猜等活躍氣氛的手法。在介紹產品前，可先告知參會店員有獎問答的基本情況，以使他們能注意聽講。為了進一步加強店員對產品知識的記憶度，可把要培訓的產品知識設計成各種問答題，最好能挑出產品最強的賣點、最能打動顧客的說法來提問，在講授中間或者結束時現場進行有獎搶答，答對者即可獲得禮品一份。提問時，盡可能事先讓業務員弄清各店店員的名字，點名來提問，效果會更好。

注意店員回答一般不可能十分準確，培訓者操作時要大聲重覆正確答案，以便經過重覆使店員記住產品知識。

有獎問答應由終端業務員來完成，一是加深終端業務員給店員的印象，二是獎品由業務員發給店員時，店員會感激業務員，以後業務員開展終端拜訪工作就容易多了。

小禮品是加強企業和店員關係的一個重要方法，不可沒有，否則

會影響其以後來聽課的積極性。培訓完後凡來參與者每人發放小禮品一份。記住不可在講課前發放，否則個別人會提前退場。小禮品的選擇要新穎、有趣和實用，價值不一定很高。

心得欄 -------------------------------

第 *15* 章

針對經銷商的輔導工作

工作重點

一、要瞭解經銷商的階段性需求

需求能產生市場，經銷商需求的達成是生產企業進行經銷商管理的重要內容，如果不能滿足經銷商的需求，就失去了意義，而要做到這一點，生產企業首先必須讀懂經銷商。

經銷商購買的不只是生產企業的產品，更是生產企業的服務和政策。經銷商在起步、增長、成熟等不同的發展階段，其需求也完全不一樣。

1. 起步階段

此階段經銷商需要的是生產企業的深入溝通和指導，以幫助其快速成長。此階段生產企業需要透過對經銷商的培訓，使經銷商的理念、

經營方式等與企業的要求相接近,只有理念相同的經銷商才可以成為企業的長期合作夥伴。經銷商發展的初期就像一張白紙,往往生產企業的經營理念就是經銷商的理念,此階段經銷商的順應性往往較強,執行性較好。

起步階段的經銷商特點是規模不大,人員較少,網路覆蓋有限,負責一個或幾個終端網點,縣級或鄰近兩三個縣級市場終端的貨物配送、結款;積極性高、操作機動性強、終端把握能力強;但是其資金實力小,缺少忠誠度,往往沒有長遠規劃。

2.增長階段

經銷商經過初期起步以後,往往會有一定自己的想法,形成區域開發的自我思想。此階段生產企業需要關注經銷商的經營理念是否與企業的相符,需要透過市場培訓、市場支援、行銷方案的共同執行等,對經銷商進行有效引導。此階段經銷商發展和擴大規模的意願最為強烈,生產企業可以透過對各地行銷思路的總結,為經銷商提供一些新的想法,幫助經銷商快速調整和發展。生產企業要對其進行深入分析,謹慎選擇,避免被表像迷惑,使區域市場開發受到影響。

此階段經銷商的特點為具備一定的市場能力,具備區域內的終端開發能力,有隊伍,有一定的資金積累,但是好高騖遠,急功近利,往往不顧生產企業的規則,為一己之利而寧可不做大銷量也不讓他人分享市場,且與廠家搶奪市場控制權。

3.成熟階段

成熟的經銷商通常對生產企業市場開發和合作的要求較為苛刻。經銷商進入到成熟階段,缺少的不是產品,而是企業的服務及長期的盈利支援。常言道「上趕的不是買賣」,在與成熟的經銷商的合作過程中往往有如此感覺,通常一旦合作,往往取得的效益會超出原來的預

想。

　　成熟階段經銷商的特點是規模較大，有成熟的終端網路和管道網路，在區域市場有影響力和良好的政府資源，但是其選擇合作夥伴的條件較為苛刻。一旦合作，通常其會透過分銷和配送能力，主動開發市場，協助生產企業做品牌宣傳，忠誠度較高，與生產企業共同承擔市場風險。

　　經銷商都是有性格的，不同的發展階段，經銷商的性格往往不一致。經銷商企業老闆的性格，通常會決定了一個企業的性格，因此分析經銷商需求，要像分析人一樣來分析，才可以真正地把握經銷商的需求。

　　首先，利是第一位的。沒有經銷商會做無利的生意，在與經銷商的相處過程中利益是永恆的。因此，生產企業管道政策的制定，一定要充分地考慮經銷商的應得利益，如果不能達到經銷商的基本利益需求，管道政策就是再完美，也難以達到真正的效果。

　　其次，要注重情。經銷商總是傾向於做自己熟悉的產品和領域，其實這是一種情感的依託。生產企業一定要關注此點，維繫一個老的經銷商通常會比開發一個新的經銷商的成本低很多。情有時可以使經銷商放鬆對價格、利益、政策的要求，與生產企業的理念更好地統一到一起。

　　對經銷商的需求管理，需要從利益和情感兩方面進行。重利輕情，容易使經銷商唯利是圖，且不利於忠誠度的培養；而重情輕利，經銷商難以生存發展，也容易使人情凌駕於制度之上。

　　面子對於經銷商來說就是一種名譽，如區域的總代理、總經銷、獨家授權等。名譽通常是經銷商追求的高層次目標，有時經銷商可以犧牲利益，但是決不可以犧牲名譽。因此生產企業在與經銷商合作中，

給足經銷商面子非常重要，這也是與經銷商合作中成本最低的一種運作方法，也是生產企業「情商」的表現。

二、激發經銷商的銷售積極性

經銷商若遊離於廠商之外，無人管、無人問的境地，對廠家無忠誠度也無歸屬感，誰的利潤大就推誰的產品，利潤下滑，積極性就降低。

經銷商進貨、零星配送售賣，賺取有限的差價作為自己的利潤，這是他們的謀生之道。誰的利潤大就推誰的產品，對於產品能賣就賣，賣多賣少無所謂，賺錢就行，這是他們的經營思路，利潤空間一旦縮小，積極性就會相應下降，這是普遍現象也是問題癥結所在，要想有效地解決這個問題可以採取以下方式。

1.結盟分銷商

將分銷商納入廠商管理體系，增強分銷商的忠誠度，以此來激發分銷商的積極性。

中國知名企業「娃哈哈」就是以二聯體形式，透過經銷商與分銷商的價差分配、返利分配的協議，將分銷商納入自己的管理體系，政策透明、促銷一致、促銷品下放，不但使分銷商有了歸屬感，同時也激發了分銷商的積極性，從而成就了「娃哈哈」今日的輝煌。

2.建立分銷商區域保護制度

透過對分銷商管道區域的嚴格劃分，形成獨立封閉的行銷區域，並根據市場情況和分銷商的不同要求，在促銷一致的原則下，進行價差與促銷的微調，讓分銷商獨立運作市場，同時得到利益，這也是激發經銷商積極性的一種方法。

　　冷氣機銷售佔第一位的格力公司，目前在各省採取請批發商入股方式組建銷售公司，取消一級市場批發商，以股金分紅消除了批發大戶對企業的牽制，放手開拓二三級市場，其市場運作的重心得以順利下移，既有效利用了原批發商的資源，又快速開拓了各省空調銷售二級大戶的人力、物力、財力、網路等資源，起到了「四兩撥千斤」的效果。但這種模式運作之下，各銷售公司過於重視自身利益，導致下面網路經銷商銷售利潤太小，影響了經銷商的銷售積極性，結果出現有些地方抵制格力產品的現象。

3.建立分銷商升級制度

　　透過設置不同級別的分銷商，建立分銷商不同級別的升級制度。根據分銷商的表現，逐步提升經銷商的級別和獎勵標準，目的在於給分銷商一個願景規劃，從而激發他們的積極性。根據市場情況以銷售額、鋪貨率、新品上市率、銷售增長率、品項達成率(指產品的系列品種在市場上齊全程度的指標)、貨款回收等指標為基礎，設立分銷商的升級制度與考核辦法，從而享受不同待遇或返利標準。如表 15-1 所示。

表 15-1　分銷商升級制度

級別	銷售額(元)	鋪貨率	新品上市率	銷售增長率	品項達成率	獎勵制度
一級分銷商	35萬	90%	95%	30%	90%	/
二級分銷商	30萬	85%	90%	10%	80%	/
三級分銷商	20萬	77%	8090	10%	70%	/
四級分銷商	15萬	70%	70%	5%	60%	/

4.建立分銷商培訓制度

「授人以魚，不如授人以漁。」建立針對分銷商的培訓制度，透過提供給分銷商正規系統的培訓機會，增強分銷商的歸屬感和自豪感，幫助分銷商和企業一起成長，從而激發分銷商的積極性。

三、強化經銷商的歸屬感

1.歸屬感、依託感是經銷商長期發展的心理需求

經銷商是需要歸屬感和依託感的，尤其對於品牌企業、品牌產品，經銷商會以與其合作為榮。如果生產企業給予經銷商充分的重視，會提高經銷商的忠誠度；而對於非大品牌企業和產品，則更需要體現對經銷商的尊重。

①日常客情。日常客情是生產企業的一種態度，熱情和尊敬往往會使經銷商對企業產生良好的認知，更願意與生產企業進行交流和提供幫助。

②大會或核心經銷商會議邀請。區別對待經銷商會使他們產生心裏優越感。

③安排國內外學術加聯誼的活動，邀請經銷商的關鍵人物參加。

④邀請經銷商參與公益活動、旅遊等。

⑤邀請參觀工廠。

2.為經銷商出謀劃策，提升其自我價值

經銷商常常是生產企業政策的執行者，如果生產企業放下身段，虛心聽取經銷商的合理化建議，讓他們參與到企業市場的管理之中，可以使經銷商的自我價值得到充分實現。

①聘經銷商為企業顧問。對於優秀的經銷商，可以透過聘書或頒

牌形式,聘其為企業的市場顧問、管理顧問、戰略顧問等,定期組織召開專項會議,使其與企業緊密相連,並可以即時對企業現狀進行點評。

②徵詢經銷商建議和市場問題討教制度化。好為人師是人的天性,師者常知無不言,言無不盡。如果企業尊經銷商為老師,既突出了經銷商的價值,也會得到經銷商更多的幫助。

③邀請經銷商給企業員工培訓。雖然越高層次的需求激勵效果越強,但是如果低層次的需求沒能得到滿足,高層次的需求激勵也會效果大減甚至無效。例如,經銷商的利潤需求沒能得到滿足,這時去大談所謂的自我價值經銷商也會缺少興致。所以,對經銷商的激勵,既要有針對性,也要符合階段性特點。

3.提升經銷商級別,提高市場地位

經銷商會謀求在生產企業的經銷商體系中更高的位置,如獨家代理、區域代理、一級經銷等,位置決定了經銷商在市場中地位。

①授予獨家代理或者一級經銷。此方法通常是雙刃劍,對於熱情高、責任感強的經銷商可以起到巨大的激勵作用,而對於個別經銷商則會陷入市場開發不足又不讓別人介入、不進行二級授權等矛盾中。

②擴大銷售區域或增加產品線。對於業績較好的經銷商,此法可以保持其積極性得到持續發揮,增加對企業產品的忠誠度。

③公司高管的會面或宴請。此法可以使經銷商充分感受到其位置的重要性,很多經銷商會以此為榮。

④大會發言或經驗分享。

四、設立輔導經銷商的專責部門

廠商為達到「貨暢其流」，提升銷售業績，必須在銷售管道上妥善安排，尤其針對經銷商，不只要加以促銷，更要設法輔導與協助。

經銷商日常所面臨的各種問題，往往會妨礙業務的順利進行。例如，擴大銷售規模後，實際作業卻無法與之配合，資金不能週轉，銷售員的人數不敷所需，銷售員的水準無法配合新商品的銷售，或受到強大敵對公司的競爭壓力，公司內的氣氛顯得低沉等，都是經常會發生的問題等等。

解決的方法之一是，廠商設立輔導部門(如促進課)或輔導員，以各種手段來協助經銷店，例如：①幫助經銷商解決所謂的困難，以便展開強力的銷售活動；②提升經銷商的弱點，協助達成銷售目標；③促使經銷商對本公司商品或與本公司的交易產生信賴及自信。

只要在經銷商支援活動中，若能獲得這類效果，輔導員便達成了主要任務，因此，輔導員必須隨時留意經銷商的困難反應，找出他們的需要，協助他們克服所遭遇的困境，這才是輔導員所應負的最大任務之一。

(一)設立輔導經銷商的專責部門

廠商可依實際需要而設立專責部門，對經銷商進行輔導。如某家用電器業為協助電器商而設立的「促進課」，其工作職責如下：

· 有關經銷商的管理及其經營輔導及教育事項。

· 經銷聯誼活動計劃的擬定及執行。

· 銷售獎勵辦法及銷售促進活動計劃的擬定及執行。

- 贈品 D/M 的計劃與執行。
- 店面陳列的輔導及 POP 的製作分發。
- 受理廣告招牌及經銷商車輛的申請。
- 新產品發表會的籌劃與進行。
- 各地區展售會的規劃與配合工作。
- 有關消費者抱怨的處理。
- 產品發表會的籌劃事項。
- 售後服務卡制度的確立、推行及改進事項。
- 商訊製作及分發。
- 各種有關經銷商聯誼會的推動工作。
- 其他經銷商及消費者促銷事項。
- 宣傳廣告計劃的擬訂、執行及評估檢討。
- 廣告媒體的選擇。
- 廣告文稿的設計、製作。
- 產品目錄、產品說明書、傳單的印發。
- 廣告預算的編擬、執行、控制。
- 廣告效果的測定分析及宣傳廣告方法的研究改進。
- 其他有關宣傳廣告活動事項的辦理。
- 臨時交辦事項的辦理。

(二)對經銷商輔導的重點

企業在實施對經銷商的支援活動時,其工作項目甚多,主要是「協助經銷商的經營」與「提升經銷商的銷售績效」,執行之前,應先有正確的觀念與心態,而且在執行時應留意下列重點:

1.要明確表明公司的營業方針

要表明跟經銷商打成一體,從事市場開拓的決心與態度。同時也要表明公司跟經銷商之間,如何分工合作以及支援的具體作法。因經銷商對公司營業方針的理解、商品本身的魅力、以及公司開拓市場的能力等,都會影響「經銷商支援行動」的效果。

一開始就要表明公司的政策,例如應簽約成為公司正式經銷商,或是參加促銷活動時,雙方在參與階段,就應溝通瞭解到公司的營業方針,避免產生不必要的誤會。

2.要尊重經銷商的獨立自主權

儘管經銷店支援行動對經銷店有利,並預料可獲得相當的成果,但若實施的項目不受經銷店的歡迎,效果就會減弱了。所以盡可能採取經銷商所希望或喜歡的方式,並且要同時讓他們理解公司的用意及原則,俾使雙方能在互信互諒的基礎上進行合作。

一方面尊重經銷店的自主獨立,一方面公司又能給予積極的支援,能使這兩方面配合得當,就是成功與否的關鍵。

3.使經銷商經營更穩固

進行各種支援活動,設法使經銷店的銷售利潤提高,促使經營基礎更加穩固,這不僅對經銷商有利,也與公司的利益有直接的關聯。因為,如果此經銷商的經營不穩定,銷售力量微弱,必然使此一地區的商品銷售額降低,影響到公司的利益。

4.提升經銷商的銷售能力與銷售意願

如果實施經銷店支援行動反而引起經銷店的不滿,或在經銷店內部引起混亂,甚至養成經銷店的依賴心,那就不如什麼都不做較好。在做法上,強化經銷商的銷售能力,並且更刺激他的銷售意願,如何引發經銷店採取積極主動的銷售活動,乃是經銷店支援行動的一項主

要目的。

5.鞏固產銷配合的密切關係

對經銷店所採取的各種支援活動，不論是「產品的促銷」或是「經銷店內部的經營輔導」，經銷店支援行動，支援並協助經銷店所無法單獨實施的銷售活動，對經銷店而言，會感謝由此而帶來的利潤與成果，由於這項感謝，更促使他們賣力銷售，藉一次又一次的經銷店支援行動，公司與經銷店之間合作無間，必然營造出強而有力的互助體系，對雙方均有莫大的裨益。

(三)輔導部門在執行業務時的注意事項

公司的輔導部門，例如促進課成員，在執行對經銷商輔導工作時，必須留意下列：

1.不斷向經銷商說明公司的營業政策，並取得他們理解

協助經銷商或銷售店順利推銷商品，提高收益，安定經營。在此情況下，本公司商品才能繼續有穩定的供輸及銷路，也才能順利地流到每一位消費者手中。經銷商在這個過程中，位於重要的一環，輔導員應不斷地向經銷商或銷售店闡明此事之意義。

此外，還要對銷售店反覆做宣傳工作，使他們對本公司營業政策有正確的瞭解。如果不經常做這項說明工作，會導致經銷商因不瞭解而對之產生敵意及排斥心理。

2.輔導員要隨時瞭解經銷商在經營上所遭遇的難題

因規模或營業形態不同，經銷商或銷售店可能遭遇到的困境與問題，彼此間會有很大的差距與不同。甚至，同一家公司在較長的期間中，所遭遇的困難及其程度，也會改變。另一方面，各地區、各行業也都有它們共同的困難存在。輔導員必須隨時保持警覺，隨時去探尋

各經銷商所遭遇的困難，然後，努力去謀求解決之道。

3.針對經銷商的需要，調整支援活動的內容

對經銷商的要求或迫切想要解決的問題，輔導員在決定支援活動的範圍及內容時，絕不可輕易做出許諾。

經銷商支援活動的範圍廣泛，且是要花費時間、費用及人力的作業，所以，應選擇重點及具效果的項目實施，才能發揮最大的功用。向經銷商說明公司推行支援活動的特徵及項目範圍，並與經銷商就協助的內容或時間，作一協調及聯繫，乃是輔導員的任務。如果認為將對方提出支援的要求，立刻傳達給承辦支援行動的單位，任務便算完成，那就無法做有效的支援了。但另一方面向承辦部門詳細說明經銷商實際遭遇的情形及要求，亦屬輔導員的一項工作。

4.跟專任支援人員充分合作，個別而具體的解決問題

凡店內表演、變更店鋪設計、指導商品陳列、協助製作 POP 廣告等需要支援的項目，開始時都由專任的支援人員或專家負責指導，但到以後的追蹤工作，或因情況改變需要修正時，則要由業務員做主負責推行。當然，業務員對發生的情況不一定都能解決。但也並不是從頭到尾都歸由專任支援人員負責，業務員也要增進本身處理問題的能力，以便能單獨負起指導及解決經銷商的問題之責。

五、輔導經銷商的策略

(一)對經銷商輔導的策略

展開經銷商支援行動之前，要先訂定實施措施的基本方針：

1.究竟應以那一種支援作為本公司實行支援行動重點

各種活動項目都有各自的目的，而經銷商的輔導需求也分成好多

種，如何選出能廣泛適應經銷商的需要，又能傳達出本公司的特色者，實在是一大學問。但有個要點是絕不可忽視的，即經銷商的要求應優先被考慮。若能簡化經銷商多樣性需求為單一性需求，把業餘性轉為專業性，有重點、高效率地進行，則勝算就會較大。

2.對經銷商實施差別性的支援活動

將經銷商分級加以判別性的協助。

將經銷商支援行動作為經銷商戰略的一環，並根據跟經銷商的交易規模、交易內容或協助的程度等，來作為提供援助項目或負擔費用比例的決定。

費用分攤	指導及支援的程度
A 級經銷商…費用折半或負擔一部份	A 級經銷商…指導並追蹤其結果部份
B 級經銷商…要求實支費用或負擔一部份	B 級經銷商…重點放在支援及協助
C 級經銷商…要求實支費用或負擔一部份	C 級經銷商…僅商談或提供意見

3.明示經銷商支援行動的責任及界限

實施經銷商支援行動前，應向經銷商說明指導或支援的程度及界限，否則將會養成經銷商的依賴心理，而使指導或支援本身對整個經營體制的改善，毫無幫助。因此，支援行動承擔的工作為何，經銷商自己要做什麼工作，事先須經過認定再予實施，較能取得實效。對於費用的負擔來說，情形也一樣。完全免費服務，說起來好聽，卻反而得不到成效。實務上，經銷商對自己「不出錢」的活動，是抱著「輕浮的心態」，反而造成績效不好。應做到能令經銷店主動要求：「我們願意分攤費用，但請廠商實際行動支援！」才算成功。

4.負責經銷商支援行動的專責部門

為了有效推行經銷商支援行動，必須有一專門的機構來負責推

行。現代經銷商的支援活動，已被當作高度行銷活動的重要一環，必須有專門的人員或是特定部門來執行完成。

許多公司都已設置推行經銷商支援行動的專責部門，並給予各種各樣的不同名稱，例如：促進課、經營諮詢所、經營中心、銷售支援科、營業推展科、營業支援部、營業開發部，這些獨立部門是由公司資深人員、專任顧問以及受過訓練的經銷商支援成員組成。另外，再與經營顧問、律師、會計師、店鋪設計家等專業人員保持聯繫，依照支援的內容邀請他們協助。例如：

(1)個別或局部活動的支援與指導

指導商品陳列方法、推銷展示方法、POP 廣告制法、商品的說明方法、店鋪、店面的裝潢，與設計、促銷器具使用方法等項目。

(2)指導或支援總體計劃的編制

指導銷售計劃的編訂、促銷計劃的編訂，組織變更方法、人事管理、薪資管理等辦法的制訂。由專任顧問、公司內各部門之顧問，與外邀的專家共同研商實施。

(3)指導或支援結構、系統性問題的策劃

對投資計劃或設店計劃作一檢討或重新規劃，給自願連鎖店提供正確的經營方法，指導經營者及管理者的在職進修、研擬強化經營體質的政策。

廠商對經銷商的支援與促銷，要事先詳細說明雙方的工作負擔與應盡責任，將各人所負責的支援項目事先分工得很詳細，並且所需要的工具或資料，先有週全的準備，那麼，對經銷商所提的要求或問題，便能遊刃有餘的予以解決了，而且在推行經銷商支援行動時，也能有備無患。

(二)對經銷商輔導支援的正確觀念

廠商大量且單一地生產產品，無法滿足消費者少量多樣的採購需求，此時，必須透過經銷商的分配、積集功能，最後將產品適時適量地呈現在消費者面前。

一個產品從廠商到消費者手上，其間會經過各種經銷商，這些「經銷商」，以規模大小區分包括大盤商、中盤商、小盤商、零售店等；以配合度區分，包括「一般的經銷店」與「系列經銷店」。

廠商為達到產品暢銷的目的，首先必須借助業務部門的力量，其次是確保銷售管道之暢通無阻，尤其是各個經銷商，再來是善用各種針對消費者的行銷技巧、廣告宣傳，吸引他們購買本牌產品。

針對「經銷商」而言，廠商設立專責部門而推動各種支援活動，種種活動在推動之前，廠商必須具備如下述的正確觀念。

廠商為確保銷售通路暢通，產品銷售順利，有必要對所使用銷售通路上的經銷商加以支援與輔導；輔導經銷商是生產廠商的責任，也是維護廠商利潤的必要手段。對經銷商的「促銷支援」、「經營輔導」項目眾多，必須要有正確觀念：

1. 對經銷商的各種支援、輔導，均應視為長期投資

提高經銷商素質，促使經銷商與廠商的政策配合，可提高廠商在市場上的競爭力。訓練經銷商業務員是一種教育投資，協助經銷商做地方性的廣告也是一種廣告投資，激勵經銷商是一種無形投資，在各項經營管理方面協助經銷商，等於是生產廠商在改善整體行銷，也屬於投資。

2. 經銷商是整體銷售通路的重要環節

廠商若不透過經銷商的地區銷售網及行銷經驗，不容易在市場上站穩腳步；在情報系統上，經銷商可隨時把市場的需要反應給公司，

作為擬定策略的參考。經銷商確實是廠商銷售通路內很重要的一環，不應該被視為公司經營系統之外的附屬個體。

3.經銷商是獨立企業，有其獨立經營方針

經銷商雖為廠商行銷系統中的一環，但二者的經營權分屬兩個不同的個體，因此在思想觀念上雙方可能不易協調，而使廠商的政策不易推行，或產生背道而馳的現象，這是採用「通路行銷」最常碰到的問題。

廠商注重整體市場的維護，而經銷商以眼前利益及地區推廣的方便為出發點，基於這種立場的差距，廠商應盡力疏導經銷商，使他們樂於合作。

4.經銷商是公司重要的客戶

經銷商向廠商進貨，再推銷予它的客戶，基本上，經銷商是扮演著「買方」與「賣方」的雙重角色，生產廠商所推出的任何產品，若無法獲得經銷商的歡欣，進而採購，則產品的銷售將因銷售通路的阻塞而不順利。

廠商如何與經銷商保持密切關係，牢牢捉住「經銷商」這個重要客戶，是經營成功與否的重要關鍵。

5.廠商的輔導措施，應令經銷商有利可圖

廠商應在經銷商有利可圖的情況下，決定價格政策、輔導項目、激勵方案，及其他管理政策，若只注重廠商單方的利益，則經銷商遲早會被競爭對手所吸收。

因此，廠商在整體行銷方案的各種運作，要先考慮本身立場，其次要考慮此方案，能否獲得經銷商的認同與支持。

6.生產廠商對經銷商的溝通要詳細而且持之以恆

經銷商有利可圖才能擴充市場，由於利益不是馬上能見到的，例

如「擔心新產品銷售不順利而不想進貨陳列」，因此經銷商的合作意願不高，廠商必須先動之以情，然後向經銷商解釋清楚，使對方明白加強合作的目的在於鞏固經銷商的市場及增加利潤。

六、經銷商支援的內容

顧名思義，經銷商支援就是生產企業對經銷商提供的各種支援。具體包括價格支援、廣告支援以及經營管理等各方面的支援。對於經銷商支援的主要內容有以下幾個方面：

1. 區域經銷權

區域經銷權是經銷商和企業打交道最重要的權益，它界定了經銷商的銷售區域，經銷級別，權利年限等重要事項，是經銷商能否安心經營企業產品的基礎。所以企業在經銷權方面應根據經銷商的實際情況儘量給予最大的支援。

2. 廣告支援

經銷商經營一個產品，需要多種營銷活動的配合才能夠打開市場，而廣告能夠有效刺激消費者的興趣，促進銷售。廣告支援主要有以下方式：

⑴廣告宣傳：即指不通過大眾傳播機構而作的宣傳廣告。例如 POP 售點廣告、海報，陳列裝飾及其他可能支配顧客商品選擇意志的零售店現場廣告等。而生產企業須就此等廣告有關事項予以指導協助。

⑵定期刊物：是指企業所發行的定期刊物，以介紹企業的經營政策或提供營業資訊為目的。分為批發商專刊或零售商專刊。

⑶陳列、展示會：協助經銷商舉辦商品或商品樣品展示會，以喚起消費者的注意及興趣。

⑷贈送樣品及舉辦示範表演：贈送樣品或表演使用方法等辦法，是刺激消費者購買慾望頗有成效的銷售促進手段。

⑸宣傳手冊。

⑹幻燈片、影片、工廠參觀：此為兼具宣傳目的的銷售促進活動，可收到指導、啟發的效果，有助於品牌印象的加強。

⑺消費者組織：以系列中的零售店為中心，組合本企業產品消費者團體，並加以組織化。

3.貨款支援

對於經銷商來說，在談判企業的支持時，最快的反應可能就是希望企業能夠提供貨款支援。因為一般情況下經銷商的實力沒有企業強，經銷商的資金永遠不夠用。如果經銷商能夠用企業的資金做生意，當然是最好不過了。經銷商希望得到企業資金的支援，但對於企業來說資金問題可能是最敏感的，因為企業和經銷商之間出現的糾紛大都是由於資金引起的，並且一出問題就會對企業造成嚴重的損失，所以，企業一般不願意對經銷商提供資金支援。但是企業在特殊情況下仍可以向經銷商提供貨款支援，同時要明確表示貨款支援的時間，並規定及時歸還，讓經銷商感到企業的真誠。這種經銷商一旦越過危機，就會熱衷於企業的產品並全力貫徹企業的經營理念。

4.價格支援

經銷商做生意的本質是獲利，要想獲利就要盡可能擴大銷售量，而價格支援對於銷量的提高具有很大影響。所以每個經銷商都希望獲得低於同行業的價格，也就是企業在價格上給予支持。對於企業來說，對經銷商進行價格支援必然會減少企業自身的利潤。但在維持嚴格的級差價格體系的同時，對那些實力大、銷售能力強的經銷商給予一定的價格支援，但企業一定要控制好價格支援度。

5.促銷支援

對於經銷商來說申請企業的促銷支持就像申請廣告支援一樣，是市場開發工作的必要條件。同時也說明了經銷商打開市場的誠意和決心。同時這方面的費用支出一般是短期的，對企業來講也是可以接受的。

6.提供人員支援與企業培訓、輔導支援

在打開市場初期，經銷商銷售人員的數量一般都不夠用，並且企業的業務員素質一般都比經銷商的業務員素質高。所以企業在打開市場初期能夠向經銷商提供人員支援，可以幫經銷商很大的忙。另一方面，經銷商的銷量增長，企業產品的銷量自然也就增長。企業可以根據經銷商的要求直接派人，同時企業為了增強市場的競爭力改善經銷商的經營水準，有時也需要對經銷商及其業務人員進行培訓和輔導。

七、支援經銷商的時機選擇

經銷商需要企業的支援，但並不是什麼時候都可以取得預期效果。這就關鍵在於企業要把握好對經銷商支援的時機。尋找好時機，對經銷商一個小小的幫助也許就會起到事半功倍的效果。那麼，在什麼時機向經銷商提供支援能達到這種效果呢？下面就企業支援可以利用的各種時機做一個分析。

⑴合作剛開始時。經銷商和企業剛剛簽署合作意向時，企業要在銷售政策方面盡最大可能地對經銷商給予支持。例如產品價格、折扣或獎勵、獎勵政策、廣告促銷支持以及其他方面支持等。儘量減少經銷商投資風險。

⑵市場開發期。在新市場開發時期，一切工作都是從頭開始，難

度很大。同時市場開發階段需要採取一定的策略和大量的人財物投入。企業如果不給予經銷商一定的支持，經銷商很難憑自身的實力順利完成銷售工作。

(3)經銷商經營出現困難時。人有旦夕禍福，經銷商經營也有好有差，企業在經銷商出現困難時可以考慮向其提供支援。例如倉庫失火、貨物被盜、與合作夥伴分家等情況，企業這時出手幫忙就等於「雪中送炭」。一旦經銷商生意步入正軌，就會對企業感激不盡，即使競爭對手給其再優惠的條件，他也不會動搖。

(4)競爭對手有促銷活動時。每一個市場都有很多競爭對手，市場的競爭通常是你死我活，所以當競爭對手開展一些促銷活動，尤其是一些力度比較大的促銷活動時，企業為了穩定市場局面，可以給予經銷商一定的支持，也開展一些相應的活動進行抵禦競爭產品的攻擊。

(5)特殊時間。如銷售淡季、企業週年慶祝、經銷商店慶等，企業都可以給經銷商適當的支援。

支援過程中應注意到的問題，企業對經銷商的支援是有限度的。超過這個限度企業就會承受不了，所以在給予支援中一定要注意以下問題。

1. 考察經銷商是否把企業的支援當作自身的利潤

企業的支援是經銷商擴展穩定市場的一個重要力量，而不是經銷商的利潤來源。假如經銷商要求企業給予支援後，不積極開發市場，那麼就馬上取消對該經銷商的支持。

2. 對經銷商支援要設一個限度，不能讓經銷商貪得無厭

在企業界有這樣一個流傳：企業和經銷商打交道，剛開始時企業西裝革履、儀表堂堂，然後，經銷商就開始扒企業的衣服，到最後企業就剩一條褲子了。企業的力量是有限的，因此，在給經銷商支持時

要設限，並要注意經銷商要求支援的動機。

3.注意考察經銷商賬目

企業在給予支援時，要做到心中有數，知道什麼時候該給予支援，什麼時候不需要支援，並且明確給予支援的限度。

4.如果經銷商胡攪蠻纏，則不要給予支援

如果經銷商什麼費用都找企業報銷，不給支援就停止銷售企業產品或轉銷競爭對手產品，就要立即停止合作。

八、協助經銷商的售後服務工作

產品和服務毫無疑問是每一個開拓市場最有力的武器，提高產品品質的主動權在生產商手中，但是在經銷商的全力協作下，可以為產品品牌打造更好的市場氣氛和暢通的銷路。而服務，特別是售後服務和配送服務的主動權則都應該掌握在各級經銷商手中。因為只有各級經銷商重視服務，才能一方面促進廠商在服務方面的投入和關注，另一方面使消費者得到更完備的服務。

由生產廠商或經銷商提供售後服務，是現代社會商業競爭中最有力的競爭手段，成功的生產企業和商業企業無不花費鉅資力爭在最大的市場範圍內建立起自己的服務體系。

誰有一個完善的服務體系，誰就能把方便奉獻給顧客，誰也就將贏得顧客的信賴，進而最終佔領市場，戰勝競爭者。

1.送貨服務

與配送服務有重覆的意義區域，但送貨服務更著重於連鎖店經銷商和地區代理經銷商在生意成交後對客戶提供的送貨上門等服務工作。

特別是對那些購買較為笨重、體積龐大的產品，或一次購買量很大、自行提貨運輸不便或有其他困難(如殘疾人)的顧客，經銷商均有提供送貨服務的必要。

送貨的形式一般包括自營送貨和代營送貨。自營送貨是由經銷商使用自己的人力和設備進行該項服務；代營送貨則由經銷公司委託那些和自己有固定關係的運輸單位或個人進行代理服務。

送貨對於一個經銷公司來說並不是件十分困難的事，但卻能大大方便顧客，為顧客的購買活動解決不少實際困難，為爭取「回頭客」、提高顧客忠誠度打下良好的基礎。

2.包修

指對顧客購買本經銷企業的產品在維修期內實行免費維修，超過維修期限則收取一定維修費用的服務項目。如果經銷公司對大件商品提供上門維修或定期檢修等服務，其效果會更好。

包修制度既是售後服務的一項主要內容，也是促銷工作的一種有效手段。產品有無包修對顧客來講是非常重要的，顧客在購買那些有包修承諾，並且經銷商能如實執行此承諾的產品時，無疑會如同吃了一顆定心丸那樣十分放心，這顯然能增強顧客購買的決心和信心。

3.包換

是指顧客在購買了發現不適合於自己的產品時，或者發現產品存在某種缺陷時，經銷商應該允許顧客在一個合理的期限內，如在一個月到三個月內調換同類產品。若存在調換產品與原購買品的價格差異，則補交或退回其差價。包換也是促進銷售的重要手段之一，經銷商必須善於運用。

4.包退

是指顧客對購買的產品感到不滿意，或者品質有問題，而又不接

受調換處理時，經銷商必須無條件地允許其退貨。對於這樣一種情況，經銷商必須理解顧客的心理，滿足消費者的要求。實際上，包退不僅不會影響經銷商的銷售量，相反，還會給你帶來良好的信譽，增加購買者的信心，極大地刺激銷售。如果只顧眼前利益，不顧企業信譽，斷然拒絕退貨，則無異於「撿了芝麻丟了西瓜」，本末倒置，因小失大。

當然，作為經銷商來說，應該與供貨廠商簽訂「三包」合約，以最大限度地維護消費者的利益，這樣才能在激烈的商戰中取得明顯優勢。

5.安裝調試

對於大型設備、儀錶儀器以及一些大宗消費品的經銷服務，經銷商應該到現場去為顧客進行安裝與調試，使購買的產品儘快投入使用，此原則更適用於工業設備經銷商。

6.提供維修

對於大多數工業設備購買者和相當一部份耐用消費品購買者來說，在產品出現故障時，能及時得到有效的維修服務，是致使其購買的重要促成因素。所以經銷企業應該建立快速有效的維修服務隊伍，為顧客提供及時的維修服務。

當然，這項工作必須同上游供應商充分進行合作，這樣才會有更加堅實的技術和資金上的保障。

7.提供零件

如果未能及時地提供零件，顧客出現故障的產品就不能及時得到維修，所以經銷商應配合生產廠商做好為顧客提供零配件的服務工作。同時，提供零件服務本身也有一定的利潤潛力，這是經銷商不可忽視的。

8.技術培訓

經銷商應該同生產廠商合作，為顧客提供技術培訓，培訓技術人員或技術工人。

9.特種服務和拜訪顧客等

根據顧客的特殊要求，進行特殊方式的服務。例如，經銷商可以為顧客提供大修理服務，租賃特殊工具，聯合運輸等。此外，上門拜訪和建立顧客服務檔案，也有利於售後服務的開展和進行。

10.包裝服務

商品包裝是售後服務中不可缺少的項目，特別適用於連鎖經銷店和零售店的經營。

商品包裝的形式多種多樣，良好的包裝既能方便顧客攜帶，又是重要的進行廣告宣傳的有效工具。例如在包裝材料（箱、袋、包、盒）上印上經銷商的名稱、位址和獨具特色的徽標等，都可以加深顧客對本企業的印象和感情。

包裝服務也應該有許多新穎的創意，這樣才能達到促銷的良好效果，例如可以禮品包裝和特殊形象包裝等等。

九、對經銷商的輔導項目

廠商對經銷店的輔導支援項目，可說是五花八門，主要仍集中在「經營輔導」與「產品促銷」兩個層面，在「產品促銷」方面，善用廣告促銷產品，提供銷售獎勵金、提供人員協助促銷等。

例如啤酒業界為提高對賣酒商的促進能力，設立「女性促銷員」來增強經銷店販賣能力，麒麟啤酒的「巡迴促銷員」、札幌啤酒的「女性行銷員」、朝日啤酒的「市場女性促銷員」，名稱雖然不同，但是同

樣都是為了推動經銷店的市場策略。

朝日啤酒早在 1986 年就開始錄用一批女性員工「市場女性促銷員」，支援朝日啤酒的營業員的工作。他的其主要任務如下：

⑴負責約 50 家店鋪區域的訪問工作。

⑵主要工作並不在於推銷，而是支援促銷活動與收集資訊。例如大型促銷活動的通知、製作促銷工具的協助、陳列商品製造年月日的核對、零售店向廠商訂貨與意見的收集等等。

執行後，經銷店對於「市場女性促銷員」反應良好，業績有明顯提升，因此朝日啤酒的女性促銷員計劃，到 1989 年已擴張到 3000 人規模。啤酒業界的市場佔有率受到產品開發力、流通銷售管道管理的影響，而承擔通路下游負荷的人員，就左右著促銷能力的大小。

在「經營輔導」方面的協助，例如，廠商鑑於經銷商管理人才的不足，由廠商聘請公司內專家、或外部財稅專家對經銷商個別輔導，甚至於設立「老闆娘研修班」，教育老闆娘如何協助丈夫來經營商店；日本松下電器公司為達成「銷售、配貨、製造」三者共存共榮的想法，就創立「松下電器銷售研究所」，教育對象是經銷店經營者或重要幹部；而後又於大阪、東京設立「國際學院」，教育對象是國際牌經銷店的各從業員；更於當地開設以第二代經營者為對象的「松下電器學院」，為計劃在一年後造就出符合雙親期待的第二代經營者，松下公司經過週詳的計劃，從早晨 2 公里的馬拉松跑步開始，到技術知識、商品知識、經營管理方法、接洽客戶、銷售店實習等，均安排極為緊湊的斯巴達式教育。

廠商對經銷商的經營輔導，按內容區分，可分為六大重點：

1. 與經營管理有關的指導及支援

‧ 有關擬訂收益目標、銷售目標或經營計劃的指導；

· 指導經營分析的實施與作法；

· 對變更經營方針或政策提供意見與指引；

· 對經營者、管理者實施進修教育；

· 指導預算制度的編訂與運用；

· 指導資金週轉表的編訂與運用；

· 指導賬票制度的改進及運用方法；

· 協助編制資金籌措及資金週轉計劃；

· 指導每月決算的作法；

· 協助填寫藍色申報書及指導稅務對策的制訂；

· 指導薪資及退職金制度的改善；

· 指導確立內部組織及職掌劃分職務；

· 支援電子電腦的導入及運用；

· 指導及協助貨流設施的開設或增設；

· 指導並協助取得各種資格、專利，應向政府主管機關辦手續。

2.與銷售活動有關的指導與支援

· 提供同業動向、廠商動向等有關情報；

· 對連鎖店的設立作指導及支援；

· 對市場分析、需要預測的指導及協助；

· 召開並指導銷售店會議；

· 舉辦推銷員教育訓練；

· 代經銷商招聘、篩選人才；

· 指導改善多種商品的管理方法；

· 支援開拓新客戶的宣傳運動；

· 指導改善顧客管理；

· 指導信用限度的設定與信用管理的方法；

・派遣宣傳車，協助推銷員實施隨車銷售；

・支援編訂「推銷指南」。

3.與廣告、公共關係有關的指導及支援

・支援製作廣告宣傳單或 DM；

・指導並支援包裝紙、包裝袋的圖案設計；

・提供並支援廣告文案；

・支援海報、廣告板的製作配發；

・支援廣告贈品的製作；

・支援經銷商所舉辦的文娛活動；

・在電視、新聞廣告上經常提及經銷商；

・允許經銷商使用 CF(商業影片)、CM(廣告訊息)；

・支援、協助召開愛用者之會或消費者座談會；

・分擔經銷商的廣告費。

4.指導店鋪裝潢、商品陳列的改善

・指導或支援店鋪的增建或改建；

・支援製作店鋪的招牌、標示牌；

・支援開設展示窗、陳列室；

・對商品展示、陳列技術作實際指導；

・指導製作 POP 廣告、活動廣告；

・協助製作 POP 廣告、展示卡等用具；

・協助提供或選擇各種陳列器具；

・協助製作旗子、吊幕或展掛字幕；

・對店內裝潢佈置、商品排列提供技術指導。

5.擬訂並推動與促銷活動有關的節目

・秘密傳達公司宣傳運動的計劃，並邀請其參加；

- 支援經銷商主動企劃宣傳活動；
- 推動共同舉辦的講習會、研討會；
- 共同舉辦參觀工廠及研討會等活動；
- 支援舉行新商品展示會；
- 協助舉辦品嚐會、試用促銷活動等；
- 協助安排店頭示範銷售進度表；
- 協助經銷商展開「商圈內地毯式推銷」；
- 指導並支援實地市場調查活動，開發新的準客戶；
- 商品陳列競賽，加強與經銷店活動聯繫的方法。
- 舉辦銷售競賽並邀請其參加；
- 協助各種銷售活動。

6.指導獲取情報

- 發行供經銷商參考的銷售資訊刊物；
- 編印並寄送供經銷店店員、業務員閱讀的小冊子；
- 編印並寄送供消費者閱讀的小冊子；
- 請經銷商為公司內部發行的刊物提供情報；
- 寄送有關同業新聞的文摘抄本；
- 向代理商發行的小冊子提供資料；
- 向代理商發行的刊物寄送廣告稿。

十、召開經銷商年度大會

經銷商年會是一年一度的盛會，廠家要充分利用這個機會體現廠家的實力，展現廠家的遠景規劃，讓經銷商看到，廠家所給予付出努力的經銷商的榮譽，以及新的一年所展現出的希望，會議要達到「讓

經銷商高高興興來，讓經銷商帶著激情去」的目的。

召開經銷商年會，是廠家與經銷商實現多層面溝通的一種有效方式。經銷商參加廠家的年會，首要目的就是要瞭解廠家新一年的銷售政策，向廠家諮詢更多經營策略，以及學習同業經驗。而廠家的目的，則是要提升經銷商的忠誠度，促使其進一步加大市場上的投入，更好地實現經營目標。

經銷商年會還能吸引更多的潛在經銷商前來加盟簽約，進一步實現企業的網路擴張。如何召開經銷商年會，更好地發揮其情感溝通和信息溝通的橋樑作用，越來越被更多的企業所重視。

1. 先確定年會主要內容

首先要對經銷商年會的主要內容進行精心設計。有以激勵為主題的，有以培訓為主題的，有以溝通為主題的，也有以合作為主題的。根據突出的主題，設計相應的內容和議程，避免面面俱到卻沒有突出的中心。例如，廠家的目標是主推新品，那麼從年會的前期準備、會場的佈置（擺放新品的樣品、易拉寶、宣傳資料、POP 等），包括組織專場的新品推介會等，都要圍繞新品來開展，突出新品的主題，吸引經銷商的注意力。

經銷商年會一般有以下主題：

· 年度總結及表彰· 簽訂下年經銷商合約
· 宣佈新的經銷商管理政策
· 宣傳廠家新的發展舉措，如廣告計劃、新廠房的建設、合作計劃等
· 經銷商下年度銷售競賽計劃
· 讓廣告代言人與經銷商見
· 新產品的發佈會

．訂貨會。

會議主題要吻合當前市場實際需求，應該具有時尚、新穎、獨特之處；會議目的與主題息息相關，原則上，一次會議目的應該儘量單純。

2.確定年會的正式日期時間

經銷商年會要保證重點客戶都能到場，所以時間的選擇和事先的充分溝通非常重要。很多廠家會選擇在元旦或春節前召開經銷商年會，但對於消費品經銷商和企業來講，元旦和春節是一年當中的銷售黃金時間，在這之前開會勢必有多人缺席，加之節前企業準備匆忙，會議信息傳遞效果會大打折扣。所以廠家可選擇產品的銷售淡季來召開會議，這樣既保證了參加會議的經銷商人數，又保證了廠家有充裕的時間進行會議準備工作，使會議收到實效，而不僅僅流於形式。

3.選擇年會地點

地點的選擇應根據廠家的實力而定。一般選擇的地點有：

⑴公司總部。如果總部條件較好，可選擇在公司總部所在地開會。這樣可以在會議期間安排參會人員到公司總部辦公樓、榮譽展廳、生產現場等地參觀，提升廠家在經銷商心目中的形象。

⑵優秀經銷商所在地。選擇優秀經銷商所在地，這樣可以現場觀摩，學習交流，同時鼓舞當地經銷商。

⑶賓館酒店。如四星級、五星級酒店；如在五星級旅館召開經銷商年會。

⑷風景名勝。經銷商在閒暇之餘可以欣賞風景名山大川，人文景觀，陶冶情操，提升文化底蘊。

4.確定參會人員

根據會議性質，可以邀請相應的人員參加。人員可以根據情況選

擇全體經銷商或選擇部份的經銷商來參加會議。根據會議性質，可以考慮邀請各區域優秀經銷商攜家屬一同參加，一來可以融洽客情關係，二來可以促進經銷商家人對廠家工作的支援。

　　負責在會議期間組織經銷商，包括到會、簽約、進餐及會場紀律的維持等。負責收集市場信息、產品信息、產品展示等。廠家高層主管負責致開幕詞、頒獎和答疑。

　　當經銷商進入參會的地點後，應準備一份歡迎函。一方面讓經銷商感受到廠家的熱情接待，另一方面對邀請函的內容進行補充，讓經銷商更加明確會議期間的活動內容及時間安排，以創造一個輕鬆愉快的會議環境。歡迎函包括會議期間的安排和會議議程。

　　在向經銷商發出邀請時，一定要注意會議邀請函的設計。經過精心設計的會議邀請函不僅要標明會議時間、用餐地點和時間，還應有詳細的會議議程、各個時段的主題和發言人。最重要的信息是會務組工作人員的聯絡方式、會務組工作人員的分工，這些信息能大大方便與會者在需要時能夠順利地找到正確的人。

5.會議議程的規劃

這是經銷商年會的重點工作了。

(1)高級主管的致歡迎詞

由廠家最高級主管致詞，宣佈會議開始。歡迎詞的內容主要包括：歡迎大家與會；上年工作總結；目前面臨的問題；未來的工作重心；公司將來的發展藍圖。

(2)銷售工作回顧

工作回顧是經銷商年會最為常規的內容，一般由銷售部總監、市場部總監或行銷副總作報告。主要包括：本年度公司大事；銷售計劃完成情況總結；市場情況總結，含促銷、廣告、激勵政策、市場管理

等；公司獲得的榮譽。

(3)經驗交流

由優秀經銷商代表發言，包括：區域市場操作經驗；經銷商心得體會；優秀零售商賣場管理經驗；產品促銷的經驗等。

(4)下年計劃

公佈下年度工作計劃是較為敏感的話題，關係到經銷商未來最切身的利益，應儘量提出普遍性計劃，避免細節性計劃，並強調公司支持力度，一般包括：下年度目標；經銷商政策；廣告投入計劃；新產品開發計劃；下年度銷售競賽計劃。

6.年會現場控制

在會議現場佈置上，從戶外指示牌、橫幅、會議主題形象、簽到處、會議代表牌、工作牌、座位牌，會場背景、新產品 POP、造型上都需要仔細推敲。經銷商年會開得多了，形式隨意呆板會讓會場氣氛顯得沉悶，經銷商在大部份時間裏心不在焉。組織者在提高效率、精簡內容的同時，還可以多多注意會議的形式，例如介紹中穿插笑話、有趣的圖片、有趣的小節目、遊戲、聲光電結合的幻燈片等，讓人輕鬆一刻、會心一笑，調節會場的氣氛。

經銷商年會的會議議程

· 主持人歡迎詞、介紹來賓(9：00～9：10)

· 總經理致詞(9：10～9：20)

· 市場部經理介紹新產品推廣計劃(9：20～10：20)

· 銷售部總監介紹經銷商銷售政策(10：20～11：20)

· 經銷商代表分享經銷產品的經驗(11：20～11：30)

· 經銷商顧問委員會介紹成功經驗(11：30～11：50)

```
· 主持人宣佈經銷商年會結束(11：50～12：00)
· 頒獎晚宴會(12：00)
```

會議的主持人通常挑選嗓音優美、形象氣質好的人。每個發言人的發言時間不能過長。會議應該注意增強互動性，進行雙向的交流。如果參會人數多，可以考慮除了召開年會外，再舉行一些分組會議和討論。

7.頒獎儀式

對去年的優秀經銷商進行獎勵，為其頒發獎盃、證書和獎品，從精神上和物質上來激勵他們，同時也極大地刺激了其他經銷商。頒獎儀式包括：節目表演；品牌形象代言人見面；抽獎；頒獎；晚宴。

在獎品的設置上應避免直接以公司產品、現金等作為獎勵，防止事後影響廠家整體產品價格體系。可將筆記本電腦、手機等作為獎品，也有很多公司將旅遊作為獎勵。對於其他與會的經銷商，也可贈送一些禮品。

8.經銷商的培訓

利用這難得機會，安排針對經銷商培訓課程，一般為半天或1天，由廠家人員和外聘講師相結合。培訓內容有企業文化、產品知識、行業知識、公司化運作、員工管理、促銷技巧、終端開發與管理、品牌建設、政策法規等。

透過培訓，不僅可以統一經銷商的認識，激發經銷商的經營熱情，而且還可以進一步提升經銷商的管理水準及市場操作技能，增強經銷商對廠家的向心力、凝聚力，從而最終達到廠家和經銷商協同發展的戰略目的。

由於經銷商的水準參差不齊，各自的發展階段也不盡相同，因此，

廠家最好能在會前做一些問卷調查，瞭解經銷商的真實需求，看他們是想聽一些管道管理的課程，還是業務管理、財務管理、人力資源管理的課程。根據普遍需求，聘請相應的講師，設計相應的課程。只有這樣，培訓才能收到實效。

　　廠家在選擇培訓師的時候不一定非要聘請大牌培訓講師，他們很多時候都是講戰略、講管理這些宏觀課程出身的，缺乏對一些市場細節的瞭解，因此，並不見得能夠滿足經銷商的需要。適合企業的才是最好的，經銷商培訓邀請的培訓師一定要是有實際市場操作經驗的行銷專家，他們有豐富的實戰經驗，在培訓時往往能夠將理論與實際緊密結合，從而更具指導意義，更受經銷商的歡迎。

十一、經銷商賣場的統一管理規則

一、總則
　定位、標識、整潔、醒目。

二、實施要求
　1.區分要與不要的東西，終端賣場 6S 管理場所除了要的東西以外，一切都不放置；

　2.任何人所要的資料或演示工具及商品都能立即取出；

　3.將看得見及看不見的工作場所及產品清潔乾淨，保持整潔，時刻處於無垃圾以及無灰塵的狀態；

　4.在安全的前提下工作；

　5.意識上養成遵守規則，並正確去實行的習慣。

三、終端賣場 6S 管理規範內容
　6S 解釋：整理、整頓、清掃、清潔、素養、安全。

1.展櫃：

(1)外打燈招牌：標誌字要規範及表面要清潔。

(2)安置油煙機背板：無汙點、無破損、無變形及表面清潔乾淨；不得安置其他品牌油煙機。

(3)背板：顏色要按要求色著色，無斑點、無破損、無變形及表面清潔乾淨。

(4)電源插頭：安置要有安全性，無導體，製作位置要規範，表面清潔乾淨。

(5)地台：表面清潔衛生，無斑點及髒物；除飾物外不允許放置其他非規定物品(包括其他品牌產品等)；如地台與灶具相配，則地台上應放置灶具，不得有空缺，灶具應清潔乾淨。

(6)射燈：規格 40W×1；照射角度應調射範圍；不得懸掛無關物品於燈杆上；表面乾淨清潔。

(7)菲利浦日光燈：規格為 40W×2；安置要符合規範，不外露。

(8)日光燈遮擋板：顏色要統一，規格要統一；表面無斑點及髒物，應保持清潔乾淨。

2.櫥櫃：

(1)櫥櫃製作按統一標準色；

(2)標誌字應符合規範；

(3)表面清潔乾淨，無髒物、無灰塵；

(4)櫥櫃內不得放置物品；

(5)櫥櫃上除放置飾物及 POP 外，不得放其他物品。

3.諮詢台：

(1)諮詢台應按××企業形象手冊製作；

(2)標誌字應符合規範；

(3)諮詢台上應放置客戶名單以及開票收據。

4.灶具展示台：

(1)標識招牌：標誌字要規範及表面要清潔。

(2)灶具挖孔內應全部放置灶具樣機，並鑲嵌到位，不留外露。

(3)小射燈：保持光亮；無髒物；表面無遮蓋物。

(4)灶具展示台應按××企業手冊規定製作。

(5)電源插座應保持安全，便利使用。

5.飲水機展示台：

(1)台機標識：標示字要規範及表面要清潔。

(2)展示台表面：除按規定放置飲水機外，不得放置其他物品。

(3)下打日光燈規格為 40W×4，應保持：光亮；無髒物。

(4)電源插座應保持安全，便利使用。

6.燈箱：

(1)標識字牌：標誌字要規範及表面要清潔；

(2)安裝要按規定放置；

(3)整體製作應遵守××企業手冊規範。

7.POP：

(1)POP 應當是最新版本；

(2)應按××企業手冊規範進行張貼；

(3)應按××企業手冊規範放置 POP 宣傳品；

(4)POP 表面要清潔衛生並三個月更換一次；

8.掛幅：

(1)按××企業手冊製作規範進行製作；

(2)標誌字要符合規範；

(3)表面要保持清潔衛生，無髒物；

(4)半年需要更換一次。

9.地板：

乾淨、清潔、無斑點、無灰塵。

10.產品樣機：

(1)吸油煙機：表面整潔乾淨，每天保持 3 次擦洗，始終處於無灰塵狀態；樣機必須是成品，確定其正常啟動方可陳列；顧客試機後，應擦淨樣機。

(2)飲水機：表機整潔乾淨，每天保持 3 次擦淨，始終處於無灰塵狀態；樣機必須先試機並確定其正常啟動方可陳列，還必須配用淨水桶一起使用；顧客試機後，應對樣機進行擦淨。

(3)燃氣灶：表面整潔乾淨，每天保持 3 次擦淨，始終處於無灰塵狀；樣機必須先試機後確定其正常啟動方可陳列；顧客試機後，應把樣機擦乾淨。

11.其他：

(1)促銷員必須每天對賣場進行 6S 管理；

(2)促銷員應形成較好的賣場管理習慣；

(3)特殊情況視事情對待。

第 *16* 章

針對經銷商的衝突管理工作

案 例

勝家縫紉機的分銷管道

　　勝家縫紉機公司是美國生產工業縫紉機的專業公司。在工業縫紉機行業，製造商一般都依靠專職代理商負責在各自指定的區域內銷售產品。但這些代理商缺乏技術知識，無法提供規範的示範表演和售後服務，加上縫紉機價格昂貴，代理商不能提供信貸，為此，勝家公司決定取消國內外代理商，而致力於直接分銷。

　　勝家的分銷組織層次為三層：最高一層是銷售總部，分設在紐約、漢堡和倫敦；第二層是地區銷售辦事處；第三層次是零售總部。零售總部至少包括分部經理一名、總推銷員一名、指導員一名、技術員一名和會計一名，這些管理人員管理著若干推銷員。推銷員的

收入以「底薪＋15%銷售佣金＋10%回收賬款」計算。假如零售分部所包括地方太大，則通常會再設立更小的分支單位。分部經理為各個推銷員指定區域，並在工作上給予幫助和指導。

在管理的第二層，地區辦事處經理是關鍵人物。他手下有一批職員幫助他監督其轄區內零售分部經理的工作情況，並幫助他們履行職能。地區辦事處經理還要負責招收和培訓經理人員，以及確保從工廠到各分部的商品和從各分部到總部的現金流量能夠正常、穩定地流通。

勝家的組織體系能使公司的銷售力量得到最大發揮，使上級更全面瞭解僱員的工作，並有效地指導他們工作。另外，這種組織結構也能保證正常的現金流量，有效控制庫存，及時得到市場信息。

工作重點

一、經銷商衝突的類型

從衝突的方向來分，衝突可分為橫向衝突和縱向衝突。

橫向衝突是指存在於管道同一層次的各經銷商之間的相互衝突，如總經銷商之間的衝突、二級經銷商之間的衝突、分銷商之間的衝突等。橫向衝突在經銷商的區域重疊時經常發生。

縱向衝突是指同一管道中不同層次商成員之間的相互衝突，如廠商與經銷商之間的衝突，總經銷商與二級經銷商之間的衝突、一級經銷商與分銷商之間的衝突等。

從衝突的影響來看，衝突可分為良性衝突和惡性衝突。

當衝突能給經銷商適當壓力，並能加強管道中的聯合，提高管道穩定性，有利於促進廠商目標的實現時，這種衝突稱為良性衝突。

當管道相互交叉，使經銷商的資源部份浪費以及經銷商利用各自的資源來增加衝突而非解決衝突時，這種衝突被稱之為惡性衝突。在這種衝突中，各經銷商忘記了銷售業績這個基本目標，而讓報復、不信任、破壞、低價銷售、竄貨等危險因素大行其道。

二、經銷商衝突的起因

1.資源稀缺

管道成員為了實現各自的目標，在一些重要資源的分配上產生了分歧，形成衝突。

為爭奪零售商產生的衝突

某區域有一新建的大型連鎖超市，這種類型的超市將是某企業所生產的產品的主要銷售管道。企業為了直接掌控這一重要零售管道，企業準備與該連鎖超市簽訂直供協議，而同時，在該區域該企業有一經銷商也希望向超市供貨。在廠商和經銷商爭奪同一零售商的過程中，衝突便產生了。

2.感知差異

感知是指人對外部刺激進行選擇和解釋的過程。然而，感知刺激的方式通常與客觀現實有顯著差異。

為宣傳材料產生的衝突

　　某一硬木地板製造商印製了自認為精美的四色宣傳冊以展示其產品在豪華家居中的功用，這些冊子原打算發給光顧地板商店的顧客，向其展示地板的質量、美觀度及使用範圍。數以千計的宣傳冊連同要展示的地板送達到一個經銷商——一個大型的傢俱零售中心。但經銷商認為是廢紙一堆，佔用了寶貴的空間，於是非但沒有拿出這些冊子，反而將大部份冊子壓成用於裝退貨的紙盒包裝材料。當地板製造商瞭解到這種情況後，便與經銷商發生了激烈衝突。

3.決策領域有分歧

　　不管是以明確的方式還是以含蓄的方式，營銷管道成員都會為自己爭取一片獨享的決策領域。當觸及「誰有權決策，作何決策」的問題時，便會引發衝突。

　　價格決策是個典型的例子。許多經銷商，尤其是當大型連鎖超市成為經銷商時，往往認為價格決策屬於它們的決策領域，而有的製造商則認為它們才有定價權。

超市的促銷價引起的管道衝突

　　某大型連鎖超市是某食品企業的經銷商。2005 年 3 月該超市推出了該企業某種食品的促銷活動，其促銷價格大大低於該區域的二批商的進貨價，導致大批二批商將原有從該市經銷商處進的貨退回，從該超市大量購買該產品。最後，該種暢銷食品的價格體系混亂，銷量急劇下降，引起廠商與經銷商的衝突。

4.目標不一致

廠商和經銷商各有自己的目標，當這些目標不一致時，就會產生衝突。實際上，廠商與經銷商的目標經常不一致。

洗髮露經銷商被廠商警告

經銷商同時經銷有多種品牌的洗髮露產品。該經銷商的目標是增加銷量，提高利潤，賣出那個品牌的洗髮露都無所謂。而對於某品牌的製造商來說，自己品牌產品的銷量和市場佔有率決定其生死存亡，其品牌銷售觀與經銷商有著天壤之別。當該廠商的銷售人員發現這位經銷商無視其品牌時，立即給予該經銷商以警告，要求其積極推薦該品牌的產品，否則將取消其經銷商資格。

5.信息不對稱

經銷商往往出於自身的利益考慮，向製造商反饋一些對自己有利的資訊。如誇大市場疲軟的程度，以掩蓋自身在促銷不力方面的責任，或把責任歸結為產品質量等因素。同時，經銷商也常常抱怨廠商不重視他們的意見，或不能及時作出反應，採取有效的措施。

6.角色對立

角色是對某一崗位的成員的行為所做的一整套規定。應用於營銷管道中，任一管道成員都要實現一系列它應該實現的任務。例如，廠商應該向經銷商提供廣泛的經營協助以及促銷支援。反之，經銷商也應該嚴格按照廠商的要求——分銷區域、分銷價格、全品項銷售等來經營。如果某一方偏離其既定角色，如經銷商不按廠商要求的市場指導價格銷售，衝突就產生了。

三、管道衝突與管道效率

衝突究竟產生什麼影響，關鍵要看它是否影響了管道的效率。

投入在實現分銷目標的過程中最優化程度越高，效率越高；反之，效率越低。投入包括任何實現分銷目標所需之物。例如，廠商的目標是希望 80%的經銷商經銷其新產品。假設在實現這一目標的過程中，廠商遭到經銷商的強烈反對。衝突發生後，廠商會讓其銷售人員盡力勸說經銷商購買這些新產品。在該例中，為達到分銷新產品的目標，廠商增加了額外投入（銷售人員的時間和精力）。這些投入應計入附加成本。廠商若能花較少的精力勸說經銷商購買其新產品（且沒有增加其他投入），那它就以較少的總投入實現了分銷目標，也就獲得了較高的管道效率。管道效率的概念為廠商提供了評估衝突影響的標準。因此，衝突可以看做能夠影響分銷目標完成效率的行為範疇。衝突對管道的影響包括三個方面：負面影響、無影響和正面影響。

四、廠商如何應對經銷商的抱怨

作為經銷商，一直在試圖把經營成本和風險轉移出去，主要是設法轉移給上游的生產廠商。當無法有效向廠商轉移這些成本和風險時，就出現了各類抱怨。

作為和經銷商保持接觸的廠商一線業務人員，常常被這些抱怨打斷思路，情緒受到干擾，直接影響工作熱情，那麼業務人員該如何去應對這些抱怨呢？

從某種意義上來說，抱怨的存在是合理的，其出現也是自然的，

作為廠商業務人員，無須因此背負心理負擔，應該保持正常輕鬆的心態去面對經銷商的抱怨。

經銷商抱怨的類型及應對方法如下：

1.對比產生的不平衡心理所引發的抱怨

經銷商一般經銷著數個廠商的產品，許多經銷商對某個廠商的抱怨，是把這個廠商的產品、政策、服務等要素，與其他廠商的產品、政策、服務等要素相比較而得來的。而且，經銷商不會進行真正意義上的綜合全面比較，常常拿其他廠商的長處來對比這個廠商的短處。例如，經銷商會拿另一家企業的經營穩定性來對比飲料產品的短暫性，會拿著名企業的新產品上市宣傳力度來對比一個中小企業的宣傳力度，所看到的都是廠商的不足，自然會心生抱怨。

針對這種抱怨來源，廠商業務人員可設法與該經銷商合作的其他廠商業務人員保持聯繫，收集整理各廠商在產品、政策、服務等方面的實際運行政策，雙方市場實際投入狀況、合作歷史、外部競爭狀況等資訊資料，繪製出一個整體性的各廠商狀況分析，做到心中有數。以後在面對經銷商的抱怨時，可將經銷商引導到整體對比的方向，與經銷商進行整體分析，而非單項分析。

2.猜疑產生抱怨

在許多時候，經銷商對廠商的抱怨是毫無緣由的，這主要是出於商人的猜疑習慣。例如，經銷商會一直猜疑廠商的生產利潤有多少？是不是獲利比自己高？自己是不是在給廠商當廉價勞力？對廠商的政策均衡性有猜疑，廠商對所有經銷商的政策是不是都一樣？是不是有特殊待遇特殊政策的經銷商？這些猜疑常常使經銷商覺得自己吃了虧，心生抱怨。

業務人員在面對這類抱怨時，應做到沉著應對，敢於理直氣壯地

說明一切，讓經銷商感到廠商對其沒有隱瞞，自己再重覆地提出抱怨，也就失去了意義。

3.習慣性抱怨

經銷商對廠商的抱怨，往往是從生意的一開始就存在的，常年累月的積累，已成為經銷商的習慣。所以，對廠商的抱怨，有時候只是一種習慣性行為。

對於一些抱怨成習的經銷商，廠商的業務人員可以採取以其人之道還治其人之身的方法，在與經銷商會面時，先下手為強，首先提出對經銷商所執行的各項工作的不滿和抱怨，把經銷商的注意力轉移到應對和解釋上，阻止經銷商的抱怨。

4.策略式抱怨

有時候，經銷商的抱怨不只是抱怨那麼簡單，有可能是經銷商轉移視線，或是另有所謀的前奏。這類抱怨一般是先強調大困難和大要求，然後提出一些小困難和小要求，前面對大問題大要求的抱怨，其實是為後面的小困難小要求做鋪墊。還有另外一種情況，就是經銷商自己在某些方面出了問題，為了轉移視線，同時轉移本該自己承擔的那部份責任，故意虛張聲勢，大發牢騷，其目的是防止廠商清算責任。

在面對這種情況時，業務人員單純靠語言的應對很難奏效，可考慮繪製一張問題分析圖，把問題提高到整體的合作上，還可以把一些以往的問題也羅列出來，逐一對比分析，避免與經銷商在某一兩個單點問題上糾纏，引導經銷商進行整體性和全局性的分析判斷。

這裏需要注意的是，這張圖一定要足夠大、問題點列舉得足夠全面，讓經銷商感受到震撼和廠商業務人員的用心，從而打消自己某些理由支撐不足的抱怨。

5.外部環境引發的抱怨

除了經銷商自己的一些主觀原因外，還有一些市場原因也會導致經銷商抱怨。例如新產品鋪貨困難，競爭對手市場投入加大，終端銷售意願下降等。

對於這種抱怨，廠商首先要弄清這些負面資訊究竟是經銷商自己親自走訪市場得來的，還是在聽取其業務人員的彙報基礎上得來的。

一般來說，經銷商親自走訪市場，調查瞭解情況的不多。經銷商對市場訊息和反映的判斷，主要是依靠其業務人員的工作彙報。所以，廠商的業務人員很有必要加強對經銷商下屬業務人員的相關溝通工作，緩和關係，增進溝通，減少這些負面資訊的出現。同時，出現市場問題，儘量首先與廠商業務人員溝通，雙方做出理性的客觀分析後，再來向經銷商彙報。除了與經銷商的業務人員處理好關係之外，還可以通過經銷商較為看重的二批商來做這項工作。

五、解決衝突的方法

1. 勸說

當經銷商之間出現衝突時，廠商利用其權力和領導力，勸說經銷商並影響經銷商的行為。勸說也為經銷商之間提供了溝通的機會，減少由於職能分工、級別許可權以及錯誤資訊而引起的衝突。通過勸說去尋找一種能夠滿足各方的解決方案。問題的解決是以信任與合作為特徵的。

2. 談判

談判的目標是解決經銷商之間的衝突。談判是經銷商之間討價還價的過程，在這個過程中經銷商會放棄一些要求或措施，從而避免衝

突發生。

3. 仲裁

用仲裁來解決問題很普通，但事實上很難找到一個合適的仲裁人，並且提出一個各方都能接受的方案。因仲裁需要第三方介入，所以，找到一個能解決問題的第三方是仲裁的關鍵。

4. 法律手段

經銷商衝突有時也需要借助法律來解決。使用法律手段來解決衝突，說明廠商的權力和領導力已不起作用，通過勸說、談判、仲裁都不能解決衝突。

5. 退出

當衝突不能調和的時候，廠商只能選擇退出，如取消經銷商資格，重新選擇經銷商。這是一種可取也是使用較多的方法。廠商退出就意味著中斷了與某個經銷商的合作關係。

心得欄 ------------------------------

第 17 章

針對經銷商的評估與更換

案 例

家電公司分銷管道策略調整

　　九陽公司是一家專業生產廚房小家電產品的企業，自推出第一台豆漿機以來，多年來一直是豆漿機市場的龍頭老大，每年創造近百萬台的銷售業績。這業績除了該公司產品具有明顯優勢外，其分銷管道也作出了重要的貢獻。

　　在建設分銷管道方面，股票上市的九陽公司曾走過一段彎路。當產品推出後，很快在當地市場打開銷路。第二年，產品分銷工作向其他城市展開，主要採取銷售辦事處和經銷商並重的策略。銷售辦事處屬於公司的派出機構，其業務具有直銷性質，而經銷商屬於參與分銷的中間商，兩者並存，問題逐步暴露出來。九陽公司本是

中小企業，在資金、人員和管理方面都不能滿足獨立發展直接分銷管道的條件，而是寄希望於經銷商的努力。但是，經銷商注意到銷售辦事處的存在後，沒有了開發市場、擴展分銷管道的積極性。銷售辦事處和經銷商彼此不協調，影響了九陽向全國市場的進一步擴大分銷。

為此，九陽公司調整了分銷管道策略，採取地區總經銷制形式，即以地級城市為單位，選擇一家經銷商作為該地區的總經銷商。總經銷商首先要直接零售九陽產品，建立九陽產品專賣店，採用九陽公司統一製作的店頭標誌，而且要建立本地區內的二級分銷管道網路，拓展產品銷路。同時，九陽公司及時提供廣告宣傳的支持，負責啟動市場，培訓經銷人員，建立售後服務系統，協助和推動總經銷商的工作。

為了達到共同做市場、謀求長期發展的目標，公司提出了選擇總經銷商的四大原則，即：(1)被選擇作為總經銷商的中間商應當對公司和公司產品具有認同感，具有負責的態度和敬業精神；(2)具有較強的經營和市場開發能力；(3)具有一定的實力；(4)總經銷商現有經營範圍與公司一致，有較好的經營場所。

根據這些原則，九陽公司對各地經銷商進行了認真的挑選。對於不具備條件的中間商，那怕歷史長，規模大，也決不選用。

工作重點

一、調整銷售通路

製造廠商在制定合適的管道體系後，總是會面臨各種情況的變化而不得不調整管道。

管道調整的具體步驟是：首先，分析分銷管道調整的原因，這些原因是否是產生分銷管道調整的必然要求。其次，在對分銷管道選擇的限制因素重新研究的基礎上重新界定分銷管道目標。再次，進行現有分銷管道評估。如果通過加強管理能夠達到新分銷管道目標，則無需建立新分銷管道；反之則考慮建立新管道的成本與收益，以保證經濟上的合理性。最後，組建新的管道並進行相應的管理。

表 17-1 管道調整策略

管道調整策略	詳解
調整管道成員功能	重新分配管道成員所應執行的功能，使之能最大限度地發揮潛力，從而提高整個分銷管道的效率。例如，隨著管道中間利潤越來越少，「管道扁平化」是很多廠商的選擇，重點去除管道中導致利潤流失的環節。一般來說，有兩種方式：一是「自上而下」，這也是最常用的方式，如首先取消總代理，進而取消區域分銷商，甚至直接面對最終用戶；二是「自下而上」，積極鼓勵分銷商轉變角色，更接近或直接面對消費者，如鼓勵代理商做零售、做店面、做經銷網路。

續表

調整管道成員 素質	以培訓的方式穩定長久地提高管道成員的素質水準，或採取幫助的辦法暫時提高其水準。
調整管道成員 數量	通過增減管道成員的數量來提高分銷效率。
調整個別分銷 管道	這是管道調整的較高層次。具體可採用兩種方法：一是重新定位某個分銷管道的目標市場，即當現有管道不能將產品有效送達目標市場時，首先考慮的不是將這個分銷商剔除，而是考慮能否將之用於其他目標市場；二是重新選定某個目標市場的管道，即目前的分銷管道已不能很好地連結目標市場時，必須考慮新的管道夥伴。

二、針對經銷商績效的評估方法

　　制定了一套經銷商績效評估標準後，廠商必須根據這些標準評估經銷商。基本上有三種方法：對一項或多項標準進行評估；把多項標準組合起來，對績效進行定性的綜合評估；把多項標準組合起來，對績效進行定量的綜合評估。

1. 對一項或多項標準進行評估

　　當經銷商的數量超過一定值時，如超過 300 個，而且可採用的標準不外乎那些銷售業績、庫存以及潛在的銷售能力時，最普遍採用的方法就是對經銷商的一項或多項標準進行評估。這種方法的主要優點是既簡單又快捷，一旦有關經銷商績效的必要數據收集到以後，評估便可完成。

2.定性評估

由於每個標準是以定性的方式組合起來的，即對每個績效的度量沒有明確定出重要性或權重，也就無法計算綜合績效的定量指標，廠商需要根據經驗在主觀判斷的基礎上定出它們的權重。這種評估方法的優點在於簡單和靈活，但也存在一些問題：由於缺乏正式加權程序，在綜合績效評分上可能出現很大的任意性。

3.定量評估

對每一經銷商的定量評估由以下五個步驟組成。

(1)決定評估標準；　　(2)決定每個標準的權重；

(3)給每個標準打分，分數從 0 分到 100 分；

(4)計算加權分數；　　(5)計算綜合績效總分。

廠商對所有經銷商的定量評估步驟如下：

(1)計算每個經銷商的績效加權分；

(2)將所有經銷商的績效加權分進行排名；

(3)列出經銷商綜合績效加權分值的頻率分佈。

某服裝企業對經銷商的評估過程

1.經銷商的績效評估──加權評估法

表 17-2　加權評估法示例

評估標準	權重	評分	加權評分
銷售績效	0.50	80	40
維持庫存	0.20	60	12
銷售能力	0.15	80	12
態　　度	0.10	60	6
發展前景	0.05	60	3
合　　計	1.00	／	73

2.經銷商績效加權分排行榜

表 17-3　　經銷商績效加權分排行

經銷商	績效加權分數	名次
A	93	1
B	87	2
C	83	3
D	80	4
E	78	5
F	73	6
G	70	7
H	68	8
I	60	9
J	50	10

3.企業擁有 300 個經銷商績效加權分值的頻率分佈

表 17-4　　企業經銷商績效加權分值分佈

績效加權分值範圍	經銷商數量
90～100	20
80～90	100
70～80	120
60～70	35
60 分以下	25
合　計	300

　　這種方法的主要優點在於對各個標準都給予了明確的權重，並且可以得出綜合績效的定量指標。通過計算每個經銷商績效加權分值，可以對經銷商進行排名，並確定分值的分佈頻率。

三、經銷商績效評估

　　如果不對其企業員工定期評估，管理再良好的企業也不會長期運作成功，對於企業的經銷商來說也是如此。因為企業要達到自己的目標，高度依賴於企業的經銷商業績達到的程度，所以經銷商的績效評估同企業內部的員工工作評估一樣重要。在評估經銷商中僅有的差別是，廠商是處理獨立的經銷商而不是處理企業的員工，評估過程的設定是組織外的，而不是組織內的。

　　不同行業對經銷商有不同的評估標準。廠商在制定對經銷商進行績效評估的標準時，應根據本企業的特點，設置科學和公正的經銷商評估標準。以下就一般企業所採用的六個標準進行介紹。

1. 銷售績效

　　在檢查經銷商的銷售數據時，廠商應該對以下兩個數據加以區別：①廠商銷售給經銷商的銷售量；②經銷商銷售給顧客的銷售量。在有可能的情況下，廠商應設法將經銷商銷售給顧客的銷售量的數據收集回來。

　　管道成員當前銷售同歷史銷售的比較。主要比較兩個方面的數據，一是經銷商的總體銷售額與同期比較是上升還是下降，二是對產品線進行比較，每種單項產品的銷售額與同期比較是上升還是下降。

表 17-5　制定績效評估標準

汽車業所採用的 30 種經銷商績效標準

定量標準：

1. 總的銷售金額
2. 總的銷售利潤
3. 庫存週轉率
4. 市場佔有率
5. 客戶滿意度
6. 銷售費用
7. 投資利潤
8. 庫存費用
9. 對顧客服務的總體水準
10. 按產品類型的銷售數量
11. 按產品類型的銷售金額
12. 每個銷售人員的銷售金額
13. 完成銷售計劃百分比
14. 不同產品類型的利潤

定性標準：

1. 服務部門
2. 保單投訴處理
3. 各種設備
4. 辦公室系統
5. 員工激勵機制
6. 銷售區域的覆蓋情況
7. 銷售人員的產品知識
8. 銷售人員的銷售技巧
9. 促銷計劃
10. 經營戰略
11. 顧客投訴數量
12. 貸款管理
13. 銷售預測的準確性
14. 銷售電話數量
15. 現有顧客的電話數
16. 產品展示數量

表 17-6　工具和起重設備產品同期銷量比較

產品名稱	2008 年 7 月銷量	2009 年 7 月銷量	同期比較百分比
起重設備	500	600	120%
發 電 機	100	50	50%
緊固工具	50	80	160%
可攜式鑽孔機	20	0	0
專用設備	80	120	150%
總　　　計	750	850	113%

　　從表 17-6 可以看出，該經銷商的總體銷量增長了 13%，其中起重設備增長了 20%，緊固工具增長了 60%，專用設備增長了 50%。但是，發電機下降了 50%，可攜式鑽孔機沒有銷量。

2.維持庫存

　　能否維持一個適當的庫存水準是判斷經銷商績效的另一重要指標。要評價經銷商的庫存情況，廠商需要瞭解以下庫存資訊：

　　(1)經銷商用於商品庫存的倉庫面積有多大？其中，相對於競爭對手來說，提供了多少貨架和面積空間？

　　(2)經銷商的庫存量和庫存設施如何？

　　(3)經銷商的庫存管理和庫存簿計制度是否恰當？

　　(4)原有庫存還有多少？需要多長時間才能把它賣掉？

　　(5)廠商要求經銷商保持合理庫存的標準是什麼？

　　(6)按單位和金額計算，庫存商品的類別有那些？

3.銷售能力

　　雖然通過對經銷商完成銷售計劃的情況可以大致瞭解其銷售能力，但如果能夠對經銷商的銷售人員的能力進行評估則更為全面。銷

售人員的銷售技巧和能力是評價從最佳到最差銷售能力的評判基礎。如果經銷商的銷售人員在銷售技巧知識方面表現出越來越弱的現象，最終不利的影響會在未來銷售績效的數據中反映出來。

4. 經銷商的態度

經銷商的贊同態度作為影響銷售績效的重要性也許無法用精確的數字反映出來，但把它列入影響績效的因素來考察確實非常重要，尤其是在經銷商出現不良績效之後。為了在經銷商的態度影響銷售績效之前減少負面影響，應該獨立地依據銷售數據評估管道成員的態度。對於經銷商的態度資訊可以通過多種管道瞭解，包括利用自己的調研部門或企業外部的研究機構，還有經銷商顧問委員會，還可以利用自己的銷售隊伍和小道消息的非正式反饋來跟蹤經銷商的態度。

5. 競爭

考察經銷商的競爭主要包含兩個方面：一是來自於同區域內經銷商同行的競爭；二是來自於經銷商經營的其他產品線的競爭。

在同一區域內對經銷商與其他中間商的競爭進行評估有兩個目的：第一是有助於改善經銷商的銷售業績。因為如果經銷商所處的區域的競爭異常激烈的話，廠商將盡力提供額外支持，以幫助那些面臨超乎尋常競爭的經銷商。第二，當廠商準備更換現有經銷商或將現有區域一分為二時，對分銷商的比較資訊是非常有用的。

對來自於經銷商經營的其他產品線的競爭，也必須仔細評估。當經銷商給予競爭對手的產品更多的支援時，這種情況可以從經銷商的銷售業績中體現出來。所以，廠商應密切關注經銷商注意力的變化，以便採取必要的措施。

6. 發展前景

評估經銷商發展前景主要考慮以下問題：

(1)經銷商的整體業績能否達到該區域的一般業務水準？

(2)經銷商的員工是否不僅在數量上，而且在質量上有所提高？

(3)經銷商與廠商銷售代表的關係是否有利於區域業務的發展？

(4)經銷商過去的銷售業績是否與廠商產品的銷售業績保持同步？

(5)經銷商的辦公環境、助銷設施、倉庫等是否有明顯的改善？

(6)經銷商是否擁有市場擴張的能力？

(7)經銷商的中期長期計劃有那些內容？

7.其他標準

其他標準包括經銷商的財務狀況、聲譽、服務水準等。廠商可根據自己的情況設置一些更全面評估經銷商的指標。

四、如何整改「後進經銷商」

銷售旺季過後，廠商會按各經銷商的銷售狀況，對經銷商分出等級，優秀的先進經銷商會給予一定的獎勵，對於銷量低迷、竄貨問題嚴重者，要督促協助其改善情況。

1.出現後進經銷商的原因

導致出現這些後進經銷商的原因，大致有以下幾方面。

2.整改措施

如果是經銷商的問題，可採取以下三種整改措施。

(1)需要開除的經銷商

對於一些本身實力較差，滿足不了廠商要求，或者拒不執行廠商市場指令，並有竄貨、低價放貨，截留管道促銷資源，夥同廠商業務人員貪污市場費用等惡意行為的經銷商，應堅決去掉，中止合作，不然很可能會將造成的負面影響擴散到別的經銷商。

表 17-7　後進經銷商原因分析

經銷商問題				廠商的問題	
想不想做的問題		能不能做的問題		產品、策略的適用問題	廠商機構及業務人員執行力問題
經銷商過於堅持自己的發展戰略	不能充分理解接受廠商的戰略	資源實力不足	操作技能不夠	產品或是行銷模式不適用在當地市場，或者投入資源過於偏少	因為內部制度、管理、監控等方面的原因，廠商管理經銷商的機構和業務人員的出現非正常狀態

　　開除經銷商的大動作，最好選在市場淡季，這時經銷商們之間的溝通較少，開除經銷商的影響相對要小些。即便是如此，廠商還是要充分考慮到其他經銷商對事件的看法，廠商要給出合理的解釋，解釋重點要放在保護市場秩序和經銷商群體利益方面。另外，廠商要做好相關經銷商的清算工作，不要過多地激化矛盾，避免帶來不必要的麻煩。

(2)需要降級的經銷商

　　因為經銷商本身實力的原因，其銷量一直難以提升，但沒有出現擾亂市場的行為，對廠商來說雖無功卻也無過。在暫時沒有新的經銷商全面取代的情況下，對這樣的經銷商只有安排降級處理，壓縮其經銷區域、經銷管道或是所經銷的產品品類。

　　對這類經銷商的處理涉及兩方面的同步保障工作。一方面是對經銷商的解釋工作，要求經銷商縮小經銷規模的合理解釋，解釋重點要放在要求經銷商集中精力財力把某塊市場做精做透的方向上。另一方面需要開發補充新的經銷商，接手降級經銷商讓出來的空白市場。

(3)需要幫助提升的經銷商

這類經銷商屬於有發展潛力的經銷商,其銷售網路和運作資源也基本符合廠商的要求,未能實現銷量提升,原因主要在於經銷商自身的意識形態和管理水準上,廠商有必要趁淡季的時候對其進行一些相關的幫助與培訓,從幫助經銷商改善思維方式和操作管理技能入手,促進經銷商與廠商的溝通,提升與廠商的配合緊密度,最終達到提升銷量的目的。

首先,要安排指導人員,確定由誰來具體實施對經銷商整改的工作。進行指導與提升的最好是廠商的駐地機構的人員,因為彼此較為熟悉;另外,還可從專業的諮詢管理公司聘請專家或者從公司總部調遣專業人員,以專家的身份進行經銷商的問題調研和輔導工作,幫助其改善經營環境,提升經營技能。

其次,具體的經銷商整改工作包括員工基礎業務技能培訓、戰略規劃的制定、瞭解行業動態的培訓、管理問題的分析、經銷商業務流程系統的整改、檔案系統的建立、經銷商財務系統的規範化、各項內部管理條例的起草和修改等。

最後,在具體的整改工作安排中,首先要分析導致經銷商銷量不佳的原因,然後再分出內部管理問題和外部運營問題,處理上按先內後外的原則,從幫助發現解決內部管理中的問題開始,儘量從小問題著手。因為絕大多數經銷商只能接受漸變,若是直接改造外部問題,或是改造大問題,會讓經銷商難以接受。

雖然最終要引申到一些重要巨變的問題上來,但前面有了足夠的鋪墊,已經培養起了經銷商對廠商專家的信任,這時候再來進行大的改變,經銷商就會顯得容易接受了。並且,在改造的中後期,還可以組織這些經銷商參觀其他優秀或是樣板經銷商的區域,促使他們找到

自己的不足，減少對廠商改造的抵觸情緒。同時，對經銷商改造後的進步，廠商專家和廠商主管要及時地給予肯定和鼓勵，提高經銷商的改造積極性。

　　在幫助這些經銷商進行淡季整改工作時，有兩點要特別注意。一是事先與經銷商說明，幫助經銷商進行的整改工作是為了提升經銷商自身的整體經營管理水準，而非單純地為了配合廠商銷售利益而進行的行為，避免一些經銷商對廠商的整改措施進行抵制。二是在整改過程中，廠商嚴格控制有關市場資源的側重投入，防止經銷商產生惰性。

3. 建議改善

　　在對經銷商進行績效評估之後，廠商就應該對達不到最低績效標準的經銷商提出糾正措施，以便它們改進績效。終止與這些經銷商的合約只是最後一招。

　　對於績效差的經銷商，應該找出他們績效差的原因。通過對經銷商的需求和問題的分析，正確地找出問題所在。從經銷商的管理不善到廠商的支援不夠，其間會有種種原因。

　　如果是廠商的支持不夠，則應該採取措施，增加對經銷商的支持。這些支持包括：①費用支援。如需要進入大型賣場的進場費、條碼費等。②促銷支援。由於經銷商所處的商業環境較為特殊，必須經常開展促銷活動才能增進銷售。③人員支援。由於經銷商沒有足夠的銷售人員，以至於影響了廠商產品的銷售。④助銷工具支援。如可以幫助某些經銷商購買運輸工具，以擴大分銷區域。

　　如果是經銷商的原因，則要通過認真分析，採取相應的對策：①是合作態度問題，要改變經銷商的態度；②如廠商的銷售只佔經銷商的極少部份，則要儘量擴大銷售佔有率；③屬於經銷商的銷售能力的問題，應加強對經銷商及其所屬銷售人員的培訓；④經銷商的營銷觀

念與廠商的營銷觀念不符,則應儘量改變經銷商的營銷觀念。總之,要儘量想辦法提升經銷商的績效,只有在萬不得已的情況下,才能考慮更換經銷商。這是因為,更換經銷商所帶來的負面影響有時會大於更換經銷商所帶來的正面影響。

五、更換經銷商的具體步驟

A 品牌的食品在同行業內是老大,但是在 B 市銷量卻上不去,其主要原因是:

某經銷商是老客戶,做這一品牌已有 5 年多了,但觀念僵化,不能很好貫徹公司意圖,且配合不力。其只做單一的公司暢銷的品牌,鄉鎮網路較差,配送能力跟不上,或者說根本不去鄉鎮送貨。公司督促緊了銷量就上去了,反之,銷量就有較大的下滑,造成市場佔有率大幅度下滑,給競爭對手以可乘之機。

於是公司決定撤銷其經銷權。黃先生負責該市市場該品牌的銷售工作,現在的問題是:原經銷商出於報復心理,經常從別的區域倒貨,惡性低價擾亂市場,造成價格混亂。該經銷商還經常出言貶低廠商和新經銷商,給廠商和新經銷商的名聲都造成了很大影響。價格的混亂導致終端客戶進貨時都持觀望的態度,很少進貨,且給市場造成的遺留問題很多,臨期、過期產品很多,市場危機很大。

該廠商的應對措施是:

(1)和原經銷商坐下來談判,做其說服工作,讓其做新經銷商的特約二級經銷商,且享受廠商的銷售獎勵,但不再享受廠價,但原經銷商出於臉面的原因,根本接受不了。

(2)出於防堵貨源頭的考慮,廠商派出市場監察人員,查找貨源,

對提供貨源的經銷商給予了處罰，但只好了一段時間，現在其又有了貨。

(3)廠商對新經銷商給予支援，實行終端攔截，在保持終端供貨價不變的前提下，對終端實行同產品搭贈，狠狠壓制了原經銷商的倒貨行為，但廠商也為此付出了沉重的代價。

(4)廠商要求新經銷商加大投入，加強服務工作，儘快建立自己的網路，加強終端的維護工作，但新客戶雖然看好該產品的前景，但由於目前不贏利，經營的積極性不高，其態度處於動盪、猶豫、觀望的邊緣。

以上案例是一個經銷商更換的問題，涉及如何處理原經銷商的平穩交接、穩定市場、對新經銷商的管理和激勵等問題。但從深層來分析，這其實可以歸納為銷售區域的經銷商管理問題。對經銷商的有效管理是廠商實現市場滲透、提升市場佔有率、滿足消費者需求並最終使利潤最大化的有效保障，同時也是銷售人員日常工作尤其重要且主要的部份。治標容易，治本才是關鍵。

當經銷商跟不上廠商的發展步伐，達不到廠商要求時，與原有經銷商停止合作，開發新經銷商就是銷售人員不得不面對的問題了。為在更換經銷商過程中達到平穩過渡的目的，就必須採用有計劃的步驟。

(一)更換經銷商的前期準備工作

在還沒有最後決定是否更換經銷商之前，應再給原有的經銷商最後一次機會。銷售人員應該針對經銷商的情況結合廠商要求與其作詳細的洽談，指出合作的區難所在，並告知現狀如不改變可能出現停止合作的可能。在溝通時，應技巧地採用如：「如果您可以的話，我們還可以繼續合作」的談話方式。需要注意的是要求整改的內容和期限要

明確和具體,並對談話內容做好備忘錄(如表 17-8),以白紙黑字的形
式給經銷商一份,自己留一份以作備案,希望能引起其足夠的重視讓
其心理上有接受的過程並可化解在終止合作時的嚴重抗拒心理和可能
出現的「報復行為」。

表 17-8 經銷商整改備忘錄

經 銷 商	××貿易公司	銷售人員	××日化公司
簽約地點	××酒店	簽約時間	2008 年 9 月 26 日上午 11 點
整改時間	2008 年 10 月 1 日至 2008 年 12 月 31 日		
整改內容 及 標 準	經雙方溝通,就整改內容及標準達成如下共識: 1. 在 2008 年 12 月 31 日前,交終端鋪貨數量從現有 100 家增加到 20 家,鋪貨區域從現有的 12 個鄉鎮增加到 20 個鄉鎮 2. 每月完成銷售計劃如下: 10 月,至少完成 80%; 11 月,至少完成 80%; 12 月,至少完成 80%;		
整改結果	(整改結束後,由雙方對以上內容進行逐項檢查後填寫)		
處理意見	(解除合約或是保留)		

經銷商簽字: 銷售人員簽字:

(二)更換經銷商的前期準備工作
1. 確定候選經銷商
接觸當地部份比較優秀且符合企業發展要求的經銷商,不進行實
質性的談判。這樣可以為迅速找到新的經銷商做好準備。當然,這時

應該花較多時間對新的經銷商進行考查並綜合評估，以免再次出現選擇經銷商的錯誤。

2.接觸現有經銷商網路

接觸現有經銷商的營銷網路，增進廠商與管道之間的感情，維護廠商與管道之間的關係。每個經銷商都有自己不同的銷售管道，包括零售終端和二級批發商。產品要繼續在這個市場上銷售，就必須運用這些管道。廠商需要去培養終端和二級批發商對廠商的忠誠，對產品的忠誠，為日後在更換經銷商時順利地將廠商與管道的關係良好地過渡，減少更換商家帶來的損失打下基礎。

3.穩定現有經銷商的情緒

維持與現有經銷商之間的感情，以便順利地、友好地更換經銷商。如果你處理不好與現有商家的關係，也許換來的就是經銷商的憤怒，甚至仇恨。他們也許會利用各種手段攪亂你的市場，使企業的產品無法在市場上立足。

(三)正式解除合約

在要求整改的期限到來之後，經檢查評估，原有經銷商確實沒有達到備忘錄所需要整改的要求，這時就需要正式通知經銷商中止合作。銷售人員在和老經銷商溝通時態度要友好而堅定，表明廠商對更換經銷商的決心，告訴他中止合約是正常的市場行為，希望他能夠理解，並希望他不要採用不當行為，否則就會失去在市場上的口碑，其他品牌也會擔心和其的合作。

(四)妥善處理善後事宜

這是最重要的工作，成敗在此一舉。銷售人員在和上級事先溝通

的基礎上，提供經銷商最關心的遺留問題的解決方案，並快速(一月之內)妥善地處理，以解除原有經銷商的後顧之憂。妥善處理善後事宜包括以下四個方面。

1.對主要的下游客戶做正面的文字說明

經銷商更換以後，應在第一時間通知主要的下游客戶，如 KA 大賣場、批發市場等。在文字說明時，應儘量採用正面的文字說明，以免引起老經銷商的不快，或因下線客戶的無端揣測導致對原有經銷商的傷害。如某企業更換經銷商的說明：

經銷商更換說明

各位客戶：

因××公司和本公司(××公司)雙方的原因(或因雙方的合約到期；或因經銷商的個人原因⋯⋯等)，經雙方的友好協商，雙方一致同意不再繼續合作。結束日期為 2009 年 12 月 31 日。

從 2010 年元月 1 日起，大立批發公司將正式成為我公司在 A 市地區的唯一指定經銷商，特此通知。

此致

敬禮！

2018 年 6 月 5 日

××日化公司

2.盤存

為了及時妥善處理善後事宜，應及時盤點老經銷商和下游客戶，包括終端零售店的產品規格、數量和生產日期。以盤點情況作為解決老經銷商庫存的依據。下游客戶和零售終端的產品如不是新經銷商的

供貨，一律不負責臨期、過期產品的更換，也不享受任何市場活動支持。在這方面，需要銷售人員在日常工作中和下游客戶、零售終端有緊密的把控和良好的合作關係。

3.暫停新品上市

嚴格控制新品的上櫃時間和速度，對即將調整經銷商的區域停止新品的供貨，以保證新的經銷商有產品可銷。因為，被取消經銷商資格的客戶完全有可能採取擾亂市場價格的方式進行報復，將所有產品全部放水銷售，這樣勢必影響新經銷商的接盤，甚至導致其在很長一段時間內沒有利潤。

4.庫存處理

庫存包括經銷商自身的庫存和下線客戶(零售終端)的庫存。處理庫存有以下幾種方式：

(1)轉移給新的客戶

經新老客戶與銷售人員三方協商，確定產品轉移價格，產品轉移清單、轉移時間，貨款處理等。如貨款已支付給了公司，則貨款由新的經銷商一次性支付給老經銷商；如貨款未支付給公司，銷售人員應協助公司財務為其銷賬。同時，將這筆貨款作為新的經銷商的掛賬或作為新的經銷商的回款。

貨物轉移程序

目的：通過貨物轉移的方式解決需更換經銷商的庫存產品，確保公司(客戶)貨物在週轉過程中流向明確。

方式：通過當地物流公司把該客戶貨物調往其他銷售區域的經銷商處。

程序：1.××業務人員清點客戶庫存，並經客戶確認。

　　　2.××公司業務人員向××公司提出書面調貨申請和貨款解

> 決方案經部門同意之後方可調貨，並在客戶服務部留底登
> 記。
> 3. ××公司業務員憑調貨申請、調貨清單、貨物運單、接收
> 客戶簽收單等證明材料在一個月內為雙方客戶辦理有關手
> 續。
> 要求：調貨過程中××公司各級業務人員做好貨物的包裝、整理工
> 作，當場處理。儘量避免調貨帶來的一些不必要的損失。
>
> 銷售部
> 年　月

(2)轉移給其他區域的客戶

經銷售人員與其他客戶聯繫，並與老客戶在溝通一致的基礎上，確定產品轉移價格、產品轉移清單、轉移時間，貨款處理等。貨款處理方法同上。

(3)現場處理

由銷售人員協助原有經銷商進行現場處理。銷售人員可申請促銷計劃，開展促銷活動，就地消化庫存產品。但要注意不能引起市場價格的混亂，以免對新的經銷商的產品產生不利影響。

(4)退回公司

對於不能採用以上兩者方法處理的庫存產品，必須退回公司。

5.賬款處理

⑴應收款通過公司財務對賬單，與經銷商確認應收款金額。

⑵經銷商墊付的市場費用對於經銷商所墊付的各種費用如進場費、條碼費、鋪貨支援費等應有相關的憑證和依據，以確定費用該由誰支付，支付的比例是多少。

(3)各項獎勵與獎勵等

按與經銷商簽訂的《產品經銷協定》上的獎勵與獎勵標準與條件，計算獎勵與獎勵，以便一同與經銷商的貨款結算。

(五)請求其他區域銷售人員的配合

和其他區域的銷售人員配合，密切跟蹤產品流向，必要時通知鄰近區域銷售人員和經銷商不許對 B 縣老經銷商供貨、換貨。一旦發現，將對有關銷售人員和經銷商根據公司規定嚴懲，從根本上堵住流貨源頭。

(六)新經銷商支援

1. 開展鋪貨促銷活動

在新經銷商開始供應的時候，設計市場支援活動，強力出貨，重點在佔用下游客戶和零售終端的進貨資金，並適當加大其庫存，降低他們從老經銷商處進貨的可能性。

2. 獨家收購老經銷商所供的產品

如果在操作上出現時間差讓老經銷商的流貨進入市場，可選合作良好的下游客戶進行「獨家收購」，避免出現市場混亂局面。

3. 以牙還牙

如果老經銷商倒貨情況嚴重的話，可借鑑一些行業做法，通過新經銷商對老經銷商經營的主力產品進行市場攻擊，以達到「圍魏救趙」的效果，分散其注意力。「打」了再坐下來談，讓其明白「大路朝天、可走一邊」的重要性。

若出現以下情況時，暫時不要更換經銷商：

(1)產品將進入旺季和旺季時不要更換經銷商。做市場需要時間，

更需要抓住銷售的黃金季節。旺季一旦變動了經銷商，必然會延遲戰機，浪費掉銷售的季節，並且這個時候更換經銷商對原有經銷商的傷害會更大。銷售旺季更能夠使你綜合客觀地評估經銷商，找到更換或者不更換的理由。

(2)所押企業的貨款比較多時不要更換經銷商。這時更換勢必會給企業帶來更多的呆賬壞賬。

(3)經銷商庫存產品較多時不要更換經銷商。這種情況下，首先很難找到接手的下家經銷商。而如果不解決經銷商的庫存更會傷害與經銷商的關係，造成經銷商的惡意竄貨、低價傾銷等事件的發生。

(4)經銷商對企業和產品興趣依然高漲時不要更換經銷商。因為這樣會影響你在當地市場上的聲譽，更會帶來經銷商對企業的仇視。

心得欄 _____

_____

_____

_____

_____

_____

第 **18** 章
（附錄）經銷商管理制度手冊

某家電公司的經銷商管理制度手冊

第1章　總則

　　為貫徹 S 牌冰箱本年度行銷策略，使 S 牌冰箱的經銷體系面對市場的發展趨於合理化，以保證 S 牌冰箱銷售管道更加暢通，因而針對越發重要的客戶管理工作，在 S 牌冰箱本年度行銷政策的基礎上，特此制定本客戶管理方案。

　一、客戶的界定

根據本年度 S 牌冰箱的市場分銷策略，將經銷客戶劃分為：

1. 區域指定批發商及其二級核心分銷商；

2. 指定零售商。

　二、客戶管理的內容

根據 S 牌冰箱行銷工作的實際需要，對客戶管理的內容界定如下：

A. 單個客戶管理辦法及表格彙編；

B.區域指定批發商市場管理辦法及表格彙編;

C.零售推進管理辦法及表格彙編。

第 2 章　單個客戶管理辦法

實現 S 牌冰箱本年度銷售網路建設規劃,優化網路結構,增加經銷商經營 S 牌冰箱的信心和決心,在 S 牌冰箱 2000 年行銷政策的基礎上,特制訂本管理辦法。

一、客戶選擇

1.區域指定批發商的選擇:主要考慮批發商的經營規模、分銷網路、組織管理狀況、資金實力、財務狀況、銀行信譽等級等。

2.區域零售商的選擇,主要考慮零售商的地點、在當地零售業中的地位、客流量、經銷同類產品的品牌情況、同行口碑、價格規範性等。

各分公司可根據本區域市場狀況,參考以上選擇項目,制定規範性的文件,由分管業務員完成後分析,選擇客戶。

二、客戶資料管理

各分公司對現有的客戶制定客戶檔案,客戶檔案的內容如下:

1.客戶資料及其他基本資料:

客戶資料:對客戶的基本情況的記錄,內容有:客戶類別、名稱、位址、聯絡電話、單位編號、賒銷額度、企業性質、經營規模、新建時間、信用級別、對我公司忠誠度等。

其他基本資料:營業執照影本,協議書、補充協議書、各項證明書等。

2.客戶特徵資料:資金實力、發展潛力,經營觀念、經營方向、經營政策、內部管理狀況、企業文化、經營歷史等。

3.業務狀況資料：財務表現，銷售變動趨勢，經營管理人員及業務員的素質品行，與其他競爭對手的關係，與本公司的業務關係及合作態度等。

4.公關資料：客戶週年慶典情況，企業內部決策層，權力分配體制和狀況，負責人的性格興趣、年齡、工作經歷、作風、家庭狀況、社會關係情況、最適合的激勵方式和激勵程度等。

三、客戶訪問

以所有的現有客戶，分公司就組織、指導、督促、檢查業務人員開展拜訪並做好記錄，訪問應以合理的頻度定期進行。

四、銷售狀況管理

各分公司應根據與客戶所簽訂協定的目標銷量，每月進行分析，填寫分公司客戶銷售狀況分析表。

五、總部管理及評估

單個客戶管理工作原則上由各分公司具體執行，S 牌冰箱銷售部負責對各分公司不定期進行審核，必要時會做出相應的獎罰。

第3章　本年度 S 牌冰箱區域指定批發商管理辦法

為繼續貫徹和深化 S 牌冰箱「重心下移、精耕細作」的管銷指導，細分市場，透過實行區域指定批發商與二級指定分銷商的縱向契約式垂直管理，優化批發網路，加深縱向深度分銷的推力及二級指定分銷商的價格、物流的規範管理，最終確保市場秩序的穩定，保證各級經銷商的利益，在本年度 S 牌冰箱區域指定批發政策的基礎上，特針對指定批發商制定本管理辦法。

一、適用範圍

本年銷售年度，經過我公司確認的各種類型的指定批發商。

二、推進目標

1.透過市場管理辦法，加強對區域指定批發商的激勵機制，激發批發商經營 S 牌冰箱的信心和決心。

2.透過市場管理辦法配合本年度行銷政策，加強市場監控力度，維護品牌形象，優化批發網路。

三、分公司市場管理辦法

作為 S 牌冰箱的一線銷售組織，分公司自身對批發商管理承擔著直接責任。

1.分公司管理條例

· 區域內零售標價不低於產品零售指導價。

· 區域內經銷商沒有跨區域銷售者。

· 公眾媒體中未發現區域內產品售價低於廠價。

· 及時發現和反映其他地區以低價衝擊本地區市場並能提供確鑿依據。

· 根據總部銷售管理的需要，及時提供有關銷售情報信息。

· 促銷管理符合規範，用戶檔案真實、及時。

· 賣場符合 CI 要求，樣品處理及時，現場 POP 招貼、海報、宣傳單頁齊全到位。

· 促銷活動組織有力，但對市場統一價格、批發管道無明顯衝擊。

· 對市場管理提出建設性意見並組織實施，效果較好。

2.市場管理金獎、銀獎評定

金獎：條例中 1～5 條完全遵守並且銷售計劃完成 85%以上者；6～10 條中有三條以上執行較好者。

銀獎：條例中 1～5 條基本遵守並且銷售計劃完成 85%以上；6～10 條中有二條以上執行較好者。

獎勵及發放

金獎：A 類分公司？萬元，B 類分公司？萬元，C 類分公司？萬元；獎勵每季評價、發放一次。

其中，獎金的 20%作為分公司經理的獎勵，80%作為分公司銷售代表和行政人員的獎勵，分配方案須報總部備案。

3.市場管理黃牌、紅牌

黃牌：條例中 1～5 條中有二條以上違反，但程度尚輕者；6～10條中有二條以上操作不力者。

紅牌：條例中 1～5 條中有三條以上違反且程度嚴重者；條例 6～10 條中有二條以上操作不力者；有連續兩次黃牌者。

黃牌、紅牌處罰：

扣除本季市場管理獎。

黃牌者，總部通報批評並責其改正，處理。

紅牌者總部對分公司經理及直接責任者扣罰其銷售提成10%～30%直至調離，降級等。

4.分公司市場管理評估表(附表略)

作為總部職能科室對公司市場管理的評估和處理意見。

四、經銷商市場管理辦法

1.經銷商管理條例

本辦法由分公司針對所有經銷商，但主要是針對區域指定批發商。

· 在指定區域內批發價格不低於廠價？%。

· 階段內未出現跨區域銷售現象者。

· 在公眾媒體上從未以售價低於廠價？%進行宣傳者。

· 零售賣場標價完全統一於產品零售指導價，且成交價不低於廠價？%。

· 控制二三級核心客戶，不使出現跨區域銷售者。

· 不跨區域進貨，嚴格從指定批發客戶進貨或直接從廠家進貨。

· 賣場符合 CI 要求，與廠方合作處理樣品及時。現場 POP，招貼，海報，單頁齊全；及時提供銷售情報信息。

· 促銷活動組織有力，但對市場價格，批發管道無明顯衝擊者。

· 三、四級銷售終端管理規範，配貨及時，促銷員配合有力。

· 對市場管理提出建設性意見，並全力以赴配合廠家組織實施。

2.經銷商市場管理

金獎，銀獎評定

金獎：條例中 1～5 條完全遵守並且銷售計劃完成 85%以上者 6～10 條中有三條以上執行較好者。

銀獎；條例中 1～5 條基本遵守並且銷售計劃完成 85%以上者 6～10 條中有二條以上執行較好者。

獎勵及發放

金獎：銷售額×？％

銀獎：銷售額×？％

3.獎金每季評價、發放一次

銷售商市場管理黃牌、紅牌

黃牌：條例中 1～5 條中有二條以上違反，但程度尚輕者；6～10 條中有二條以上合作不力者。

紅牌：條例中 1～5 條中有三條以上違反且程度嚴重，如貨物衝擊外部省份每月達 100 台以上者；條例 6～10 條中有二條以上合作不力者；或有連續兩次黃牌者。

黃牌、紅牌處罰：

扣除本季市場管理獎；

黃牌者，總部專函通報經銷商並要求其收回商品。

紅牌者，根據銷售政策扣罰佣金的 X%，並控制貨源，直至取消區域指定批發商或二級指定分銷商資格。

五、總部市場管理保障和計劃

・深化隨機條碼制度

・嚴肅和保障市場管理制度的執行

・執行流程（見下圖）

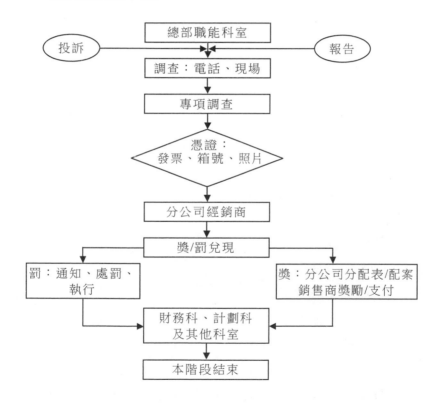

第 4 章　年度指定零售商管理辦法

為貫徹執行本年度 S 牌冰箱一級市場密集型零售分銷，二級市場選擇分銷零售為主，三、四級市場發展零售為輔的整體零售分銷策略，加強對零售商的資源投入和相應配置支援，完善零售網路建設，優化批發與零售網路結構，增強零售商經營 S 牌冰箱的信心和決心，提高 S 牌冰箱在零售市場的比率，在本年度指定零售商政策基礎上，制定本推進辦法。

一、適用範圍

本年度經公司確認的指定零售商。

二、推進目標

· 建立優良、縱深、廣泛、層次清晰的零售和終端銷售網路；
· 以特殊的側重零售的支援，疏通零售管道，規範零售管理；
· 透過建立健全完善的激勵機制，激發零售商經營 S 牌冰箱的信心及分公司行銷人員開發零售網路的積極性；
· 全面提升零售商場比率達？%以上。
· 開發零售網路 1000 個以上。
· 零售網路建設。

三、推進辦法

零售網路建設：

根據分公司目前批發、零售網路結構，制定合理的年度月網路開發計劃，目標責任到人，網路開發完成率納入分公司業務人員薪資考核，佔薪資總額的？%，月完成率低於？%的否決該項薪資，超額完成任務，按實際完成率計薪，連續三個月不能完成網路開發計劃的分公司經理就地免職。

零售賣場建設：

樣品機：

凡經公司確認月零售量在？台以上的指定零售商，公司均可按樣品機管理辦法給予相應的樣品機支援以保證 S 牌冰箱的整體形象。

專櫃：

凡是指定零售商分公司均可根據競爭對手情況及該零售商對我公司的支援度，建設相應的專櫃或店中店。

促銷員：

凡經公司確認零售量在？台以上的指定零售商，公司均可按促銷員聘用辦法，聘請售貨員，負責 S 牌冰箱的銷售及信息統計工作。

業務管理：

分公司根據市場情況，配備必要的零售管理業務員，定期走訪商業戶，解決各級零售商在經營 S 牌冰箱過程中存在的問題，切實維護市場價格穩定，以保證零售商利益。

廣告促銷：

公司根據市場情況，給予零售商必要的宣傳資料、POP 及促銷物品的支持，定期舉辦適合當地市場的當地化促銷活動，利用各媒介立體炒作，樹立 S 牌冰箱品牌知名度及忠誠度。

配送貨：

對所有指定零售商分公司均要按公司配送貨制度，根據零售商月銷售速度實施配送貨，保證零售商有一定的貨源儲備。

賒銷信用：

原則上對所有零售商不可實行賒銷信用制度，為緩解個別零售商的資金壓力，在充分保證其信用的基礎上，可在分公司限定範圍內實行賒銷信用制度，但必須簽訂賒銷信用協定，並且全面監控其經營狀

況,以保證公司財產不受損失。

服務:

公司提供相應的售前售中及售後服務,按用戶服務部的相關規定建立各類服務措旗,解決區域零售市場的後顧之憂。

客戶激勵:

1.分公司必須與所有指定零售商簽訂《年度指定零售商協議》。所有指定零售商充分享受該政策的各項權利及義務;

2.在《年度指定零售商政策》基礎上,另外公司設定的客戶激勵政策,可用於家電總經理、家電部經理、櫃組長等的個人獎勵,也可用於商場的促銷,但必須建立台賬控制,並在當月兌現完畢後,5日內將原件寄回公司,隨時備查,如發現弄虛作假者,公司將追究分公司經理及相關責任人的經濟責任,情節嚴重的追究其法律責任;

3.為鼓勵零售商主經銷 S 牌品牌冰箱,特設定市場佔有率第一獎;指定零售商年度冰箱銷售市場佔有率在本商場達到第一位的,可在銷售政策基礎上再享受年度回款額?%的額外獎勵,可以兌現給商戶,也可兌現給相應本人,分公司可根據實際情況辦理月或年度獎勵,同時也要建立台賬控制以備查。

市場佔有率第一位的界定:屬中怡康公司採樣商場的零售商以中怡康月年度統計資料為準;不屬於中怡康採樣商場的零售商按促銷員月統計報表及零售商提供的月、年度財務報表,經分公司確認,填報《指定零售商月零售推進獎勵控制台賬》報公司銷售部批准後執行,公司抽查發現弄虛作假者,已兌現部份從分公司經理薪資中扣除。

分公司激勵:

月激勵:

1.每有一家指定零售商月 S 牌冰箱市場佔有率達到第一位,獎勵

分公司該商場月回款總額的 X%，由分公司自由支配；

2. 每有一家指定零售商月 S 牌冰箱零售市場佔有率上升一個名次，達到佔有率第二名以上，獎勵分公司該商場月回款的？%，由分公司自由支配；

3. 每有一家指定零售商月 S 牌冰箱零售市場佔有率下降一個名次，扣罰公司月業務人員薪資總額？%作為罰金。

年度激勵：

1. 分公司所轄指定商年度 S 牌冰箱零售商市場佔有率第一位，獎勵分公司指定零售商零售總額的？%；S 牌冰箱銷售市場佔有率第二位，獎勵分公司指定零售商零售總額的？%；

2. 分公司所轄指定零售商年度 S 牌冰箱零售市場佔有率低於第二位，扣罰分公司年終業務人員薪資總額？%作為罰金。（市場佔有率的界定同客戶激勵部份）

兌現辦法：

1. 公司計劃科根據分公司零售網路建設推進計劃表，建立《網路開發完成情況控制台賬》並考核到位；

2. 公司策劃科根據月、年度中怡康公司統計資料及分公司提供指定零售商零售資料，統計《S 牌冰箱指定零售商、統年度零售推進獎控制台賬》；

3. 公司財務科據《S 牌冰箱指定零售商、統年度零售推進獎控制台賬》；將有關獎勵支付分公司，由分公司將客戶獎勵部份兌現給商業單位或關鍵個人，同時登記《S 牌冰箱指定零售商推進獎兌現控制台賬》，對分公司獎勵部份由分公司經理制定相應分配方案進行內部分配，對分公司罰款部份在發放薪資時扣除並由分公司經理在分公司內部兌現到相關責任人；

4. 公司總部專人負責抽查確認並作相應處理。

市場管理：

凡是違犯《S 牌冰箱指定零售商統年度零售商協議》所約定事宜的指定零售商，不享受上述推進獎勵政策。

5. 工作流程：（見下圖）

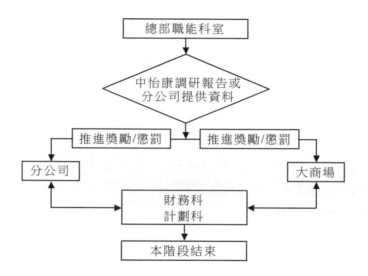

 心得欄 _____

_____

_____

_____

_____

_____

臺灣的核心競爭力，就在這裏!

1. 傳播書香社會，直接向本出版社購買，一律 9 折優惠，郵遞費用由本公司負擔。服務電話(02)27622241 (03)9310960　傳真(03)9310961
2. 付款方式：請將書款轉帳到我公司下列的銀行帳戶。
   - 銀行名稱：合作金庫銀行（敦南分行）　帳號：5034-717-347447
     公司名稱：憲業企管顧問有限公司
   - 郵局劃撥號碼：18410591　郵局劃撥戶名：憲業企管顧問公司
3. 圖書出版資料每週隨時更新，請見網站 www.bookstore99.com

⁓⁓⁓經營顧問叢書⁓⁓⁓

269	如何改善企業組織績效（增訂二版）	360 元	304	生產部流程規範化管理（增訂二版）	400 元
270	低調才是大智慧	360 元	305	績效考核手冊(增訂二版)	400 元
272	主管必備的授權技巧	360 元	307	招聘作業規範手冊	420 元
275	主管如何激勵部屬	360 元	308	喬‧吉拉德銷售智慧	400 元
276	輕鬆擁有幽默口才	360 元	309	商品鋪貨規範工具書	400 元
277	各部門年度計劃工作（增訂二版）	360 元	310	企業併購案例精華（增訂二版）	420 元
278	面試主考官工作實務	360 元	311	客戶抱怨手冊	400 元
279	總經理重點工作（增訂二版）	360 元	312	如何撰寫職位說明書(增訂二版)	400 元
282	如何提高市場佔有率（增訂二版）	360 元	313	總務部門重點工作（增訂三版）	400 元
283	財務部流程規範化管理（增訂二版）	360 元	314	客戶拒絕就是銷售成功的開始	400 元
284	時間管理手冊	360 元	315	如何選人、育人、用人、留人、辭人	400 元
285	人事經理操作手冊（增訂二版）	360 元	316	危機管理案例精華	400 元
286	贏得競爭優勢的模仿戰略	360 元	317	節約的都是利潤	400 元
287	電話推銷培訓教材（增訂三版）	360 元	318	企業盈利模式	400 元
288	贏在細節管理（增訂二版）	360 元	319	應收帳款的管理與催收	420 元
289	企業識別系統 CIS（增訂二版）	360 元	320	總經理手冊	420 元
290	部門主管手冊（增訂五版）	360 元	321	新產品銷售一定成功	420 元
291	財務查帳技巧（增訂二版）	360 元	322	銷售獎勵辦法	420 元
292	商業簡報技巧	360 元	323	財務主管工作手冊	420 元
293	業務員疑難雜症與對策（增訂二版）	360 元	324	降低人力成本	420 元
294	內部控制規範手冊	360 元	325	企業如何制度化	420 元
295	哈佛領導力課程	360 元	326	終端零售店管理手冊	420 元
296	如何診斷企業財務狀況	360 元	327	客戶管理應用技巧	420 元
297	營業部轄區管理規範工具書	360 元	328	如何撰寫商業計畫書（增訂二版）	420 元
298	售後服務手冊	360 元	329	利潤中心制度運作技巧	420 元
299	業績倍增的銷售技巧	400 元	330	企業要注重現金流	420 元
300	行政部流程規範化管理（增訂二版）	400 元	331	經銷商管理實務	450 元
302	行銷部流程規範化管理（增訂二版）	400 元		《商店叢書》	
303	人力資源部流程規範化管理（增訂四版）	420 元	18	店員推銷技巧	360 元
			30	特許連鎖業經營技巧	360 元
			35	商店標準操作流程	360 元
			36	商店導購口才專業培訓	360 元
			37	速食店操作手冊〈增訂二版〉	360 元

102	生產主管工作技巧	420 元
103	工廠管理標準作業流程〈增訂三版〉	420 元
104	採購談判與議價技巧〈增訂三版〉	420 元
105	生產計劃的規劃與執行（增訂二版）	420 元
106	採購管理實務〈增訂七版〉	420 元
107	如何推動 5S 管理（增訂六版）	420 元

《醫學保健叢書》

1	9 週加強免疫能力	320 元
3	如何克服失眠	320 元
4	美麗肌膚有妙方	320 元
5	減肥瘦身一定成功	360 元
6	輕鬆懷孕手冊	360 元
7	育兒保健手冊	360 元
8	輕鬆坐月子	360 元
11	排毒養生方法	360 元
13	排除體內毒素	360 元
14	排除便秘困擾	360 元
15	維生素保健全書	360 元
16	腎臟病患者的治療與保健	360 元
17	肝病患者的治療與保健	360 元
18	糖尿病患者的治療與保健	360 元
19	高血壓患者的治療與保健	360 元
22	給老爸老媽的保健全書	360 元
23	如何降低高血壓	360 元
24	如何治療糖尿病	360 元
25	如何降低膽固醇	360 元
26	人體器官使用說明書	360 元
27	這樣喝水最健康	360 元
28	輕鬆排毒方法	360 元
29	中醫養生手冊	360 元
30	孕婦手冊	360 元
31	育兒手冊	360 元
32	幾千年的中醫養生方法	360 元
34	糖尿病治療全書	360 元
35	活到 120 歲的飲食方法	360 元
36	7 天克服便秘	360 元
37	為長壽做準備	360 元

39	拒絕三高有方法	360 元
40	一定要懷孕	360 元
41	提高免疫力可抵抗癌症	360 元
42	生男生女有技巧〈增訂三版〉	360 元

《培訓叢書》

11	培訓師的現場培訓技巧	360 元
12	培訓師的演講技巧	360 元
15	戶外培訓活動實施技巧	360 元
17	針對部門主管的培訓遊戲	360 元
21	培訓部門經理操作手冊（增訂三版）	360 元
23	培訓部門流程規範化管理	360 元
24	領導技巧培訓遊戲	360 元
26	提升服務品質培訓遊戲	360 元
27	執行能力培訓遊戲	360 元
28	企業如何培訓內部講師	360 元
29	培訓師手冊（增訂五版）	420 元
30	團隊合作培訓遊戲(增訂三版)	420 元
31	激勵員工培訓遊戲	420 元
32	企業培訓活動的破冰遊戲（增訂二版）	420 元
33	解決問題能力培訓遊戲	420 元
34	情商管理培訓遊戲	420 元
35	企業培訓遊戲大全(增訂四版)	420 元
36	銷售部門培訓遊戲綜合本	420 元
37	溝通能力培訓遊戲	420 元

《傳銷叢書》

4	傳銷致富	360 元
5	傳銷培訓課程	360 元
10	頂尖傳銷術	360 元
12	現在輪到你成功	350 元
13	鑽石傳銷商培訓手冊	350 元
14	傳銷皇帝的激勵技巧	360 元
15	傳銷皇帝的溝通技巧	360 元
19	傳銷分享會運作範例	360 元
20	傳銷成功技巧（增訂五版）	400 元
21	傳銷領袖（增訂二版）	400 元
22	傳銷話術	400 元
23	如何傳銷邀約	400 元

《幼兒培育叢書》

1	如何培育傑出子女	360 元
2	培育財富子女	360 元
3	如何激發孩子的學習潛能	360 元
4	鼓勵孩子	360 元
5	別溺愛孩子	360 元
6	孩子考第一名	360 元
7	父母要如何與孩子溝通	360 元
8	父母要如何培養孩子的好習慣	360 元
9	父母要如何激發孩子學習潛能	360 元
10	如何讓孩子變得堅強自信	360 元

《成功叢書》

1	猶太富翁經商智慧	360 元
2	致富鑽石法則	360 元
3	發現財富密碼	360 元

《企業傳記叢書》

1	零售巨人沃爾瑪	360 元
2	大型企業失敗啟示錄	360 元
3	企業併購始祖洛克菲勒	360 元
4	透視戴爾經營技巧	360 元
5	亞馬遜網路書店傳奇	360 元
6	動物智慧的企業競爭啟示	320 元
7	CEO 拯救企業	360 元
8	世界首富　宜家王國	360 元
9	航空巨人波音傳奇	360 元
10	傳媒併購大亨	360 元

《智慧叢書》

1	禪的智慧	360 元
2	生活禪	360 元
3	易經的智慧	360 元
4	禪的管理大智慧	360 元
5	改變命運的人生智慧	360 元
6	如何吸取中庸智慧	360 元
7	如何吸取老子智慧	360 元
8	如何吸取易經智慧	360 元
9	經濟大崩潰	360 元
10	有趣的生活經濟學	360 元
11	低調才是大智慧	360 元

《DIY 叢書》

1	居家節約竅門 DIY	360 元
2	愛護汽車 DIY	360 元
3	現代居家風水 DIY	360 元
4	居家收納整理 DIY	360 元
5	廚房竅門 DIY	360 元
6	家庭裝修 DIY	360 元
7	省油大作戰	360 元

《財務管理叢書》

1	如何編制部門年度預算	360 元
2	財務查帳技巧	360 元
3	財務經理手冊	360 元
4	財務診斷技巧	360 元
5	內部控制實務	360 元
6	財務管理制度化	360 元
8	財務部流程規範化管理	360 元
9	如何推動利潤中心制度	360 元

為方便讀者選購，本公司將一部分上述圖書又加以專門分類如下：

《主管叢書》

1	部門主管手冊（增訂五版）	360 元
2	總經理手冊	420 元
4	生產主管操作手冊（增訂五版）	420 元
5	店長操作手冊（增訂六版）	420 元
6	財務經理手冊	360 元
7	人事經理操作手冊	360 元
8	行銷總監工作指引	360 元
9	行銷總監實戰案例	360 元

《總經理叢書》

1	總經理如何經營公司(增訂二版)	360 元
2	總經理如何管理公司	360 元
3	總經理如何領導成功團隊	360 元
4	總經理如何熟悉財務控制	360 元
5	總經理如何靈活調動資金	360 元
6	總經理手冊	420 元

《人事管理叢書》

1	人事經理操作手冊	360 元
2	員工招聘操作手冊	360 元
3	員工招聘性向測試方法	360 元
5	總務部門重點工作（增訂三版）	400 元

6	如何識別人才	360 元
7	如何處理員工離職問題	360 元
8	人力資源部流程規範化管理（增訂四版）	420 元
9	面試主考官工作實務	360 元
10	主管如何激勵部屬	360 元
11	主管必備的授權技巧	360 元
12	部門主管手冊（增訂五版）	360 元

《理財叢書》

1	巴菲特股票投資忠告	360 元
2	受益一生的投資理財	360 元
3	終身理財計劃	360 元
4	如何投資黃金	360 元
5	巴菲特投資必贏技巧	360 元
6	投資基金賺錢方法	360 元
7	索羅斯的基金投資必贏忠告	360 元

8	巴菲特為何投資比亞迪	360 元

《網路行銷叢書》

1	網路商店創業手冊〈增訂二版〉	360 元
2	網路商店管理手冊	360 元
3	網路行銷技巧	360 元
4	商業網站成功密碼	360 元
5	電子郵件成功技巧	360 元
6	搜索引擎行銷	360 元

《企業計劃叢書》

1	企業經營計劃〈增訂二版〉	360 元
2	各部門年度計劃工作	360 元
3	各部門編制預算工作	360 元
4	經營分析	360 元
5	企業戰略執行手冊	360 元

請保留此圖書目錄：

　　　未來在長遠的工作上，此圖書目錄

可能會對您有幫助！！

> # 如何藉助流程改善，
>
> ## 提升企業績效？

敬請參考下列各書，內容保證精彩：
- · 透視流程改善技巧（380 元）
- · 工廠管理標準作業流程（420 元）
- · 商品管理流程控制（420 元）
- · 如何改善企業組織績效（360 元）
- · 診斷改善你的企業（360 元）

　　上述各書均有在書店陳列販賣，若書店賣完而來不及由庫存書補充上架，請讀者直接向店員詢問、購買，最快速、方便！購買方法如下：

　　銀行名稱：合作金庫銀行　敦南分行（代碼：006）

　　帳號：5034-717-347-447

　　公司名稱：憲業企管顧問有限公司

　　郵局劃撥帳號：18410591

用培訓、提升企業競爭力是萬無一失、事半功倍的方法。其效果更具有超大的「投資報酬力」！

好消息

最 暢 銷 的 工 廠 叢 書

序　號	名　　　稱	售　價
47	物流配送績效管理	380元
51	透視流程改善技巧	380元
55	企業標準化的創建與推動	380元
56	精細化生產管理	380元
57	品質管制手法〈增訂二版〉	380元
58	如何改善生產績效〈增訂二版〉	380元
68	打造一流的生產作業廠區	380元
70	如何控制不良品〈增訂二版〉	380元
71	全面消除生產浪費	380元
72	現場工程改善應用手冊	380元
75	生產計劃的規劃與執行	380元
77	確保新產品開發成功（增訂四版）	380元
79	6S管理運作技巧	380元
83	品管部經理操作規範〈增訂二版〉	380元
84	供應商管理手冊	380元
85	採購管理工作細則〈增訂二版〉	380元
87	物料管理控制實務〈增訂二版〉	380元
88	豐田現場管理技巧	380元
89	生產現場管理實戰案例〈增訂三版〉	380元
90	如何推動5S管理（增訂五版）	420元
92	生產主管操作手冊（增訂五版）	420元
93	機器設備維護管理工具書	420元
94	如何解決工廠問題	420元
96	生產訂單運作方式與變更管理	420元
97	商品管理流程控制（增訂四版）	420元
98	採購管理實務〈增訂六版〉	420元
99	如何管理倉庫〈增訂八版〉	420元
100	部門績效考核的量化管理（增訂六版）	420元
101	如何預防採購舞弊	420元
102	生產主管工作技巧	420元
103	工廠管理標準作業流程〈增訂三版〉	420元

使用培訓、提升企業競爭力是萬無一失、事半功倍的方法。其效果更具有超大的「投資報酬力」！

好消息

最 暢 銷 的 商 店 叢 書

序　號	名　稱	售價
38	網路商店創業手冊〈增訂二版〉	360 元
40	商店診斷實務	360 元
41	店鋪商品管理手冊	360 元
42	店員操作手冊（增訂三版）	360 元
44	店長如何提升業績〈增訂二版〉	360 元
45	向肯德基學習連鎖經營〈增訂二版〉	360 元
47	賣場如何經營會員制俱樂部	360 元
48	賣場銷量神奇交叉分析	360 元
49	商場促銷法寶	360 元
53	餐飲業工作規範	360 元
54	有效的店員銷售技巧	360 元
55	如何開創連鎖體系〈增訂三版〉	360 元
56	開一家穩賺不賠的網路商店	360 元
57	連鎖業開店複製流程	360 元
58	商鋪業績提升技巧	360 元
59	店員工作規範（增訂二版）	400 元
60	連鎖業加盟合約	400 元
61	架設強大的連鎖總部	400 元
62	餐飲業經營技巧	400 元
63	連鎖店操作手冊（增訂五版）	420 元
64	賣場管理督導手冊	420 元
65	連鎖店督導師手冊（增訂二版）	420 元
66	店長操作手冊（增訂六版）	420 元
67	店長數據化管理技巧	420 元
68	開店創業手冊〈增訂四版〉	420 元
69	連鎖業商品開發與物流配送	420 元
70	連鎖業加盟招商與培訓作法	420 元
71	金牌店員內部培訓手冊	420 元
72	如何撰寫連鎖業營運手冊〈增訂三版〉	420 元

使用培訓、提升企業競爭力是萬無一失、事半功倍的方法。其效果更具有超大的「投資報酬力」！

好消息

最暢銷的培訓叢書

序號	名　稱	售價
11	培訓師的現場培訓技巧	360 元
12	培訓師的演講技巧	360 元
15	戶外培訓活動實施技巧	360 元
17	針對部門主管的培訓遊戲	360 元
21	培訓部門經理操作手冊（增訂三版）	360 元
23	培訓部門流程規範化管理	360 元
24	領導技巧培訓遊戲	360 元
26	提升服務品質培訓遊戲	360 元
27	執行能力培訓遊戲	360 元
28	企業如何培訓內部講師	360 元
29	培訓師手冊（增訂五版）	420 元
30	團隊合作培訓遊戲(增訂三版)	420 元
31	激勵員工培訓遊戲	420 元
32	企業培訓活動的破冰遊戲（增訂二版）	420 元
33	解決問題能力培訓遊戲	420 元
34	情商管理培訓遊戲	420 元
35	企業培訓遊戲大全（增訂四版）	420 元
36	銷售部門培訓遊戲綜合本	420 元

上述各書均有在書店陳列販賣，若書店賣完而來不及由庫存書補充上架，請讀者直接向店員詢問、購買，最快速、方便！購買方法如下：

銀行名稱：合作金庫銀行　敦南分行（代碼：006）

帳號：5034-717-347-447

公司名稱：憲業企管顧問有限公司

郵局劃撥帳號：18410591

在海外出差的………
台灣上班族

愈來愈多的台灣上班族，到大陸工作(或出差)，對工作的努力與敬業，是台灣上班族的核心競爭力；一個明顯的例子，返台休假期間，台灣上班族都會抽空再買書，設法充實自身專業能力。

[**憲業企管顧問公司**]以專業立場，為企業界提供最專業的各種經營管理類圖書。

85%的台灣上班族都曾經有過購買(或閱讀)[**憲業企管顧問公司**]所出版的各種企管圖書。

尤其是在競爭激烈或經濟不景氣時，更要加強投資在自己的專業能力上。

建議你：工作之餘要多看書，加強競爭力。

台灣最大的企管圖書網站
www.bookstore99.com

建立企業圖書館

當市場競爭激烈時：

培訓員工，強化員工競爭力
是企業最佳對策

「人才」是企業最大的財富。如何提升人才，是企業永續經營、戰勝對手的核心競爭力。積極培訓公司內部員工，是經濟不景氣時期的最佳戰略，而最快速的具體作法，就是「建立企業內部圖書館，鼓勵員工多閱讀、多進修專業書籍」

建議您：請一次購足本公司所出版各種經營管理類圖書，作為貴公司內部員工培訓圖書。使用率高的（例如「贏在細節管理」），準備 3 本；使用率低的（例如「工廠設備維護手冊」），只買 1 本。

給 總 經 理 的 話

　　總經理公事繁忙，還要設法擠出時間，赴外上課進修學習，努力不懈，力爭上游。

　　總經理拚命充電，但是員工呢？

　　公司的執行仍然要靠員工，為什麼不要讓員工一起進修學習呢？

　　買幾本好書，交待員工一起讀書，或是買好書送給員工當禮品。簡單、立刻可行，多好的事！

經營顧問叢書 (331)　　售價：450 元

經銷商管理實務

西元二〇一八年九月　　初版一刷

編著：黃憲仁　吳清南　林建強

策劃：麥可國際出版有限公司（新加坡）

編輯：蕭玲

校對：劉飛娟

發行人：黃憲仁

發行所：憲業企管顧問有限公司

電話：（03）9310960　0930872873

電子郵件聯絡信箱：huang2838@yahoo.com.tw

銀行 ATM 轉帳：合作金庫銀行　帳號：5034-717-347447

郵政劃撥：18410591　憲業企管顧問有限公司

江祖平律師顧問：紙品書、數位書著作權與版權均歸本公司所有

登記證：行政業新聞局版台業字第 6380 號

本公司徵求海外版權出版代理商（0930872873）

本圖書是由憲業企管顧問（集團）公司所出版，以專業立場，為企業界提供最專業的各種經營管理類圖書。

圖書編號 ISBN：978-986-369-073-3